Florian Maier-Flaig

Silizium-Nanokristalle für optoelektronische Anwendungen

Silizium-Nanokristalle für optoelektronische Anwendungen

von
Florian Maier-Flaig

Dissertation, Karlsruher Institut für Technologie (KIT)
Fakultät für Elektrotechnik und Informationstechnik
Tag der mündlichen Prüfung: 20. Juni 2013
Referenten: Prof. Dr. Uli Lemmer, Prof. Dr. Heinz Kalt

Impressum

Karlsruher Institut für Technologie (KIT)
KIT Scientific Publishing
Straße am Forum 2
D-76131 Karlsruhe
www.ksp.kit.edu

KIT – Universität des Landes Baden-Württemberg und
nationales Forschungszentrum in der Helmholtz-Gemeinschaft

KIT Scientific Publishing 2013
Print on Demand

ISBN 978-3-7315-0068-1

Silizium-Nanokristalle

für optoelektronische Anwendungen

Zur Erlangung des akademischen Grades eines

DOKTOR-INGENIEURS

an der Fakultät für

Elektrotechnik und Informationstechnik
des Karlsruher Instituts für Technologie (KIT)

genehmigte

Dissertation

von

Dipl.-Phys., M.Sc.

Florian Daniel Maier-Flaig

geb. in Filderstadt

Tag der mündlichen Prüfung: 20. Juni 2013
Hauptreferent: Prof. Dr. Uli Lemmer
Korreferent: Prof. Dr. Heinz Kalt

Inhaltsverzeichnis

1 Einleitung

Auf der Suche nach hocheffizienten lichtemittierenden Materialien rücken Nanopartikel aus den unterschiedlichsten Elementen und Verbindungen immer weiter in den Mittelpunkt des wissenschaftlichen sowie bereits auch industriellen Interesses. Vor allem die Möglichkeit, die optischen und elektronischen Eigenschaften dieser neuaufkommenden Nanomaterialien maßschneidern zu können, sowie der Vorteil, sie mit herkömmlichen Druck- und Beschichtungsverfahren direkt aus der Flüssigphase zu prozessieren, machen Nanopartikel hierbei besonders interessant. Funktionalisierte, stabil in Lösung vorliegende Nanopartikel haben dabei das Potential in verschiedensten Anwendungsgebieten eingesetzt zu werden. Die Anwendungsfelder erstrecken sich von elektronischen und optoelektronischen Bauteilen, wie Leuchtdioden (LEDs) oder Solarzellen, bis hin zu Anwendungsbereichen, in denen lediglich die optischen Eigenschaften der Nanopartikel ausgenutzt werden.[1–13] Neben den genannten Anwendungen ist es darüber hinaus denkbar, im nahinfraroten Spektralbereich emittierende Partikel beispielsweise als Marker in biologischen Proben zu verwenden.[14–17] Damit eröffnet sich ein weiteres breites Anwendungsgebiet mit potentiell gänzlich neuartigen biomedizinischen Therapieverfahren.

Obwohl vor allem die archetypischen II-VI-Halbleiternanokristalle bereits intensiv untersucht wurden und sich ebenfalls bereits in einer Vielzahl von Anwendungen wiederfinden[3,10,11], ist gerade die Toxizität der hierfür eingesetzten chemischen Elemente ein erheblicher Nachteil und verhindern wahrscheinlich eine weitere Kommerzialisierung speziell dieser Nanomaterialien. Im Gegensatz hierzu sind besonders Silizium-Nanokristalle interessant, da diese im Vergleich zu den II-VI-Halbleitern nicht toxisch und gleichzeitig kostengünstig sind. Auf Grund des indirekten Halbleitercharakters von Silizium als Volumenmaterial lässt sich eine Lichtemission jedoch nur bei sehr kleinen Partikelgrößen beobachten. Die Partikel sind dementsprechend lediglich wenige Nanometer groß und bilden das Bindeglied zwischen makroskopischen Größenskalen und den Größenskalen von Atomen und Molekülen. Berichte über hohe Lumineszenzquantenausbeuten der siliziumbasierten Materialien[18,19], neue Synthesemethoden und erste effiziente IR-LEDs[6–8] sowie Anzeichen, dass Silizium selbst als Nanopartikel keine erhöhte Zelltoxizität aufweist[20–22], wecken ein großes Interesse an diesem neuen Nanomaterial und den damit verbundenen Anwendungsgebieten.

Obwohl die recht jungen Silizium-Nanokristalle bis heute in einer Vielzahl von Studien sowohl auf spektroskopische als auch anwendungsbezogene Aspekte untersucht wurden, sind bei Weitem noch nicht alle physikalischen Prozesse der Nanokristalllumineszenz verstanden. Des Weiteren stellt die elektrische Charakterisierung, gerade im Hinblick auf die erwähnten optoelektronischen Bauelemente, einen wichtigen Baustein zum Verständnis des Ladungsträgertransports in dünnen Nanokristallschichten dar. Auf Nanopartikeln basierende Bauteile könnten mit diesem Wissen gezielt maßgeschneidert und optimiert werden, um die gewünschten optischen und elektronischen Eigenschaften zu erreichen.

1.1 Ziele der Arbeit

Entsprechend der oben genannten Punkte ist das Ziel dieser Arbeit, ein fundiertes Wissen über die photophysikalischen, elektrischen sowie optoelektronischen Eigenschaften von Silizium-Nanokristallen zu vermitteln und dieses für die Exploration neuartiger Anwendungsfelder zu nutzen. Neben detaillierten spektroskopischen Studien der optischen und elektrischen Eigenschaften der Nanokristalle steht vor allem die Auslotung des Potentials von Silizium-Nanokristallen als Emitter in siliziumbasierten Leuchtdioden (SiLEDs) im Mittelpunkt der Arbeit. Die spektrale Durchstimmbarkeit der Emissionswellenlänge der Nanopartikel auch in optoelektronischen Bauteilen zu nutzen und darüber hinaus die mikroskopische Funktionsweise eben dieser Bauteile zu untersuchen, stehen dabei im Fokus. Neue Anwendungsbereiche, wie sie am Ende dieser Doktorarbeit ausgeführt sind, sollen darüber hinaus weitere Türen hin zu neuen Anwendungsfeldern von lumineszierenden Nanopartikeln öffnen.

1.2 Gliederung der Arbeit

Im Kapitel nach dieser Einleitung wird eine Einführung in die Grundlagen von lichtemittierenden Nanopartikeln gegeben sowie auf die, ebenfalls in dieser Arbeit verwendeten, organischen Halbleiter eingegangen. Neben einer grundlegenden Begriffsdefinition sowie einer kurzen historischen Einordnung der Nanokristallforschung steht vor allem die Theorie der Lichtemission von Halbleiternanopartikeln im Vordergrund. In Kapitel drei und vier liegt der Fokus auf der experimentellen Herangehensweise zur Nanopartikelsynthese und einer Einführung in die hier eingesetzten Probenpräparationstechniken. In Kapitel fünf werden die spektroskopischen Eigenschaften der lumineszierenden Nanopartikel untersucht und dem Leser in diesem Kontext die dominierenden Lumineszenz-, Absorption- und Exzitationseigenschaften der hier untersuchten Nanokristalle vermittelt. Im sechsten Kapitel wird auf die im Zuge dieser Arbeit erstmals realisierten siliziumbasierten Leuchtdioden (SiLEDs) eingegangen. Neben einem einführenden Kapitel in die sogenannten Quantenpunkt-Leuchtdioden sowie deren Herstellung folgt eine detaillierte Untersuchung der optoelektronischen Eigenschaften der SiLEDs. Die Charakterisierung der Si-LEDs wird abgerundet durch eine umfangreiche morphologische und element-spezifische Untersuchung der Bauteile zur Aufdeckung der entscheidenden Degradationsmechanismen unter Betrieb. In Kapitel sieben steht die elektrische Charakterisierung funktionalisierter Nanokristalle im Mittelpunkt. Drei verschiedene Ansätze wurden in diesem Kontext gezielt verfolgt und ermöglichen es, erste Rückschlüsse auf den Ladungsträgertransport in dünnen Nanokristallschichten zu ziehen. Im achten Kapitel wird eine detaillierte Studie der photophysikalischen Eigenschaften der Silizium-Nanokristalle gegeben. Mit Hilfe von zeit- und temperaturaufgelöster Spektroskopie ist es möglich, Rückschlüsse auf die Lichterzeugung in funktionalisierten Nanokristallen zu gewinnen. Es schließt sich Kapitel neun mit einer eingehenden Studie zur Raman-aktivität von Silizium-Nanokristallen an, mit Hilfe derer ein ungewöhnlich starkes lokales Aufheizen der Nanokristalle sowie ebenfalls strukturelle und morphologische Änderungen der Nanopartikel zerstörungsfrei nachgewiesen werden können. Kapitel zehn führt mit einem wissenschaftlichen Exkurs in den Bereich der Biomedizin und dortigen Anwendungsfeldern von Silizium-Nanokristallen. In diesem Kontext wird gezeigt, dass speziell die Eigenschaften von NIR-emittierenden Nanokristallen gezielt ausgenutzt werden können, um bei biomedizinischen Bildgebungsverfahren sowie therapeutischen Anwendungen neue Möglichkeiten der Therapie zu eröffnen. Abgerundet wird diese Doktorarbeit mit einer Zusammenfassung der in dieser Arbeit beschriebenen Ergebnisse sowie einem Ausblick in die Zukunft.

2 Grundlagen

Dieses Kapitel führt in die Grundlagen lichtemittierender Nanopartikel und organischer Materialien ein und gibt eine Einführung in die lichttechnischen Größen zur LED-Charakterisierung. Zu Beginn steht eine Begriffsdefinition von Nanopartikeln, Nanokristallen und Quantenpunkten, der sich eine kurze historische Einordnung zum Stand der Nanokristallforschung anschließt. Ein ausführliches Unterkapitel widmet sich anschließend der theoretischen Beschreibung der Quanteneffekte bei sehr kleinen Halbleiternanopartikeln – dem Quantenconfinement. Diese theoretischen Grundlagen lassen sich ebenfalls auf Silizium-Nanokristalle übertragen und werden in Kapitel 2.1.3 im Detail diskutiert. Eine kurze Einführung in die elektronischen Eigenschaften von organischen Halbleitern, die in den in Kapitel 6 besprochenen Silizium-Leuchtdioden ihren Einsatz finden, eine Beschreibung der in diesem Kontext verwendeten Materialien sowie der lichttechnischen Grundgrößen runden dieses Kapitel ab.

2.1 Nanopartikel, Nanokristalle und Quantenpunkte

2.1.1 Begriffsdefinition

Als Nanopartikel werden, unabhängig von dem sie konstituierenden Material, alle Teilchen bezeichnet, die mindestens in einer Dimension eine typische Größe von 100 nm unterschreiten. Nanopartikel weisen dabei im Vergleich zu größeren Objekten gleicher Zusammensetzung oft veränderte Materialeigenschaften auf. Änderungen von optischen Eigenschaften, elektrischer Leitfähigkeit, magnetischem Verhalten, chemischer Reaktivität (katalytische Wirkung) oder veränderten materialwissenschaftlichen Parametern sind hierbei nur einige Beispiele, weshalb Nanopartikel intensiv erforscht werden.

Quantenpunkte definieren eine Unterklasse der Nanopartikel und bestehen lediglich aus wenigen 100 bis 10 000 Atomen. Mit einer typischen Größe der halbleitenden[1] Nanopartikel von 1-10 nm liegen Quantenpunkte dabei am unteren Ende der Nanometerskala und bilden damit das Bindeglied zwischen Nanoteilchen und Molekülen sowie Atomen. Quantenpunkte können im Wesentlichen in zwei Teilgruppen aufgeteilt werden: Quantenpunkte, die in Festkörpermatrizen eingebettet sind und beispielsweise durch Epitaxie-Verfahren hergestellt werden sowie freistehende Quantenpunkte, welche meist in Lösungen suspendiert[2] vorliegen. Abgesehen von Kapitel 8 werden in dieser Arbeit ausschließlich freistehende und oberflächenfunktionalisierte (engl. oftmals „colloidally stable") Quantenpunkte behandelt. In dieser Arbeit werden die Begriffe Nanopartikel, Nanokristalle sowie Quantenpunkte parallel verwendet, gemeint sind jedoch stets die gleichen Nanopartikel, deren Eigenschaften auf Grund ihrer geringen Größe durch Quanteneffekte beeinflusst werden.

In makroskopischen Halbleitern definieren allein die Materialeigenschaften die Bandlücke des Halbleiters. Quantenpunkte jedoch verhalten sich anders: Wird die Dimension des Halbleiterpartikels unter eine kritische Größe reduziert, „spüren" die Ladungsträger die Grenzen des Nanopartikels und reagieren darauf mit einer Anpassung ihrer energetischen Landschaft. Dieser Effekt wird oft als Quantum-Size-Effekt beschrieben, entsprechend werden Nanopartikel, welche diesen Effekten unterliegen, als Quantenpunkte bezeichnet. Während bei Quantenpunkten das Material und dessen Struktur unverändert bleiben, spiegelt der Quantum-Size-Effekt die Änderung der Größe wider und ist einzig und allein auf die räumliche Einschränkung von Elektron und Loch zurückzuführen.

Die Größe, ab der ein Nanopartikel als Quantenpunkt bezeichnet wird, hängt ganz entscheidend von seiner chemischen Zusammensetzung ab. Aus diesem Grund sind die oben genannten Ober- und Untergrenzen stark materialabhän-

---

[1] Bei metallischen Nanopartikeln treten keine Quantenpunkteffekte auf, da dort die Bandstruktur selbst bei kleinen Partikelgrößen kontinuierlich bleibt. Dies ist auf die kleinen Werte der Fermiwellenlänge der Elektronen (de-Broglie-Wellenlänge bei E_F) zurückzuführen. Diese beträgt für diese Partikel weniger als 0,7 nm.

[2] Auf Grund der Größe der Partikel wird in dieser Arbeit sowohl der Begriff Dispersion als auch Lösung gebraucht.

gig. Die obere Grenze wird dabei durch die Partikelgröße definiert ab der die räumliche Einschränkung der Ladungsträger, das sogenannte Quantenconfinement[3], sich nicht mehr auf die im Halbleitermaterial vorhanden Ladungsträger auswirkt. Die untere Grenze ist schlichtweg durch die Tatsache bedingt, dass sich bei sehr kleinen Partikelgrößen auf Grund mangelnder Stabilität die Kristallstruktur der Nanopartikel nicht aufrechterhalten lässt und ein Übergang zu molekül- oder clusterartigen Verbindungen stattfindet.

Quantenpunkte sind besonders auf Grund ihrer speziellen optischen Eigenschaften interessant, welche allein durch ihre Größe und beinahe vollständig losgelöst vom eigentlichen Material durchstimmbar sind. So ist, wie in den folgenden beiden Kapiteln beschrieben wird, beispielsweise die Emissionswellenlänge der leuchtenden Nanopartikel über weite Bereiche des sichtbaren Spektralbereich bis hin zum nahen bis mittleren Infrarotbereich durchstimmbar. Des Weiteren weisen Nanokristalle im Vergleich zu den entsprechenden Halbleitermaterialien, ähnlich wie Atome, diskrete Energieniveaus auf. Diese Eigenschaft wird in Kapitel 2.1.3 näher diskutiert und gab Quantenpunkten den Beinamen „künstliche Atome", da je nach Größe und Zusammensetzung eben diese Energieniveaus maßgeschneidert werden können.

2.1.2 Geschichte der Nanokristallforschung

Der erste Bericht über Quantum-Size-Effekte in Halbleiternanokristallen wurde im Jahr 1981 von dem russischen Wissenschaftler Alexey Ekimov unter dem Titel „Quantum Size Effects in three-dimensional microcopic seminconductor crystals" veröffentlicht.[23] Ekimov untersuchte das Exzitonenabsorptionsspektrum von Kupferchlorid-Nanopartikeln und stellte fest, dass sich dieses als Funktion der Größe der Nanopartikel energetisch verschiebt. Im Jahr 1984 konnte Ekimov denselben Effekt in CdSe-Nanopartikeln nachweisen.[24] Beide Nanopartikel befanden sich dabei in eine Glasmatrix eingebettet. Fast zeitgleich veröffentlichte Brus an den Bell Laboratories eine detaillierte Beschreibung zur Wechselwirkung von Ladungsträgern in kleinen Halbleiternanokristallen[25,26] und beschrieb 1986 die erste Flüssigphasensynthese von

---

[3]In dieser Arbeit wird stets der etablierte, vom englischen Term "quantum confinement" abgeleitete Begriff „Quantenconfinement" für die räumliche Einschränkung der Ladungsträger verwendet.

II-VI-Halbleiternanokristallen.[27] Brus spricht in seiner Veröffentlichung noch von Halbleiterclustern. Der Begriff englische Begriff „Quantum Dot" (Quantenpunkt) wurde erst 1988 durch Reed geprägt.[28]

Nach weiteren Arbeiten zur Synthese von verschiedenen Nanopartikelsystemen gelang Murray et al. 1993 mit der Herstellung von quasi monodispersen II-VI-Nanokristallsystemen ein weiterer entscheidender Durchbruch.[29] Größenabhängige Effekte konnten damit erstmals im Detail in Experiment und Theorie erforscht werden.[30] Im Anschluss an diese Pionierarbeiten wurde das Feld der Nanopartikel auf eine Vielzahl von Materialsystemen und Syntheserezepturen erweitert, welche zu verschiedensten funktionalisierten und hocheffizient leuchtenden Quantenpunkten führten.[30,31]

2.1.3 Quantenconfinement in Halbleiternanokristallen

Wie oben erwähnt treten Quantum-Size-Effekte in Nanopartikeln erst für Partikel unterhalb einer bestimmten Größe auf.[32] Die Frage, die sich hierbei stellt, ist generell: Wie klein müssen Nanopartikel genau werden, um als Quantenpunkt angesehen zu werden?

Entscheidend hierbei ist die Größe des wasserstoffartig gebundenen Elektron-Loch-Paares, des Exzitons. Diese kann durch den Bohrradius des Exzitons, welcher in Anlehnung an die Atomphysik die mittlere räumliche Ausdehnung des Exzitons angibt, angenähert werden. Der Bohrradius ist dabei stark materialabhängig und für das Wasserstoffatom gegeben durch:

$$a_0 = \frac{4\pi\varepsilon_0\hbar}{m_e e^2} \tag{2.1.1}$$

Dabei ist ε_0 die elektrische Feldkonstante im Vakuum, $\hbar$ das Plancksche Wirkungsquantum h geteilt durch 2π sowie m_e und e die Masse beziehungsweise die Ladung des freien Elektrons.

Wird nun die reduzierte Masse des Exzitons m_{exz} sowie die materialspezifische Dielektrizitätszahl von Silizium $\varepsilon_r = 11,9$ eingesetzt, so ergibt sich der Exzitonbohrrradius a_{exz} zu:

$$a_{exz} = \frac{\varepsilon_r}{m_{exz}/m_e} \cdot a_0 \qquad (2.1.2)$$

Die reduzierte Masse des Exzitons ergibt sich hierbei mit den effektiven Massen von Elektron und Loch (Ref. 33) $m_e^* = 0,26 \cdot m_e$ und $m_h^* = 0,36 \cdot m_e$ in Silizium zu:

$$m_{exz} = \frac{m_e^* \cdot m_h^*}{m_e^* + m_h^*} = 0,15 \cdot m_e \qquad (2.1.3)$$

Es folgt damit für den Bohrradius des Exzitons:

$$a_{exz} = \frac{\varepsilon_r}{m_{exz}/m_e} \cdot a_0 = 79,3 \cdot a_0 = 4,2\,\text{nm} \qquad (2.1.4)$$

In der Literatur wird der Bohrradius ebenfalls unter Einbeziehung der transversalen sowie der zwei longitudinalen effektiven Elektronenmassen ($m_{e,trans} = 0,98 \cdot m_e$ bzw. $m_{e,long} = 0,19 \cdot m_e$), entlang und senkrecht zur (100)-Richtung des Kristalls, berechnet.[33] Wird hieraus der Mittelwert gebildet, ergibt sich $a_{exz} = 5,3\,\text{nm}$. Dieser Wert stimmt dabei mit dem in der Literatur häufig angegebenen Wert des Bohrradius für Silizium von ca. 5 nm gut überein.[34,35] Zusätzlich zeigt sich aus Gleichung 2.1.4, dass sich mit den unterschiedlichen effektiven Massen von Elektron und Loch unterschiedliche Bohrradien für die beiden Ladungsträgersorten ergeben. Dies bedeutet wiederum, dass das Quantenconfinement eine materialspezifische Komponente besitzt und zudem für die schwereren Löcher weniger stark ausgeprägt ist.

Was verändert sich nun, wenn die Ladungsträger im Halbleiter die durch die Nanopartikelgeometrie verursachte räumliche Einschränkung „spüren"? Abbildung 2.1.1 veranschaulicht dazu die Veränderung der Zustandsdichte (engl. „density of states", DOS) als Funktion der Dimensionalität des Halbleiters. Während in einem dreidimensionalen Halbleitermaterial die Zustandsdichte eine wurzelförmige Abhängigkeit (Gleichung 2.1.5) aufweist, ändert sich dies bei zunehmender Einschränkung der Dimensionen auf zwei und eine sowie schließlich sogar null Dimensionen signifikant. Gleichungen 2.1.6 - 2.1.9 stellen dieses Verhalten dar.

$$N(E) = \frac{(8\pi m_e)^{\frac{3}{2}} E^{\frac{1}{2}}}{h^3} \Rightarrow N(E) \sim \sqrt{E} \qquad (2.1.5)$$

$$3D \rightarrow N \sim \sqrt{E} \qquad (2.1.6)$$

$$2D \rightarrow N \sim \text{const.} \qquad (2.1.7)$$

$$1D \rightarrow N \sim 1/\sqrt{E} \qquad (2.1.8)$$

$$0D \rightarrow N \sim \delta(E) \qquad (2.1.9)$$

In einem Quantenpunkt, in dem Ladungsträger in alle drei Raumrichtungen eingeschränkt sind und welcher somit ein 0-dimensionales Objekt darstellt, ist die Zustandsdichte lediglich durch linienförmige Zustände bei wohldefinierten, größenabhängigen Energien gegeben. Diese signifikanten Änderungen der Zustandsdichte äußern sich entsprechend auch im Energie-Orts-Diagramm (Abbildung 2.1.2): Während in der Bandlücke unabhängig von der Größe keine Zustände vorhanden sind, geht die Zustandsverteilung im Valenz- und Leitungsband bei abnehmender Dimensionalität von einer kontinuierlichen Verteilung zu diskreten Zuständen über. Diese diskreten Zustände für Elektronen und Löcher zeichnen Quantenpunkte aus. Die durch das Quantenconfinement ebenfalls verursachte Aufweitung der Bandlücke mit abnehmender Partikelgröße ist in Abbildung 2.1.1 nicht berücksichtigt, wird jedoch später im Detail diskutiert.

Neben dem Fall der Quantenpunkte treten Quanteneffekte, wie ebenfalls in Abbildung 2.1.1 gezeigt, auch bereits bei Einschränkungen in einer oder zwei Dimensionen auf. Dies ist der Fall für Nanodrähte (engl. „nanowires" oder „quantum wires") sowie für Potentialtröge (engl. „quantum wells"), auf welche in dieser Arbeit jedoch nicht weiter eingegangen werden soll. Eine detaillierte Herleitung der Zustandsdichte für unterschiedliche Dimensionalitäten ist in Refs. 33,36 zu finden. Um nun die größenabhängige Lichtemission von Quantenpunkten zu erklären, kann in einer einfachen

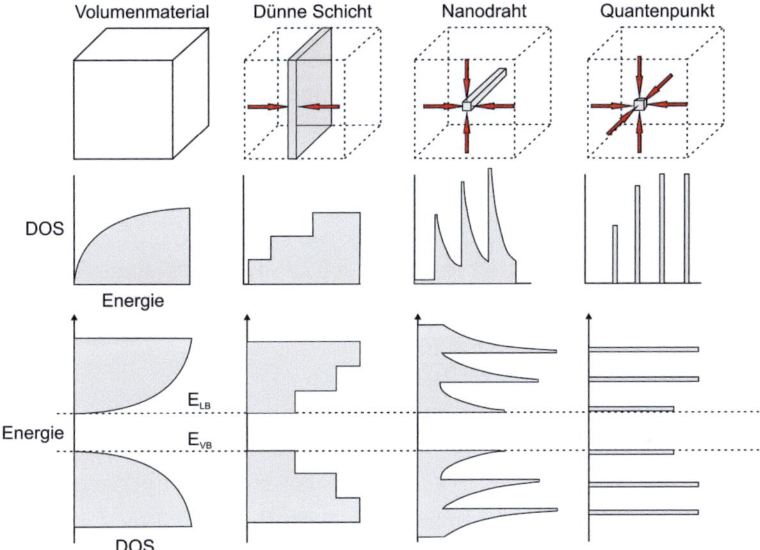

Abb. 2.1.1: Elektronische Zustandsdichte als Funktion der Energie. Mit zunehmender räumlicher Einschränkung verändert sich das Spektrum von der typischen wurzelförmigen Abhängigkeit hin zu linienartigem Verhalten im Fall der Quantenpunkte (adaptiert aus Ref. 37).

Überlegung bereits Heisenbergs Unschärferelation, $\Delta x \Delta p \geq \hbar$, das Prinzip verdeutlichen. Aus Heisenbergs Gleichung wird klar, dass bei zunehmender räumlicher Einschränkung von Teilchen (Δx nimmt ab) die Impulsunschärfe Δp drastisch zunimmt. Die vergrößerte Impulsunschärfe und damit die erhöhte kinetische Energie des Teilchens führen zwangsläufig zu einer Erhöhung der Grundzustandsenergie des an sich ruhenden Teilchens und damit zu einer Vergrößerung der Bandlücke des Nanomaterials.

Einen quantitativen Ansatz, die Bandlückenaufweitung zu erklären, bietet das Modell eines Teilchens in einem sphärischen Potential.[4] In diesem Modell befindet sich ein Teilchen der Masse m_0 in einem Potential $V(r)$:

$$V(r) = \begin{cases} 0 & r < a \\ \infty & r > a \end{cases} \qquad (2.1.10)$$

Die Wellenfunktion des Teilchens lässt sich in einen Radialanteil und einen winkelabhängigen Anteil aufteilen und wie folgt schreiben:

$$\Psi_{n,l,m}(r,\Theta,\Phi) = R(r) \cdot Y_{l,m}(\Theta,\Phi) \qquad (2.1.11)$$
$$= A_{n,l} \cdot j_l(k_{n,l}r) \cdot Y_{l,m}(\Theta,\Phi) \qquad n = 1,2,3,\ldots$$

Die Konstante $A_{n,l} = \sqrt{2}/|j_{l+1}(k_{n,l})|$ ist dabei eine Normierungskonstante, $j_l(x) = (-x)^l (\frac{1}{x}\frac{d}{dx})^l \cdot \frac{\sin(x)}{x}$ die sphärische Besselfunktion l-ter Ordnung und $Y_{l,m}(\Theta,\Phi)$ eine Kugelflächenfunktion. Des Weiteren ist $k_{n,l} = \alpha_{n,l}/a$, wobei $\alpha_{n,l}$ wiederum der n-ten Nullstelle der obigen Besselfunktion j_l entspricht.

Für die Energie der im Potential gefangenen Partikel ergibt sich zu:

$$E_{n,l} = \frac{\hbar^2 k_{n,l}^2}{2m_0} = \frac{\hbar^2 \alpha_{n,l}^2}{2m_0 a^2} \qquad (2.1.12)$$

Entscheidend in Gleichung 2.1.12 ist die Tatsache, dass durch $k_{n,l}$ die Ener-

---

[4]Die folgende Beschreibung folgt dabei den Refs. 26,30. Im häufig verwendeten, einfachen Fall eines Teilchens in einem dreidimensionalen Kastenpotential ergeben sich leicht andere Lösungen der Schrödingergleichung.

gie nur bestimmte Werte annehmen kann und damit, wie bereits in Abbildung 2.1.1 gezeigt, quantisiert ist. Darüber hinaus nimmt die Quantisierungsenergie und somit auch die Bandlücke mit abnehmender Partikelgröße a mit $1/a^2$ stark zu. Mit aufsteigender Quantenzahl $\alpha_{n,l}$ steigt zudem der Entartungsgrad der Zustände; immer mehr Zustände haben folglich die gleiche Energie.

Unter Einbeziehung des Konzepts der effektiven Massen[5] (oben waren die Partikel noch frei im Vakuum und nicht vom Kristallfeld von Atomen beeinflusst) und durch Entwicklung der Wellenfunktionen als Linearkombination von Blochfunktionen, kann das System auf reale Fälle überführt werden.[30]

Im Fall des sogenannten starken Confinements spielt die Wechselwirkung zwischen Elektronen und Löchern, der exzitonische Charakter, nur noch eine geringe Rolle. Da die Confinementenergie mit $1/a^2$ skaliert, die Coulombenergie jedoch lediglich mit $1/a$, kann Letztere für kleine a vernachlässigt werden. Beide Ladungsträger können deswegen unabhängig voneinander, jeweils als Teilchen in einem eigenen sphärischen Potential, betrachtet werden. Die Wellenfunktion des räumlich eingesperrten Elektron-Loch-Paars ergibt sich demnach zu:

$$\Psi_{e-l-Paar}(\vec{r}_e, \vec{r}_l) = \Psi_{Elektron}(\vec{r}_e) \cdot \Psi_{Loch}(\vec{r}_l) \qquad (2.1.13)$$

Die Coulombenergie kann in obiger Näherung als kleine Störung zur Gesamtenergie hinzugezählt werden und beträgt im Fall für Elektronen im 1s-Zustand $E_C = \frac{1{,}8e^2}{\varepsilon a}$.[26] Damit ergibt sich die Energie des Gesamtsystems der im Quantenpunkt räumlich eingeschränkten Ladungsträger zu:

$$E_{e-l-Paar}(n_e, l_e, n_l, l_l) = E_g + \frac{\hbar^2}{2a^2}\left\{ \frac{\alpha_{n_l,l_l}^2}{m_{eff}^v} + \frac{\alpha_{n_e,l_e}^2}{m_{eff}^c} \right\} - E_c \qquad (2.1.14)$$

Beschränken wir und auf s-Zustände (l=0), so lässt sich die Schrödingerglei-

---

[5]Das Konzept der effektiven Massen kann nur verwendet werden, wenn sich Elektron und Loch selbst in Nanokristallen wie ein Volumenhalbleiter durch Blochfunktionen darstellen lassen. Dies ist der Fall, wenn der Partikeldurchmesser sehr viel größer als die Gitterkonstante des betrachteten Materials ist.

chung für den nun kugelsymmetrischen Fall verhältnismäßig einfach lösen. Die Wellenfunktion ergibt sich zu:

$$\Psi_{n,0,0}(r,\Theta,\Phi) = \frac{\sqrt{2}}{|j_1(k_{n,0})|} \cdot j_0(k_{n,0}r) \cdot Y_{0,0}$$

$$= \sqrt{2} \cdot \left| \left(\frac{sin(k_{n,0})}{k_{n,0}^2} - \frac{cos(k_{n,0})}{k_{n,0}} \right)^{-1} \right| \cdot \frac{sin(k_{n,0}r)}{k_{n,0}r} \cdot \sqrt{\frac{1}{4\pi}}$$

Dabei ist $k_{n,0} = n \cdot \pi/a$ und die Energieeigenwerte $E_{n,0}$ der als unabhängig angenommenen Ladungsträger ergeben sich analog zum 1-dimensionalen Potentialkasten zu:

$$E_{n,0} = \frac{n^2 h^2}{8ma^2} \tag{2.1.15}$$

Die Energie des ersten optischen Übergangs, Elektron und Loch befinden sich beide im 1s-Zustand (n=1, l=0), ist nach Gleichung 2.1.14 und 2.1.15 gegeben durch:

$$E_g(R) = E_g(bulk) + \left(\frac{h^2}{8R^2} \right) \left(\frac{1}{m_e} + \frac{1}{m_l} \right) - \left(\frac{1,8e^2}{\varepsilon_0 \varepsilon R} \right) \tag{2.1.16}$$

Speziell im Fall von II-VI-Halbleiternanokristallen zeigt sich eine erstaunlich gute Übereinstimmung von Theorie und Experiment. Der erste optische Übergang drückt sich dabei durch eine starke Photolumineszenz bei E_g aus. Höhere Anregungszustände (n > 1) sind zudem in Absorptionsmessungen als Strukturierung im Spektrum zu erkennen.[29]
Eine detailliertere theoretische Beschreibung einer noch feineren spektroskopisch beobachteten Aufspaltung wird gewöhnlich unter Einbeziehung der Spin-Bahn-Kopplung und der damit verursachten Aufspaltung von Valenz- und Leitungsband ermöglicht. Weitere, hier nicht vertiefte Beschreibungen, sind durch die k·p-Methode, den Luttinger Hamilitonian oder das Modell von Kane möglich.[30]

Die Energieskalen, auf denen Quantenpunktniveaus sich typischerweise unterscheiden, liegen im Bereich von einigen hundert Millielektronvolt. Diese Angabe deckt sich ebenfalls mit der einfachen Abschätzung, dass typische

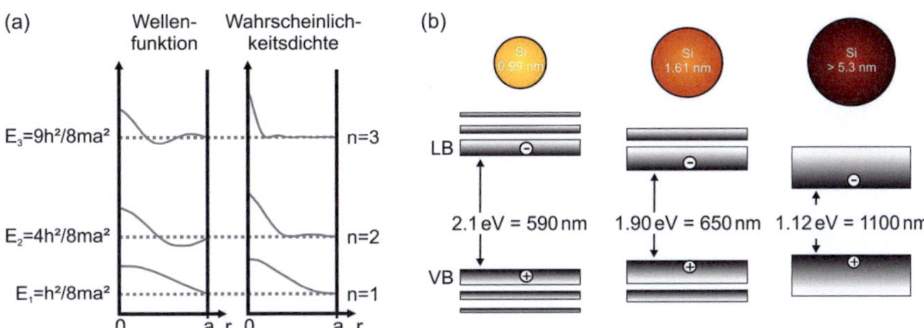

Abb. 2.1.2: Schematische Darstellung des Quantenconfinements. (a) Wellenfunktion und Aufenthaltswahrscheinlichkeit als Funktion der Energie und des Ortes. (b) Bandlücke von Silizium-Nanokristallen als Funktion der Größe.

Energien in Atomen bei circa 10 eV liegen und diese entsprechend bei den 100-1000-fach größeren Quantenpunkten um mindestens einen Faktor 100 reduziert sind. Folglich liegen die typischen Energieunterschiede der Quantenpunktniveaus bei wenigen hundert Millielektronvolt. Zur Vermessung der unterschiedlichen Energieniveaus der Quantenpunkte ist die optische Spektroskopie ideal geeignet.

Als Zusammenfassung zeigt die schematische Abbildung 2.1.2 die Wellenfunktion und deren Betragsquadrat, die Aufenthaltswahrscheinlichkeit, der unterschiedlichen s-Zustände der Ladungsträger als Funktion der Energie und der radialen Position im sphärischen Potentialtopf. Daneben ist schematisch die oben beschriebene zunehmende Aufweitung der Bandlücke von Silizium mit kleiner werdender Partikelgröße dargestellt.

Quantenconfinement in Silizium-Nanokristallen

In Silizium-Nanokristallen ist ebenfalls ein breites spektrales Durchstimmen der Lumineszenz als Funktion des Partikeldurchmessers möglich. Im Vergleich zu den archetypischen II-VI-Halbleiternanokristallen zeigt sich jedoch, dass bei Silizium-Nanokristallen neben rcinem Quantenconfinement vor allem Oberflächenzustände die Lumineszenz dominieren. Schematisch dargestellt ist dieser Prozess in Abbildung 2.1.4. Vor allem Oxidzustände spielen dabei, wie im Detail in Kapitel 8 und Refs. 38–40 beschrieben, eine besondere Rolle. Im Gegensatz zu II-VI-Halbleiternanokristallen, bei denen die Partikeloberfläche gewöhnlich durch eine Core-Shell-Struktur quasi defektfrei gehalten wird[30,41], ist dieses Konzept bei Silizium-Nanokristallen bisher nicht realisiert worden. Bis dato wurde lediglich über reine Core-Nanopartikel berichtet, welche mit organischen Liganden passiviert werden (Kapitel 3). Bedingt durch das große Verhältnis von Oberfläche zu Volumen wirken sich Oberflächendefekte zudem besonders bei kleinen Partikeln sehr stark auf die Quanteneffizienz der Nanokristalle aus (siehe Kapitel 5.2, Abbildung A.3.1). Dennoch kann die durch Quantenconfinement größenabhängige Lumineszenz empirisch beschrieben werden.[38,42–47] Nach Proot und Delerue[42,43,45] ergibt sich die Position des PL-Maximums als Funktion der Partikelgröße zu:

$$E_{PL}(d) = E_0 + \frac{3,73}{d^{1,39}} \tag{2.1.17}$$

Der durch Gleichung 2.1.17 beschriebene Verlauf der Emissionsenergie als Funktion der Partikelgröße ist in Abbildung 2.1.3a dargestellt. Die ebenfalls in dieser Abbildung gezeigten experimentellen Messdaten (schwarze Punkte/Quadrate) folgen dem theoretischen Verlauf bis zu einer Partikelgröße von circa $2,2\,nm$ sehr gut. Für kleinere Partikel kommt es dagegen sehr häufig zu keiner weiteren Vergrößerung der Bandlücke. Dieses Verhalten ist in Abbildung 2.1.3b durch leere Kreise dargestellt und wird entsprechend Ref. 38 einer Defektemission zugerechnet, die im Gegensatz zu defektfreien Partikeln (Abbildung 2.1.3b, gefüllte Kreise) die maximale Bandlücke auf circa $2\,eV$ begrenzt. Der Einfluss der Oberflächendefekte auf die PL ist auch bei den in dieser Arbeit untersuchten Partikeln beobachtbar und wird in Kapitel 5.2 sowie Kapitel 8 detailliert beschrieben. In Abbildung 2.1.4a ist der Unterschied zwischen defektbezogener und intrinsischer Nanopartikellumineszenz verdeutlicht.

Eine weiterführende theoretische Modellierung unter Berücksichtigung einer SiO_2-Umgebung wurde in Refs. 48,49 gezeigt. Wird die SiO_2-

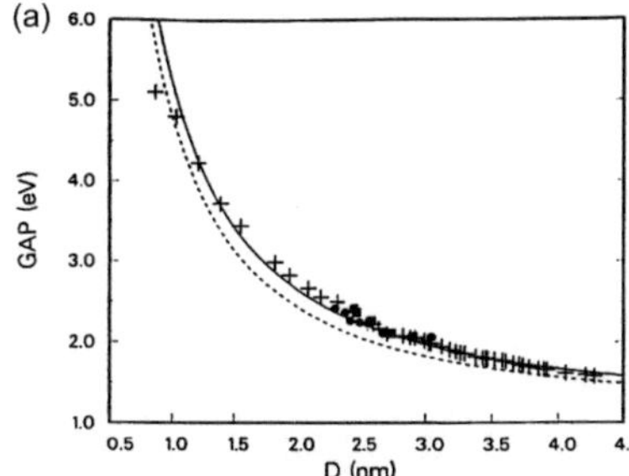
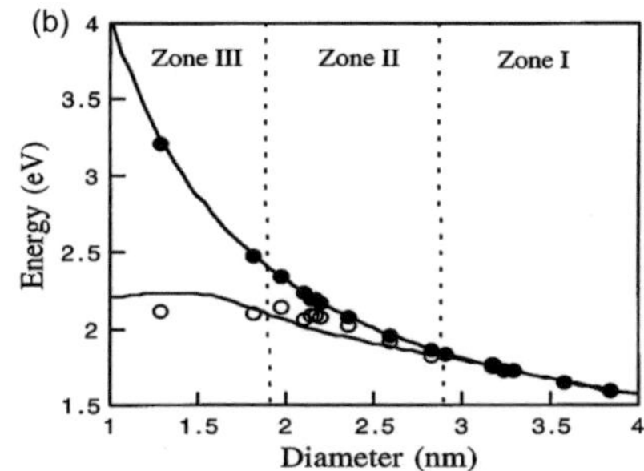

Abb. 2.1.3: Maximum der Photolumineszenz als Funktion der Partikelgröße. (a) Simulative Ergebnisse (Kreuze) für Siliziumcluster unterschiedlicher Größe mit und ohne Einbeziehung der Coulombwechselwirkung (gestrichelte/durchgezogene Linie) sowie experimentelle Ergebnisse (schwarze Punkte/Quadrate) (aus Ref. 42, Copyright 1992 AIP Publishing LLC). (b) PL-Maximum vor und nach Oxidation der Oberfläche von porösem Silizium (gefüllte/leere Kreise) (aus Ref. 38, Copyright 1999 The American Physical Society).

Umgebung der Partikel berücksichtigt, zeigt sich ein deutlich realistischeres Bild und die Bandlücke ergibt sich zu:

$$E_g(R) = \sqrt{E_g^2 + \frac{D_1}{R^2}} \qquad \text{mit } D_1 = 4,8\,\text{eV}^2\text{nm}^2 \qquad (2.1.18)$$

Die Bandlückenvergrößerung wird für Partikelgrößen bis zu $1,5\,\text{nm}$ gut beschrieben. Für noch kleinere Partikel ist jedoch auch hier kein Abknicken der Simulation beobachtbar. Eine detaillierte Beschreibung der spektroskopischen Eigenschaften der in dieser Arbeit untersuchten Partikel sowie der Vergleich mit der Theorie wird in Kapitel 8 sowie Kapitel 3.2 gegeben.

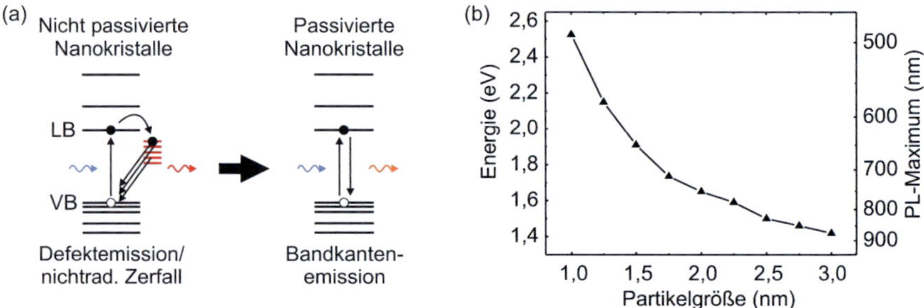

Abb. 2.1.4: Einfluss von Oberflächendefektzuständen auf die Bandlücke als Funktion der Nanopartikelgröße. (a) Schematische Darstellung der Defektlumineszenz (in Anlehnung an Ref. 41). (b) Simulation von sphärischen in SiO_2 eingeschlossenen Silizium-Nanokristallen. Die Datenpunkte wurden aus Ref. 49 entnommen.

2.2 Organische Halbleiter

In diesem Kapitel wird auf die grundlegenden physikalischen Eigenschaften von organischen Halbleitern eingegangen. Hierzu wird sowohl auf die typische molekulare Struktur als auch auf die zugrundeliegenden atomaren Bindungsmechanismen eingegangen. Darüber hinaus werden die optischen und elektrischen Eigenschaften, die zum Verständnis der in Kapitel 6 beschriebenen Silizium-Leuchtdioden wichtig sind, diskutiert und es wird auf die beiden typischen Klassen von organischen Halbleitern eingegangen. Eine Auflistung der in dieser Arbeit verwendeten organischen Materialien und deren grundlegende physikalische Eigenschaften finden sich in Kapitel 2.2.3.

2.2.1 Grundlagen organischer Halbleiter

Als organische Materialien bezeichnet man für gewöhnlich die chemischen Verbindungen des Kohlenstoffs. Organische Halbleiter sind wiederum eine Untergruppe der organischen Materialien, die sich durch das Vorhandensein ungesättigter Bindungen (Doppel- oder Dreifachbindungen) zwischen benachbarten Kohlenstoffatomen auszeichnen. Liegen diese ungesättigten Bindungen abwechselnd mit gesättigten Bindungen vor, ergeben sich die halbleitenden Eigenschaften der Moleküle.

Für ein tiefergehendes Verständnis ist in Abbildung 2.2.1 am Beispiel des Ethenmoleküls die Bindungsstruktur zweier Kohlenstoffatome gezeigt. Neben den Bindungen zu den Wasserstoffatomen werden zwei Valenzelektronen des viervalenten Kohlenstoffs zur Ausbildung einer Doppelbindung zum benachbarten Kohlenstoffatom verwendet. Die Doppelbindung wird dabei durch die sogenannte σ-Bindung sowie die π-Bindung aufgebaut. Die σ-Bindung wird durch die Überlagerung von jeweils einer der drei räumlichen Bindungsmöglichkeiten der sp^2-Hybridorbitale[6] der beiden Atome hervorgerufen. Sie ist für die eigentliche kovalente Bindung verantwortlich und bildet die lokalisierte, stark gerichtete Atombindung, die die Grundstruktur des resultierenden Moleküls definiert. Die zwei weiteren sp^2-Hybridorbitale sind räumlich um 120° gedreht und vermitteln die Bindung zu den Wasserstoffatomen. Neben den drei Valenzelektronen der sp^2-Orbitale liegt das vierte Valenzelektron im p_z-Orbital vor. Zusammen mit p_z-Orbitalen benachbarter Atome steht es für weitere, π-Bindungen zur Verfügung. Gemeinsam bilden π- und σ-Bindung eine Doppelbindung.

Am Beispiel des Benzolmoleküls, wie es in Abbildung 2.2.2 gezeigt ist, wird deutlich wie die benachbarten keulenartigen p_z-Orbitale (Abbildung 2.2.2b) untereinander koppeln. Die schematisch in Abbildung 2.2.2a dargestellte Ununterscheidbarkeit der Position der Doppelbindungen zeigt, dass nicht definiert werden kann zwischen welchen Kohlenstoffatomen eine zusätzliche π-Bindung durch zwei p_z-Orbitale eingebaut wird. Die nicht definierbare Position der π-Bindungen (Mesomerie) führt zu einer Ausschmierung der Elektronenaufenthaltswahrscheinlichkeit über das gesamte Molekül. Diese Delokalisierung der π-Elektronen (Abbildung 2.2.2c) tritt dabei nicht nur beim symmetrischen Benzolmolekül auf, sondern liegt bei allen organischen Molekülen mit alternierenden Einfach- und Mehrfachbindungen vor. Man spricht dabei von einem konjugierten π-Elektronensystem. Ein konjugiertes Elektronensystem ist Voraussetzung für die halbleitenden Eigenschaften von organischen Molekülen.

Durch die Delokalisierung der Elektronenverteilung wird zudem die Entar-

---

[6]Die sp$_2$-Hybridorbitale stellen Linearkombinationen eines s- sowie zweier p-Orbitalfunktionen dar. Sie enthalten folglich drei Elektronen und können drei Atombindungen vermitteln. Siehe auch Ref. 36.

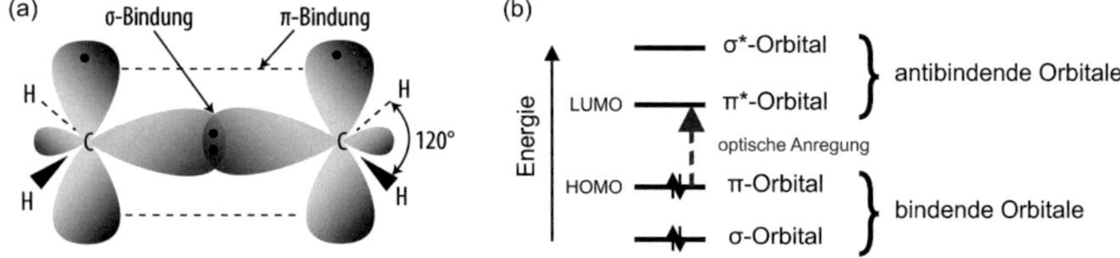

Abb. 2.2.1: Darstellung der Kohlenstoffbindungstypen am Beispiel des Moleküls Ethen. (a) Molekülorbitale und Bindungstypen einer Kohlenstoffdoppelbindung. (b) Energieschema der bindenden und anti-bindenden Molekülorbitale (adaptiert nach Ref. 50).

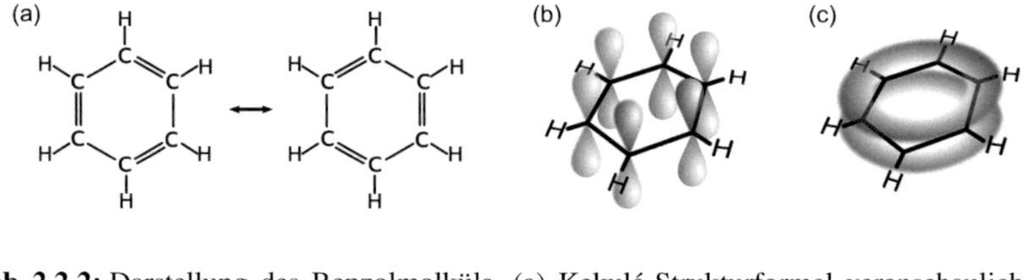

Abb. 2.2.2: Darstellung des Benzolmoleküls. (a) Kekulé-Strukturformel veranschaulicht die Mesomerie der Bindungsverhältnisse. (b) Keulenförmige p_z-Orbitale des Benzols senkrecht zur Molekülebene (c) Tatsächliche delokalisierte Elektronenverteilung (adaptiert nach Ref. 51) .

tung der Energieniveaus der Bindungen aufgehoben und es ergeben sich die energetisch tieferliegenden, bindenden sowie höhergelegenen, anti-bindenden Zustände. Diese Auftrennung ist in Abbildung 2.2.1b dargestellt und führt in Analogie zu klassischen Halbleitern zu einem optischen Übergang vom höchsten noch besetzten Molekülorbital (HOMO, engl. „highest occupied molecular orbital") zum niedrigsten unbesetzten Molekülorbital (LUMO, engl. „lowest unoccupied molecular orbital"). Über die für Halbleiter typische Bandlücke können Elektronen optisch oder, im Fall einer kleinen Bandlücke, ebenso thermisch angeregt werden.

Wie auch im Fall klassischer Halbleiter liegen nach der optischen Anregung auch in organischen Halbleitern gebundene Ladungsträgerpaare, die Exzitonen, vor. Im Vergleich zu Mott-Wannier-Exzitonen aus der klassischen anorganischen Halbleiterphysik unterscheiden sich die sogenannten Frenkel-Exzitonen der organischen Halbleiter jedoch in vielerlei Hinsicht:

Trotz der oben erwähnten starken Delokalisierung der Elektronen entlang einer Molekülkette sind Elektronen und damit später auch Exzitonen auf den Bereich eines Moleküls stark lokalisiert. Zudem sind alle in dieser Arbeit verwendeten organischen Funktionsschichten amorpher Natur, was zu einer erheblichen elektronischen Unordnung und zu drastisch reduzierten Exzitonendiffusionslängen von nur wenigen Nanometern führt. Anstelle des bandartigen Transports, wie er in klassischen Halbleitern vorliegt, findet ein Ladungstransport durch Hüpfen von einem Molekül zum anderen statt. Der Hüpfmechanismus (engl. „hopping") führt typischerweise zu einer geringen Beweglichkeit der Ladungsträger im Bereich von $\mu = 10^{-6}$ - $10^{-2}\,\mathrm{cm^2/(Vs)}$. Er ist thermisch aktiviert und die Hüpfwahrscheinlichkeit und damit die Mobilität nehmen so mit zunehmender Temperatur zu. Die Mobilität der Ladungsträger folgt dabei:

$$\mu(T) \sim \exp\left(-\frac{E_{\mathrm{aktivier}}}{k_B T}\right)$$

Ein weiterer großer Unterschied zwischen Exzitonen in organischen und anorganischen Halbleitern besteht darüber hinaus in der Bindungsenergie der Exzitonen. Bedingt durch die kleinere dielektrische Konstante und den geringen

Abstand von Elektron und Loch ($r \sim 1\,\mathrm{nm}$) liegt die Exzitonenbindungsenergie in organischen Halbleitern mit $E_{b,exz} = \frac{q^2}{4\pi\varepsilon_0\varepsilon_r r}$ typischerweise im Bereich von $0,1 - 1,4\,\mathrm{eV}$ und ist damit signifikant höher als bei typischen anorganischen Halbleitern. Bei Letzteren liegen meist bereits bei Raumtemperatur freie Ladungsträger vor, da die Bindungsenergie bereits thermisch aufgebracht werden kann. Im Umkehrschluss bedeutet dies für organische Halbleiter, dass zur Trennung von Exzitonen, wie beispielsweise in organischen Solarzellen, eine nicht vernachlässigbar hohe Energie größer als $k_B T$ nötig ist.

2.2.2 Polymere und kleine Moleküle

Organische Halbleiter werden gewöhnlich in zwei Molekülklassen unterteilt. Diese sind polymerbasierte organische Halbleiter und sogenannte kleine Moleküle (engl. „small molecules"). Beide Molekülklassen bestehen aus konjugierten organischen Verbindungen und werden für den Bau der in Kapitel 7 beschriebenen Silizium-Leuchtdioden eingesetzt.

Bei Polymeren handelt es sich um große, langkettige Moleküle, welche bis zu mehreren tausend Grundeinheiten, Monomereinheiten, umfassen können. Je nach Polymerart bestehen die einzelnen Monomere aus unterschiedlichen Bausteinen, welche wiederum in unterschiedlicher Häufigkeit wiederholt auftauchen. Polymere lösen sich auf Grund ihrer oft aromatischen molekularen Struktur gut in organischen Lösungsmitteln und werden gewöhnlich aus der Flüssigphase prozessiert. An den Polymerhauptstrang, welcher durch die einzelnen Monomere gebildet wird, können gezielt Seitengruppen angebracht werden, um die Löslichkeit in bestimmten Lösungsmitteln zu erhöhen.

Kleine Moleküle sind im Gegensatz zu Polymeren deutlich kleiner und besitzen keine polymerartige Struktur. Auf Grund ihrer Größe lassen sich kleine Moleküle gut durch thermisches Verdampfen prozessieren, durch gezieltes Anbringen von Löslichkeitsgruppen ist es aber auch möglich, kleine Moleküle flüssigprozessierbar zu machen. In dieser Arbeit werden die kleinen Moleküle stets aufgedampft.

2.2.3 Verwendete Materialien

Im folgenden Kapitel werden die in dieser Arbeit verwendeten Polymere und kleinen Moleküle aufgeführt sowie deren typische Eigenschaften und die verwendeten Prozessparameter beschrieben.

PEDOT:PSS

PEDOT:PSS ist eine Polymermischung aus poly(3,4-ethylenedioxythiophene) (PEDOT) sowie poly(styrenesulfonate) (PSS). PEDOT:PSS wird vor allem wegen seiner guten Leitfähigkeit ($500 - 5000\,\Omega\,cm$, Ref. 52) und Transparenz im sichtbaren Spektralbereich in vielen Bereichen der flüssigprozessierten organischen Elektronik eingesetzt. Die Leitfähigkeit der Polymermischung wird hierbei durch das in Abbildung 2.2.3 gezeigte konjugierte Polymer PEDOT erreicht. Die negativ geladenen Sulfonylgruppen des PSS-Polymers sind zwar nötig, um positive Gegenladungen auf den PEDOT-Polymerketten hervorzurufen, tragen aber wegen der unkonjugierten Polymerketten nicht nennenswert zum Ladungstransport bei. PEDOT:PSS wird gewöhnlich direkt aus wässriger Lösung prozessiert.

In der organischen Elektronik dient PEDOT:PSS vor allem als Lochinjektions- und Lochleitschicht. Mit einer Austrittsarbeit von $-5,1 - 5,2\,eV$[53,54] besitzt es eine verhältnismäßig hohe Austrittsarbeit, die für eine effiziente Lochinjektion in die weiteren organischen Schichten der Bauteile von Vorteil ist.

Das in dieser Arbeit verwendete PEDOT:PSS wird von Heraeus Clevios GmbH unter dem Produktnamen Clevios™ P VP AI 4083 verkauft. Vor der Flüssigprozessierung zur Herstellung der in Kapitel 7 beschriebenen Silizium-Leuchtdioden wird PEDOT:PSS mit deionisiertem Wasser auf die Hälfte des Volumens verdünnt. Ein Filterschritt und eine Ultraschallbehandlung der Lösung sollen einer Agglomeration des Polymers vorbeugen und zu homogen Schichten im Bauteil führen.

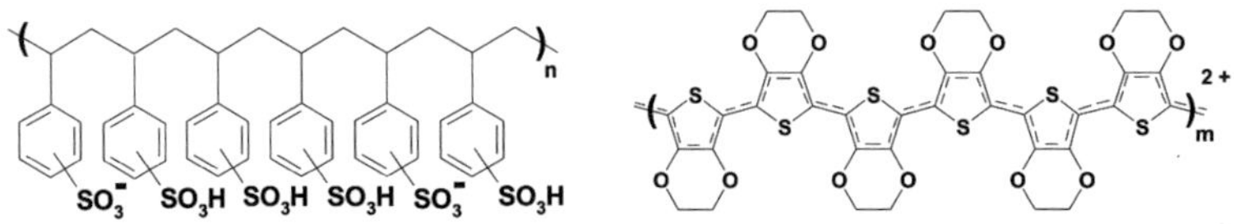

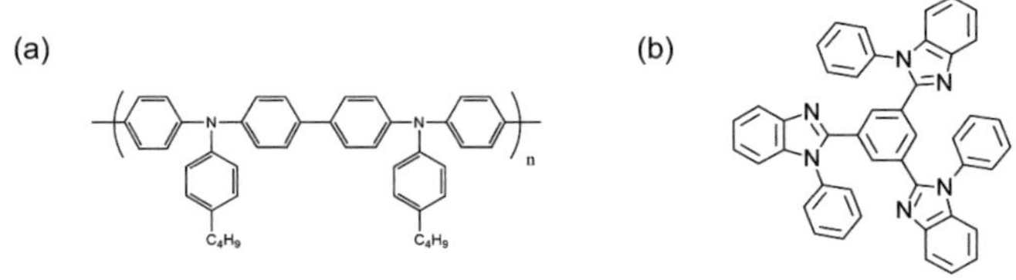

Abb. 2.2.3: Lewis-Formel von PEDOT:PSS (aus Ref. 52).

(a) (b)

Abb. 2.2.4: Lewis-Formel von (a) poly-TPD[56] und (b) TPBi[57,58].

Poly-TPD

Das konjugierte Polymer poly-TPD, Poly[N,N'-bis(4-butylphenyl)-N,N'-bis(phenyl)-benzidine], ist ein blauemittierendes lochleitfähiges Polymer, welches in organischen Bauelementen wegen seines tiefliegenden HOMO-Niveaus sowie des niedrigen LUMO-Niveaus geschätzt wird. Besonders im Fall von QD-LEDs und der dort sehr großen Austrittsarbeiten ist poly-TPD sehr beliebt. Auf Grund seines niedrigen LUMO-Niveaus gilt poly-TPD auch als elektronenblockierendes Material. Die Lochmobilität von poly-TPD beträgt $2 \cdot 10^{-3}\,\mathrm{cm^2/(Vs)}$.[55]

Das in Abbildung 2.2.4 in seiner Lewis-Formel dargestellte poly-TPD, lässt sich aus gewöhnlichen organischen Lösungsmitteln verarbeiten. In dieser Arbeit wird das von American Dye Source Inc. unter dem Produktnamen ADS254BE vertriebene poly-TPD aus Chlorbenzol prozessiert. Wie in Abbildung 2.2.5 ersichtlich weist poly-TPD eine starke blaue Lumineszenz auf, die bei der Verwendung des Polymers berücksichtigt werden muss.

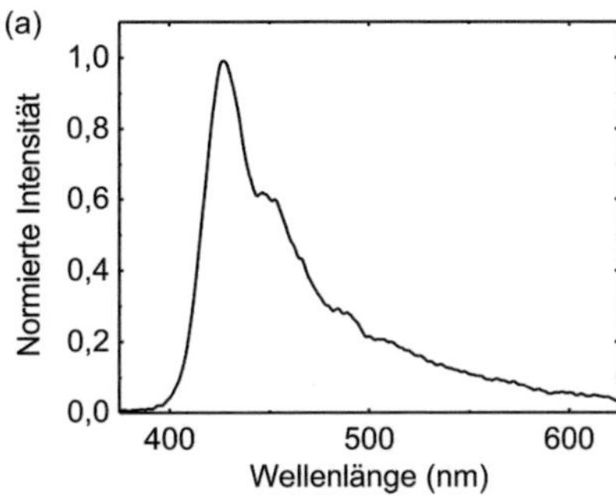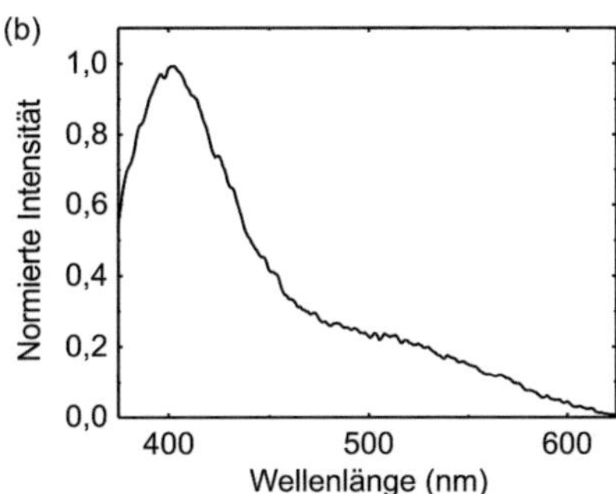

Abb. 2.2.5: Photolumineszenz (PL) von poly-TPD und TPBi. (a) PL von poly-TPD prozessiert als dünne Schicht auf Glas. (b) PL von TPBi als dünne Schicht aufgedampft auf Glas. Anregungsquelle in beiden Fällen ist ein gepulster Festkörperlaser mit einer Wellenlänge von 355 nm.

TPBi

Das kleine Molekül TPBi, 1,3,5-Tris(1-phenyl-1H-benzimidazol-2-yl)benzene, besitzt als typischer Vertreter seiner Klasse ein konjugiertes Elektronensystem (Abbildung 2.2.4). TPBi ist ein vornehmlich elektronenleitender organischer Halbleiter und besitzt eine Elektronenmobilität von circa 10^{-5} cm^2/(Vs).[59] Wie auch poly-TPD besitzt TPBi eine ausgeprägte Lumineszenz im blauen Spektralbereich, die in Abbildung 2.2.5 dargestellt ist.

Auf Grund seines mit 6,2 eV extrem niedrigen HOMO-Niveaus[60] wird TPBi in der organischen Elektronik häufig als Material für Lochblockschichten eingesetzt. TPBi lässt sich sowohl aus der Flüssigphase als auch durch thermisches Verdampfen prozessieren. In dieser Arbeit wird TPBi stets bei 200°C thermisch aufgedampft. Hersteller des hier verwendeten TPBi ist Sensient Imaging Technologies GmbH.

2.3 Lichttechnische Grundlagen zur Charakterisierung von LEDs

Dieses Kapitel gibt einen Überblick über die bei der Charakterisierung von LEDs wichtigen lichttechnischen Grundgrößen. Neben den üblichen elektrischen Messgrößen spielen vor allem die photometrischen Messgrößen in der Lichttechnik eine große Rolle. Die photometrischen Größen werden dabei aus den radiometrischen Größen berechnet und mit der Empfindlichkeit des menschlichen Auges gewichtet. Letztere wird durch die Hellempfindlichkeitskurven $V(\lambda)$ und $V'(\lambda)$ beschrieben und ist für Tag- und Nachtsehen (photopisch/skotopisches Sehen) leicht unterschiedlich. $V(\lambda)$ und $V'(\lambda)$ sind in Abbildung 2.3.1 für beide Fälle dargestellt und weisen bei 555 nm beziehungsweise 507 nm ein Maximum der Augenempfindlichkeit auf. Die im Folgenden zusammenfassend dargestellten lichttechnischen Größen werden jeweils mit der photopischen $V(\lambda)$-Kurve gewichtet.

- Der Lichtstrom, gemessen in Lumen (lm), entspricht der physikalischen Messgröße der Strahlungsleistung und berücksichtigt die in alle Raumrichtungen ausgestrahlte elektromagnetische Strahlungsleistung, gewichtet mit der Hellempfindlichkeitskurve $V(\lambda)$ sowie K_m. K_m steht dabei für das Maximum des Strahlungsäquivalents $K(\lambda)$ und ist $K_\mathrm{m} = 683\,\mathrm{lm/W}$.

$$\Phi = K_\mathrm{m} \int\limits_{380\,\mathrm{nm}}^{780\,\mathrm{nm}} \Phi_{\mathrm{e},\lambda}(\lambda)V(\lambda)\,\mathrm{d}\lambda$$

- Die Lichtstärke, gemessen in Candela (cd), entspricht dem Lichtstrom pro Raumwinkel Ω. Candela ist eine SI-Einheit.

$$I = \frac{\mathrm{d}\Phi}{\mathrm{d}\Omega} = \frac{\Phi}{\Omega}$$

Der Raumwinkel wird in der dimensionslosen Einheit Steradiant ($1\,\mathrm{sr} = 1$) gemessen. Per Definition umschließt ein Raumwinkel von $1\,\mathrm{sr}$ auf

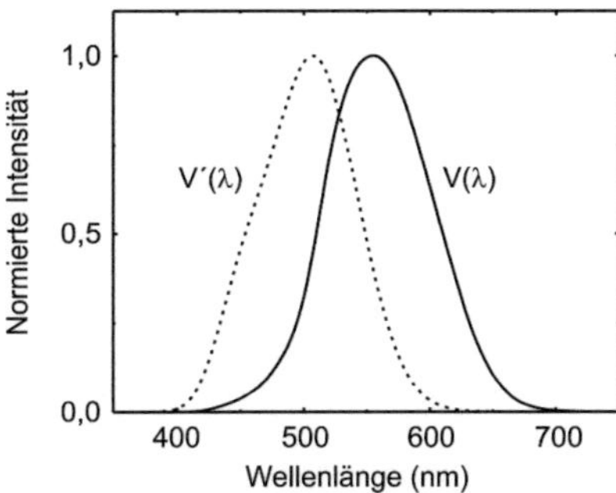

Abb. 2.3.1: Hellempfindlichkeitskurven des menschlichen Auges für Tagsehen und Nachtsehen (durchgezogene/gestrichelte Linie).

einer Kugel mit dem Radius 1 m eine Fläche von $1\,\mathrm{m}^2$. Der Raumwinkel einer gesamten Kugel ist folglich $\Omega = 4\pi\,\mathrm{sr}$ und es gilt für eine Punktlichtquelle: $I = \Phi/4\pi$.

- Die Leuchtdichte, gemessen in Candela pro Quadratmeter ($\mathrm{cd/m^2}$), beschreibt den Lichtstrom I unter Berücksichtigung der (scheinbaren) Fläche der Lichtquelle. Die Leuchtdichte ist besonders für Flächenstrahler und Displays wichtig und beschreibt die Winkelabhängigkeit, der vom menschlichen Auge wahrgenommenen Helligkeit. Diese ist je nach Winkel unterschiedlich und abhängig von der scheinbaren Fläche $A \cdot \cos(\alpha)$. α ist hierbei der Winkel zwischen der Flächennormalen und der Beobachtungsrichtung.

$$L = \frac{d^2\Phi}{\cos(\alpha)dA \cdot d\Omega}$$

- Die Lichtausbeute, gemessen in Lumen pro Watt ($\mathrm{lm/W}$), ist definiert durch den Quotienten des von einer Lichtquelle ausgesandten Lichtstromes Φ und der aufgenommen elektrischen Leistung P. Die Lichtausbeute ist ein Maß für die Effizienz des Strahlers.

$$\eta = \frac{\Phi}{P}$$

- Die Beleuchtungsstärke, gemessen in Lux (lx), ist der photometrische Gegenspieler der radiometrischen Größe der Leistungsdichte (W/m^2). Die Beleuchtungsstärke gibt den Lichtstrom normiert auf die beleuchtete Fläche beziehungsweise die Detektorfläche A_D an.

$$E = \frac{d\Phi}{dA}$$

- Die externe Quanteneffizienz η_{ext}, gemessen in Prozent, ist definiert als Verhältnis der vom Bauteil emittierten Photonen im Vergleich zur Anzahl der injizierten Ladungsträger (Elektronen und Löcher).

$$\eta_{ext} = b_1 \cdot \frac{h\nu}{eU} \cdot \eta_{rekomb} \cdot \eta_{opt} \approx \frac{\#\,\text{extrahierte Photonen}}{\#\,\text{injizierte Ladungsträger}}$$

mit:

b_1	$=$ Elektron $-$ Loch $-$ Gleichgewicht
$\frac{h\nu}{eU}$	$=$ Verhältnis von Photonenenergie und mit der Elementarladung multiplizierten angelegten Spannung
η_{rekomb}	$=$ Rekombinationseffizienz
η_{opt}	$=$ optische Auskopplung

Allgemein kann zwischen internen und externen Faktoren unterschieden werden. Während η_{ext} auch Verluste durch nicht optimale Lichtauskopplung miteinschließt, beinhaltet η_{int} vor der Auskopplung im Bauteil auftretenden Verluste. Diese sind die Rekombinationseffizienz (Emitterquanteneffizienz) η_{rekomb} des lichtemittierenden Materials, Verluste durch der Photonenenergie an Injektionsbarrieren $\frac{h\nu}{eU}$ im Bauteil sowie Verluste durch ein nicht ausgeglichenes Elektron-Loch-Gleichgewicht. Durch Letzteres durchqueren Ladungsträger ungenutzt das Bauteil und stehen somit für die Rekombination nicht zur Verfügung.

Die Quanteneffizienz wird ebenfalls oft als Quotient aus Anzahl der detektierten Photonen zur Anzahl der injizierten Ladungsträger definiert.

$$EQE = \frac{\#\,\text{extrahierte Photonen}}{\#\,\text{injizierte Elektronen}}$$

Diese Definition berücksichtigt η_{ext}, η_{rekomb} sowie Verluste durch ein nicht optimales Elektron-Loch-Gleichwicht, verzichtet jedoch auf die Einrechnung von Energieverlusten im Bauteil (Injektion der Ladungsträger, Stokes-Shift der Emission). In dieser Arbeit wird aus Vergleichbarkeitsgründen auf diese Definition zurückgegriffen.

3 Nanopartikelherstellung

Dieses Kapitel beschreibt die Herstellung von Silizium-Nanokristallen sowie Methoden zur Größenseparierung nach erfolgreicher Synthese. In Kapitel 3.1 wird auf die hier verwendete Festkörpersynthese zur Herstellung von Silizium-Nanokristallen eingegangen. Anschließend folgt in Kapitel 3.2 eine explizite Darstellung der zwei im Kontext dieser Arbeit eingesetzten Größenseparierungsverfahren. Zum einen ist dies die sehr praxistaugliche und einfach skalierbare Größenseparierung durch gezieltes Ausfällen aus der Lösung, zum anderen erlaubt die Größenseparierung mittels Ultrazentrifugierung eine extrem feine Auftrennung der Nanopartikel. Nanopartikelproben mit einer sehr schmalen Größenverteilung sind mit diesen Methoden realisierbar.[1]

3.1 Nanopartikelsynthese

Silizium-Nanokristalle lassen sich mit einer Vielzahl unterschiedlicher Synthesemethoden herstellen. Eine einfache und sehr häufig eingesetzte Methode besteht in der mechanischen Zerkleinerung von elektrochemisch aus Siliziumwafern hergestelltem porösem Silizium.[40,63] Diese Synthesemethode wurde in einer Vielzahl von Publikationen intensiv untersucht, führt jedoch zu vollständig oberflächenoxidierten Silizium-Nanokristallen. Freistehende Nanopartikel können ebenso auf nasschemischem Weg hergestellt werden.[64,65] Dieses Verfahren birgt jedoch die Gefahr, dass sich chemische Verunreinigungen in die Partikel einbauen und die optischen und elektrischen Eigenschaften der Partikel verändern. Häufig eingesetzte Verfahren sind darüber hinaus die plasma- oder laserunterstützte Zersetzung von Silanen[19,66–68], die Ionenim-

---

[1]*Teile dieses Kapitels sind in Refs. 61 und 62 veröffentlicht. Mit freundlicher Genehmigung von Journal of the American Chemical Society (Copyright 2011 American Chemical Society) und Chemical Physics (Copyright 2012 Elsevier).*

plantation von hochenergetischen Si-Ionen in SiO_2-Substrate[69–71] oder aber die hier in dieser Arbeit verwendete thermische Festkörpersynthese nach Hessel und Henderson.[72–75]

Um die Nanopartikel für eine spätere Flüssigprozessierung stabil in Lösung zu halten, schließt sich der Partikelsynthese meist ein Funktionalisierungsschritt der Oberfläche an. Dieser vermittelt den Partikeln Löslichkeit in unterschiedlichsten (meist organischen) Lösungsmitteln und soll die Oberfläche der Partikel vor Oxidationseinflüssen schützen. Vor allem letzterer Aspekt ist wegen der Reaktionsfreudigkeit von Silizium für die Lumineszenzeigenschaften der Nanopartikel von großer Bedeutung - man spricht auch von der Passivierung der Nanopartikeloberfläche. Im Fall der Plasma- oder der nasschemischen Synthese kann der Funktionalisierungsschritt auch direkt in den Syntheseprozess eingebunden werden.

Die im Kontext dieser Arbeit verwendete Festkörpersynthese ist schematisch in Abbildung 3.1.1 dargestellt.[2] In einem Sol-Gel-Prozess aus $HSiCl_3$ und H_2O bildet sich bei tiefen Temperaturen (-78°C) ein siliziumreiches Oxid (engl. „silicon rich oxide“, SRO) $(HSiO_{1,5})_n$, welches in einer polymerartigen Struktur vorliegt.[72,74] Dieses weiße pulverförmige Ausgangsmaterial (Abbildung 3.1.2) wird anschließend unter Formiergas bei 1100°C für eine Stunde ausgebacken. Während dieses Prozesses diffundieren die überschüssigen Siliziumatome thermisch aktiviert innerhalb der glasartigen Matrix des SRO und bilden als Funktion der Temperatur und der Dauer unterschiedlich große sowie unterschiedlich stark kristalline Nanopartikel.[72–75] Nach dem Ausbackvorgang liegen die in SiO_2 eingebetteten Nanokristalle als brauner, sandartiger Feststoff vor (Abbildung 3.1.2). Die hochauflösende Transmissionselektronenmikroskopieaufnahme in Abbildung 3.1.3 veranschaulicht die Kristallinität der so hergestellten großen Nanopartikel.[3]

Nach dem thermischen Prozessierungsschritt werden die Partikel in einer

---

[2]Die Synthese der in dieser Arbeit verwendeten Partikel wurden zum größten Teil am Institut für anorganische Chemie in der Gruppe von Prof. Annie K. Powell durchgeführt. Im Fall der in Kapitel 8 beschriebenen Experimente wurden die Partikel in der Arbeitsgruppe Ozin an der Universität Toronto hergestellt.

[3]Wie in Kapitel 5.2 näher beschrieben, weisen kleinere Nanopartikel einen zunehmenden amorphen Anteil auf.

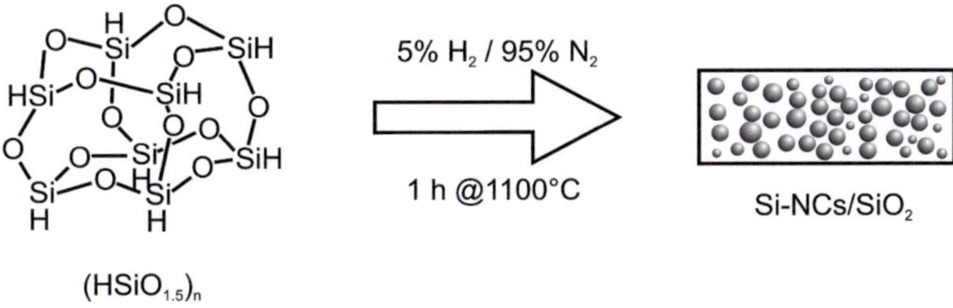

Abb. 3.1.1: Schematische Darstellung der Festkörpersynthese von in SiO$_2$ eingeschlossenen Silizium-Nanokristallen (nach Ref. 72).

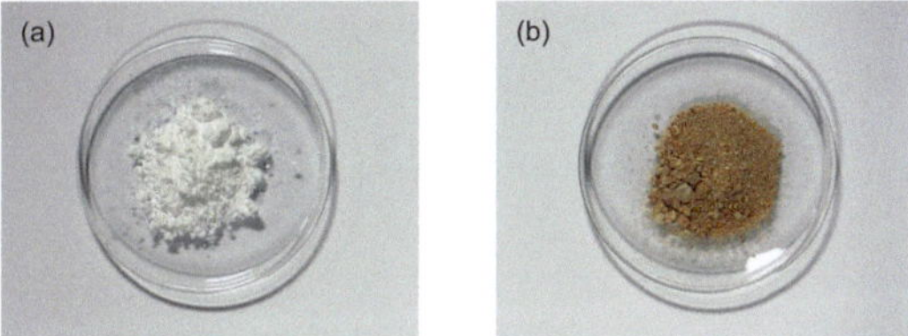

Abb. 3.1.2: Fotografie des SRO-Polymers (a) sowie der in SiO$_2$ eingeschlossenen Nanopartikel nach der thermischen Prozessierung (b).

Mischung aus Flusssäure (HF) und Ethanol aus der Glasmatrix herausgelöst und anschließend durch eine Flüssigphasenseparierung aus der Ätzlösung in ein unpolares Lösungsmittel (Decan/Mesitylen) überführt. Über die Dauer des Ätzschrittes lässt sich dabei die Größe der Partikel einstellen.[72]

Im obigen unpolaren Lösungsmittel werden die freigestellten, lediglich mit Wasserstoff funktionalisierten Partikel daraufhin unter Zugabe einer kleineren Menge des entsprechenden Liganden bei 170°C funktionalisiert. Während der anschließenden Hydrosilylierungsreaktion klappt die Doppelbindung des Ligandenmoleküls auf und bindet kovalent an die Oberfläche der Silizium-Nanokristalle. Die im Rahmen dieser Arbeit verwendeten Liganden waren Octadecen, Decen, Hexen sowie Allylbenzol und Styrol. Abbildung 3.1.1 stellt das Prinzip anhand des Liganden Allylbenzol dar. Eine detaillierte Beschreibung der einzelnen Syntheseschritte findet sich in Refs. 18,76.

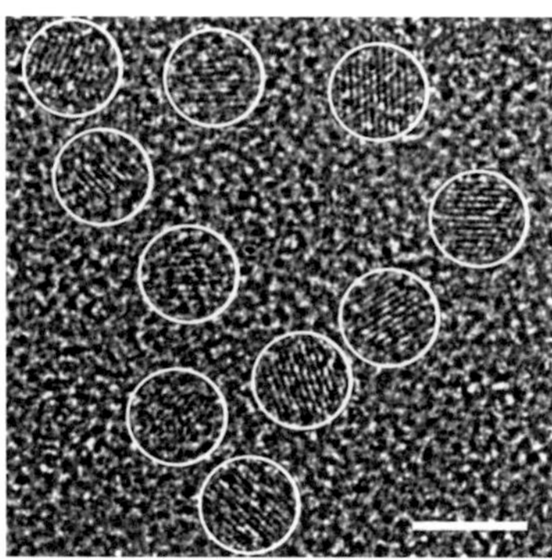

Abb. 3.1.3: Hochauflösende Transmissionselektronenmikroskopieaufnahme (HRTEM) der Silizium-Nanokristalle. Die in weiß dargestellten Kreise markieren ausgewählte Nanokristalle. Siehe Abbildung A.3.1 für Aufnahme ohne Kreise. Maßstabsbalken: 5 nm

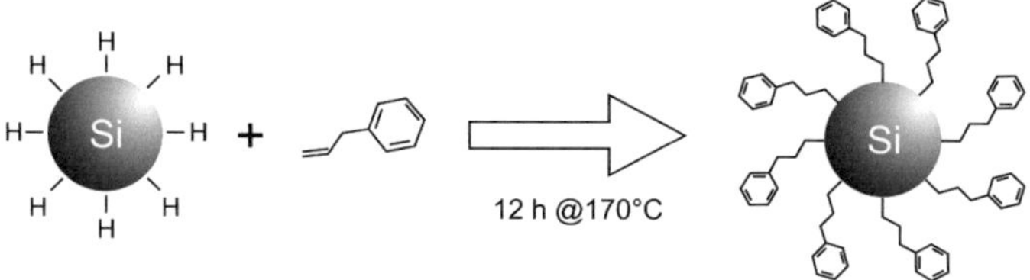

Abb. 3.1.4: Schematische Darstellung der Hydrosilylierungsreaktion zur Funktionalisierung der Silizium-Nanokristalle (in Anlehnung an Ref. 18).

3.2 Größenseparierungsverfahren

Im Gegensatz zu II-VI-Halbleiternanokristallen, welche bereits kommerziell als hochgradig monodisperse Partikellösungen erhältlich sind, lagen Silizium-Nanokristalle auf Grund anderer Syntheserouten und der damit verbundenen Reaktionskinetik lange Zeit lediglich als Proben mit breiten Größenverteilungen vor. Eine gezielte Untersuchung von größenabhängigen Materialeigenschaften wie beispielsweise von Fluoreszenz oder Absorptionsquerschnitten war nicht möglich. Ein wesentlicher Fortschritt gelang erst durch den Transfer von Größenseparierungsverfahren aus der analytischen Chemie wie beispielsweise der DGU-Auftrennung (engl. „density gradient ultracentrifugation") oder auch der größenselektiven Ausfällung, welche bereits zur Auftrennung von II-VI-Halbleiternanokristalleneingesetzt wurde.[29,77–79]

Neben Top-Down Versuchen zur Größenseparierung[80] hat sich vor allem das Ausfällen aus Lösung[18,81,82] als ein wichtiges Größenseparierungsverfahren etabliert. Erst kürzlich konnte auch die DGU-Auftrennung, die zuvor vor allem auf dem Gebiet der Kohlenstoffnanoröhren auf großes Interesse gestoßen war[83], auf Silizium-Nanokristalle übertragen werden und führt dort zu einer extrem feinen Größenauftrennung der Partikel.[61]

Sowohl mit der DGU-Auftrennung als auch der Größenseparierung durch Ausfällen lassen sich Größe und Lumineszenz der Nanopartikel gezielt über weite Bereiche des NIR und sichtbaren Spektralbereichs durchstimmen. Auf Grund der einfachen experimentellen Durchführung stellt vor allem die Größenseparierung durch Ausfällen einen der Eckpfeiler der Untersuchungen dieser Arbeit dar. Im Folgenden sollen diese beiden Verfahren eingeführt und die Mechanismen zur Größenseparierung erklärt werden.

3.2.1 Größenseparierung durch gezieltes Ausfällen

Nach den im vorherigen Kapitel beschriebenen Syntheseschritten sowie einem abschließenden Waschschritt zur Abtrennung von restlichen Syntheselösungsmitteln wird die polydisperse Ausgangslösung der mit Allylbenzol funktionalisierten, in Toluol gelösten Nanopartikel in einem Zentrifugenröhrchen schrittweise mit Methanol ausgefällt.

Im Gegensatz zu Toluol, in dem sich die funktionalisierten Nanopartikel sehr gut lösen lassen, ist Methanol ein sogenanntes Antilösungsmittel, in dem die Nanopartikel nicht löslich sind. Durch Zugabe einer kleinen Menge Antilösungsmittels (wenige Vol.-% der Gesamtlösungsmenge) agglomerieren zuerst große Partikel durch ihre größere gegenseitige Van-der-Waals-Wechselwirkung und lassen sich durch Abzentrifugieren aus der trüben Lösung ausfällen. Der klare Überstand, welcher die nicht ausgefallenen kleineren Partikel enthält, wird in weiteres Zentrifugenröhrchen abpipettiert. Der

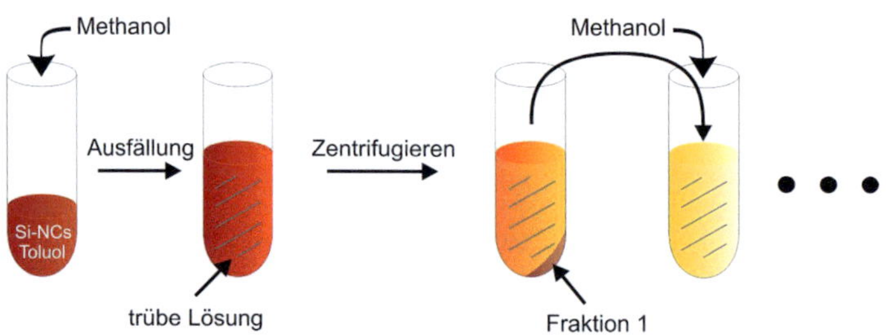

Abb. 3.2.1: Schematische Darstellung der Größenseparierung durch schrittweise Ausfällung von Nanopartikeln unterschiedlicher Größe aus Lösung.

verbleibende Niederschlag wird nach Abdampfen von übrigem Lösungsmittel wieder in trockenem Toluol aufgenommen und stellt die erste aufgetrennte Fraktion dar. Mit dem klaren Gemisch aus Methanol/Toluol und übrigen Nanopartikeln wird anschließend durch erneute Zugabe von Methanol ein weiterer Anteil an nun kleineren Nanopartikeln ausgefällt und wie oben von den, noch in Lösung befindlichen, restlichen Partikeln getrennt. Diese Schritte werden solange fortgesetzt bis auch bei Zugabe von großen Antilösungsmittelmengen kein weiterer Ausfall von Nanopartikeln sichtbar ist. Diese letzte Fraktion wird anschließend eingedampft und zeigt meist eine blaue Lichtemission.

Abbildung 3.2.2 zeigt die größenseparierten Nanopartikellösungen in aufsteigender Größe von links nach rechts. Auf Grund der nach jedem Zentrifugierungsschritt geringeren Partikelmenge nimmt auch die Konzentration mit kleiner werdender Partikelgröße ab. Die ersten, hier nicht gezeigten Fraktionen beinhalten meist große Partikel, die nicht stabil in Lösung gehalten werden können. Dem durch die Absorption bedingten Farbeindruck überlagert sich allgemein zusätzlich die Fluoreszenz der Nanopartikel unter Anregung durch das Umgebungslicht. Besonders deutlich ist dies bei den rot erscheinenden Lösungen erkennbar. Der Effekt der Überlagerung von Absorptions- und Lumineszenzfarbeindruck ist bei Konzentrationsabschätzungen zu beachten. Der weniger intensive rötliche Farbeindruck der kleinsten hier gezeigten Fraktionen (ganz rechts) weist auf eine geringe Quanteneffizienz der Partikel beziehungsweise auf eine weniger gut wahrnehmbare Emission im NIR Spek-

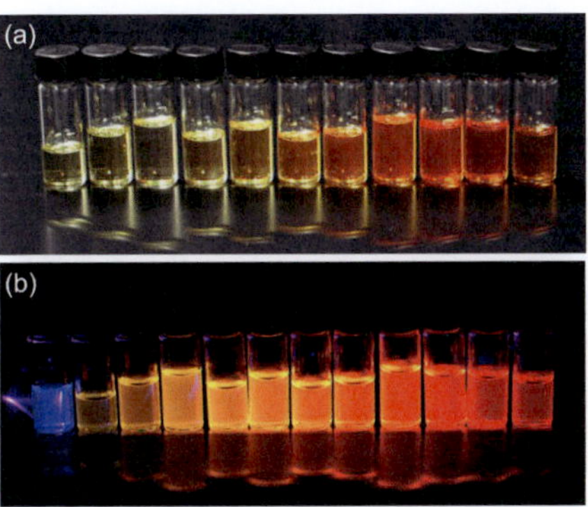

Abb. 3.2.2: Fotografie von größenseparierten, mit Allylbenzol funktionalisierten Nanopartikeln in Toluol. (a) ohne und (b) mit UV-Anregung durch eine 365 nm UV-LED.

tralbereich hin. Diese Lösungen werden aus diesem Grund vor allem für die in Kapitel 6 beschriebenen Leuchtdioden nicht verwendet.

Unter UV-Anregung (Abbildung 3.2.2b) ist die größenabhängige Lumineszenz der Partikel deutlich zu sehen. Als Funktion von der Größe lässt sich die Photolumineszenz der Partikel vom grün/gelben Spektralbereich bis hin zum roten und NIR Spektralbereich durchstimmen.[18] Auf die blauen Emitter der höchsten Fraktion (links), welche sich in ihren spektroskopischen Eigenschaften deutlich von den anderen Partikeln unterscheiden, wird in Kapitel 5.3 gesondert eingegangen.

Im Vergleich zu den hier beschriebenen mit Allylbenzol funktionalisierten Partikeln ist auch bei Nanopartikeln, welche mit Decen, Hexen und Styrol funktionalisiert wurden, eine Größenseparierung möglich. Jedoch lässt sich bei Verwendung dieser Liganden nur eine recht grobe Größenselektierung vornehmen. Des Weiteren erscheinen höhere Fraktionen oft weiß oder bläulich, was einen signifikanten Einfluss von Oberflächendefekten (siehe Kapitel 5.3) vermuten lässt. Warum ausschließlich der Ligand Allylbenzol eine sehr präzise Größenseparierung durch gezieltes Ausfällen erlaubt, nicht aber andere Ligandensysteme, ist noch nicht abschließend geklärt.

3.2.2 Dichtegradient-Ultrazentrifugierung

Wie auch die Größenseparierung durch schrittweises Ausfällen, ist auch die Methode der Dichtegradient-Ultrazentrifugierung (DGU) bereits ein etabliertes Verfahren in beispielsweise der Biochemie und der Aufreinigung von Proteinen. Wie dieses Verfahren für die Größenseparierung der Silizium-Nanokristalle angewendet werden kann und dort zu beeindruckend schmalen Größenverteilungen führen kann, wird im Folgenden in Kürze erläutert. Eine detaillierte Beschreibung der DGU-Auftrennung der Silizium-Nanokristalle ist in Ref. 61 zu finden.

Den Ausgangspunkt der Größenseparierung durch DGU bildet stets ein Lösungsmittelgemisch, welches durch Zentrifugieren einen Dichtegradienten ausbildet. Nanopartikel, die entsprechend ihrer Größe aufgetrennt werden sollen, müssen ihrerseits eine Dichte im Bereich des Gradientenmediums aufweisen. Damit können die Nanopartikel durch die Zentrifugierung in den entsprechenden Dichtebereich des Gradientenmediums eingelagert werden, wo sie sich während der Zentrifugierung im Kräftegleichgewicht befinden.

Im Fall der Silizium-Nanokristalle wurde als Gradientenmedium ein Gemisch aus Chlorbenzol und Tribromtoluol verwendet, welches über die Länge des Zentrifugenröhrchens einen Dichtegradienten zwischen $1,2\,\mathrm{g/cm^3}$ und $1,5\,\mathrm{g/cm^3}$ ausbildet. Da sich die Dichte im Fall von funktionalisierten Silizium-Nanokristallen aus der Dichte des Siliziumkerns ($\rho = 2,329\,\mathrm{g/cm^3}$) sowie den organischen Liganden ($\rho < 1\,\mathrm{g/cm^3}$) zusammensetzt, können die Nanopartikel als Funktion der Kerngröße im Dichtegradient aufgetrennt werden.

Abbildung 3.2.3 veranschaulicht das Auftrennungsverfahren schematisch. Nach dem 18-20 stündigen Zentrifguierprozess bildet sich ein Dichtegradient aus, in dem die Nanopartikel entsprechend ihrer eigenen Dichte eingelagert werden können. Große Partikel befinden sich im dichtesten Bereich am unteren Ende des Zentrifugenröhrchens, kleinere Partikel entsprechend ihrer effektiv geringeren Dichte weiter oben. Durch tropfenweises Extrahieren des so entstandenen Gemisches lassen sich Fraktionen mit Nanopartikeln unterschiedlicher Größe extrahieren.

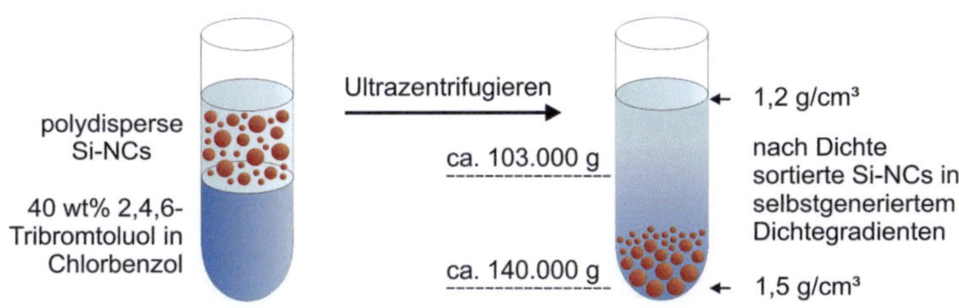

Abb. 3.2.3: Schematische Darstellung des DGU-Größenseparierungsverfahren zu Auftrennung von Silizium-Nanokristallen unterschiedlicher Größe in einem gegebenen Dichtegradienten.

Als Funktion des gewählten Dichtegradienten (einstellbar durch den Anteil von Tribromtoluol am Gradientenmedium) sowie der pro Fraktion extrahierten Lösungsmittelmenge lässt sich eine extrem feine Größenseparierung der Nanopartikel vornehmen. Abbildung 3.2.4 zeigt eine TEM-Aufnahme der größenseparierten Decen-funktionalisierten Nanopartikel, welche im Rahmen der Experimente für Ref. 61 erstellt wurde. Besonders bemerkenswert ist in diesem Kontext die, in der vergrößerten Aufnahme dargestellte, beinahe hexagonal dichtest gepackte Anordnung der Nanopartikel. Zwischen den helleren Kernen der Partikel können sogar die organischen Liganden erahnt werden. Aus den Abständen der Partikel untereinander lässt sich abschätzen, dass die Liganden ineinander greifen und nicht in gestreckter Form vorliegen. Der Abstand der Partikel ist somit geringer als theoretisch durch die Länge des Liganden vorgegeben.

Mit dem DGU-Auftrennungsverfahren steht somit neben der in Kapitel 3.2.1 gezeigten Auftrennung durch gezieltes Ausfällen eine elegante Möglichkeit zur Verfügung, extrem feine Größenauftrennungen vorzunehmen. Des Weiteren ist das Verfahren nicht wie im Fall der Ausfällmethode auf bestimmte Liganden begrenzt.

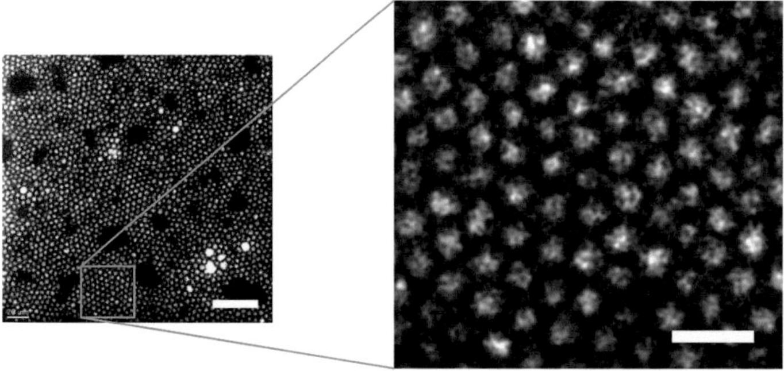

Abb. 3.2.4: TEM-Aufnahme der durch DGU-Größenseparierung aufgetrennten Decen-funktionalisierten Silizium-Nanokristalle. Man beachte die beinahe hexagonal dichtestgepackte Anordnung der Nanopartikel sowie die im Ansatz erkennbaren Liganden zwischen den Partikeln. Ein Teil des Bildes wurde in Ref. 61 veröffentlicht. Maßstabsbalken: 40 nm / 10 nm (links/rechts).

4 Probenpräparationstechniken

Dieses Kapitel gibt einen Überblick über verschiedene Verfahren zur Herstellung von dünnen Schichten aus unterschiedlichen Materialien. Besonders wichtig sind dünne Schichten für die Herstellung der in Kapitel 6 beschriebenen Silizium-Leuchtdioden sowie teilweise für die Probenpräparation der in den anderen Kapiteln beschriebenen Experimente.

4.1 Flüssigprozessierung durch Spincoating

Spincoating, auf deutsch Rotationsbeschichtung, ist eine häufig verwendete Methode zur Flüssigprozessierung in Lösung vorliegender organischer Materialien sowie von Nanopartikeldispersionen. Das zu prozessierende Material wird dabei in einem Lösungsmittel aufgenommen, auf ein Substrat aufgetropft und anschließend durch Rotation des Substrates gleichmäßig auf demselben verteilt (a)-(b). Während des Rotationsvorganges verdampft das Lösungsmittel und bildet eine dünne Schicht aus dem prozessierten Material (c). Abbildung 4.1.1 illustriert die einzelnen Schritte.

Abhängig von Siedepunkt und Viskosität des gewählten Lösungsmittels, der zu erreichenden Schichtdicke sowie Erfahrungswerten zur Bildung von homogenen Schichten werden beim Spincoating Umdrehungsgeschwindigkeit, Beschleunigung sowie die Dauer der verschiedenen Geschwindigkeitsstufen entsprechend gewählt. Das zu beschichtende Substrat wird gewöhnlich durch eine Vakuumpumpe an den Probenhalter angesaugt, um das Substrat während der Rotation in Position zu halten.

Die beim Spincoating verwendeten Rotationsgeschwindigkeiten liegen meist im Bereich von 500 - 5000 Umdrehungen pro Minute. Die in dieser Arbeit hergestellten Schichtendicken liegen meist unter 100 nm und werden vorzugs-

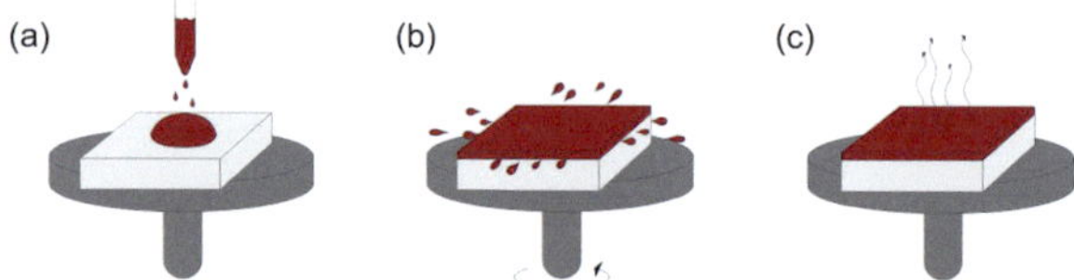

Abb. 4.1.1: Schematische Darstellung der einzelnen Prozessschritte zur Herstellung dünner Schichten durch Spincoating.

weise bei konstanten Spincoatingparametern durch die Konzentration der zu prozessierenden Lösung eingestellt. Typische Lösungsmittelmengen für beispielsweise die in Kapitel 6 beschriebenen Silizium-Leuchtdioden liegen im Bereich von 150 - 200 µl. Im Vergleich zu anderen Verfahren zur Flüssigprozessierung werden beim Spincoating verhältnismäßig große Lösungsmittelmengen benötigt, da ein großer Teil der Lösung und des Materials bei dem Prozess vom Substrat abgeschleudert wird und nicht wiederverwendet werden kann. Grundsätzlich muss wie bei jeder Flüssigprozessierungstechnik darauf geachtet werden, dass ein verwendetes Lösungsmittel eine bereits aufgebrachte Schicht nicht wieder anlöst. Man spricht von der sogenannten Lösungsmittelorthogonalität, welche bei der Flüssigprozessierung berücksichtigt werden muss.

4.2 Flüssigprozessierung durch horizontales Tauchverfahren/Rakeln

Eine weitere Methode zur Flüssigprozessierung ist das horizontale Tauchverfahren (engl. „H-Dipping") sowie das Rakeln. Auch bei diesen Verfahren gelten die Randbedingungen der Flüssigprozessierung und es muss beispielsweise auf die Lösungmittelorthogonalität der verwendeten Substanzen geachtet werden.

Wie in Abbildung 4.2.1 veranschaulicht, wird die Lösung des zu prozessierenden Materials vor eine keil- beziehungsweise stabförmige Prozessiereinheit aufgetropft und durch Verschieben ebendieser gleichmäßig auf das Substrat aufgebracht. Durch die verwendete Geschwindigkeit und Beschleunigung der Prozessiereinheit sowie deren Abstand zum Substrat kann eine wohldefinier-

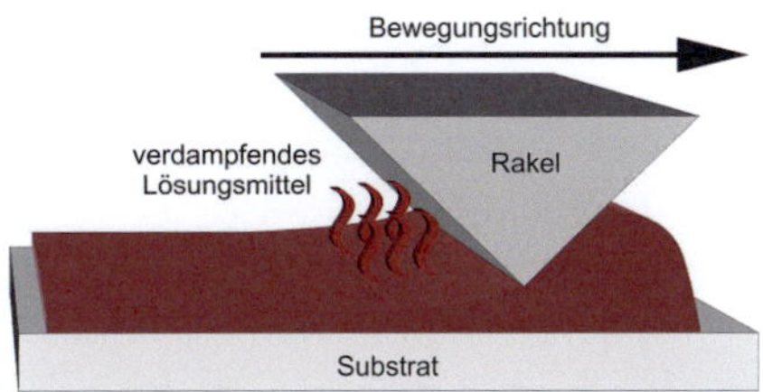

Abb. 4.2.1: Schematische Darstellung des horizontalen Tauch- beziehungsweise Rakelverfahrens zur Herstellung dünner Schichten. Der einzige Unterschied beider Verfahren liegt in der Form der Prozessiereinheit. Beim Rakeln wird eine keilförmige Prozessiereinheit (hier gezeigt) verwendet, beim horizontalen Tauchverfahren kommt ein Stab als Prozessiereinheit zum Einsatz.

te Schichtdicke eingestellt werden. Auch Schichtdickengradienten sind durch eine beschleunigte Bewegung der Prozessiereinheit möglich.[84] Beim horizontalen Tauchverfahren kann zudem die Schichtdicke unter Kenntnis der eingestellten Prozessparameter vorhergesagt werden.[84,85] Ein aufwendiges Austesten und anschließende Schichtdickenmessungen entfallen somit.

Ein weiterer Vorteil des horizontalen Tauchverfahrens und des Rakelns im Vergleich zum Spincoating liegt in der signifikant geringeren benötigten Lösungsmittelmenge sowie in der Möglichkeit zur Prozessierung elongierter Substrate. Ein Nachteil dieser Prozesstechnik ist ein stets durch Inhomogenitäten nicht verwendbarer Randbereich des Substrats.

4.3 Aufdampfen von dünnen Schichten

Neben der Flüssigprozessierung von Materialien lassen sich dünne Schichten ebenfalls durch thermisches Aufdampfen herstellen. Aufgedampft werden können hierbei sowohl organische Materialien (kleine Moleküle) als auch Metalle und verschiedene Oxide. Polymere und Nanopartikel lassen sich wegen ihres großen Molekulargewichts sowie mangelnder Temperaturstabilität der Materialien nicht aufdampfen.

Im Vergleich zur Flüssigprozessierung lässt sich das zu verdampfende Material sowohl flächig als auch strukturiert auf die Probe aufbringen. Insbesondere für die metallischen Kontakte von organischen Bauelementen ist dies sehr

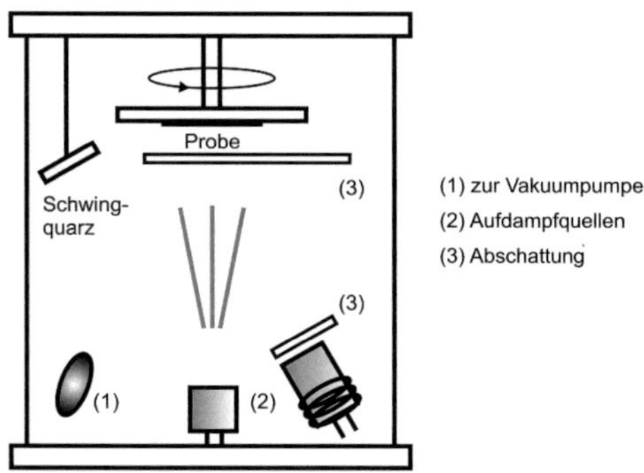

Abb. 4.3.1: Schematische Darstellung einer Aufdampfanlage zur Herstellung dünner Schichten.

wichtig (Kapitel 6). Ein weiterer Vorteil gegenüber der Flüssigprozessierung liegt darin, eine Vielzahl unterschiedlicher Schichten übereinander aufbringen zu können. Es muss folglich nicht auf die Orthogonalität von Lösungsmitteln geachtet werden.

In Abbildung 4.3.1 ist der schematische Aufbau einer Aufdampfanlage dargestellt. Die Aufdampfquellen befinden sich unterhalb des rotierenden Probenhalters und lassen sich durch Abschattungseinheiten sowie durch die Verdampfungsrate regeln. Letztere wird beim Aufdampfen von Metallen durch den angelegten Strom, welcher durch die Aufdampftiegel fließt, geregelt. Im Fall von organischen Materialien heizt eine Glühwendel einen Glastiegel, in dem sich das organische Material befindet. Ein kalibrierter Schwingquarz dient zur Detektion der aktuellen Aufdampfrate. Für eine gleichmäßige Beschichtung lässt sich der Probenhalter zusätzlich kontinuierlich drehen. Die gesamte Anlage ist während des Aufdampfens evakuiert ($p < 10^{-6}\,$mbar), um eine gleichmäßige Beschichtung zu gewährleisten. Des Weiteren ermöglicht der geringe Druck ein einfacheres Verdampfen der Materialien und somit einen geringeren Energieaufwand.

5 Grundlegende optische Untersuchung von Silizium-Nanokristallen

Dieses Kapitel vermittelt einen grundlegenden Überblick über Lumineszenz, Exzitations- und Absorptionseigenschaften von Silizium-Nanokristallen. Es wird gezeigt wie Absorptions- sowie Exzitationsdaten zur Konzentrationsbestimmung von kolloidalen Nanopartikellösungen herangezogen werden können. Für eine zuverlässige Schichtdickeneinstellung bei der Herstellung von QD-LEDs, wie sie in Kapitel 7 vorgestellt wird, ist dies unabdingbar. Des Weiteren wird in diesem Kapitel mit Hilfe von zeitaufgelöster Spektroskopie ein Einblick in die Rekombinationsprozesse der Silizium-Nanokristalle gegeben. Die Entwicklung der Quanteneffizienz als Funktion der Partikelgröße wird in diesem Kontext ausführlich diskutiert. Abgeschlossen wird dieses Kapitel mit der Untersuchung neuartiger blau emittierender Emitter. Anhand von zeit- und temperaturaufgelöster Fluoreszenzspektroskopie sowie des Anregungsverhaltens der Emitter wird der Ursprung dieser blauen Emission diskutiert.[1]

5.1 Lumineszenz-, Anregungs- und Absorptionsverhalten von Silizium-Nanokristallen

In Abbildung 5.1.1a ist das typische Lumineszenzverhalten der hier untersuchten Silizium-Nanokristalle (Si-NCs) dargestellt. Die nach dem in Kapitel 3 beschriebenen Verfahren hergestellten, nicht größenseparierten Partikel zeigen eine starke Lumineszenz bei circa 670 nm. Die Halbwertsbreite ist mit 150 nm verhältnismäßig breit und wird zum einen mit einer inhomogenen Verbreiterung durch Partikel unterschiedlicher Größe sowie zum anderen durch eine homogene Verbreiterung auf Grund der Temperatur erklärt. Die zweite Emis-

---

[1] *Teile der hier vorgestellten Ergebnisse sind in Ref. 86 veröffentlicht. Mit freundlicher Genehmigung von Nano Letters (Copyright 2011 American Chemical Society).*

sionsbande um etwa 985 nm ergibt sich durch große Partikel, die direkt nach der Synthese ebenfalls in Lösung vorliegen. Zur Veranschaulichung der Polydispersität der Probe ist in Abbildung 5.1.1b eine TEM-Aufnahme der Nanokristalle gezeigt. Verhältnismäßig große Partikel mit Durchmessern von bis zu 10 nm kennzeichnen die Polydispersität der Probe. Der Großteil der Probe wird von kleineren Partikeln ($2,1 \pm 0,8$ nm) gebildet, deren Größe und Lumineszenzmaximum durch den Ätzprozess (Kapitel 3) festgelegt werden kann.

Neben der dargestellten Lumineszenz ist in Abbildung 5.1.1a zusätzlich das typische Absorptions- und Exzitationsverhalten der Si-NCs gezeigt. Beide, Anregungs- und Absorptionsspektren, zeigen ein zu kurzen Wellenlängen hin stark ansteigendes Messsignal. In der Literatur wird hierbei häufig von einem Stokes-Shift zwischen Emission- und Absorptionsverhalten der Si-NCs gesprochen. Im Gegensatz zur klassischen Molekülspektroskopie liegt im Fall der Nanokristalle jedoch kein Absorptionsmaximum und keine scharfe Absorptionskante vor. Zusätzlich machen die beobachteten Energieverluste zwischen Absorption und Emission weit mehr als die typischen, bei exzitonischer Rekombination beobachteten[87], 100 meV aus. Wie im Detail in Ref. 88 beschrieben, ist der große Abstand zwischen Emissionsmaximum und scheinbar ansetzender Absorption lediglich eine Folge der geringen Dichte an elektronischen Zuständen in der Nähe der Energie des emittierenden Zustands. Selbst bei Wellenlängen nahe des Emissionsmaximums ist eine Absorption möglich, die jedoch auf Grund der geringen Partikelkonzentrationen sowie des geringen Absorptionskoeffizienten bei dieser Energie oft nicht messbar ist.[88] Es kann folglich nicht von einer „Absorptionskante" und einem Stokes-Shift im klassischen Sinn gesprochen werden. Im folgenden Kapitel und Abbildung 5.1.2 wird die Konzentrationsabhängigkeit der Absorption näher erläutert. Dort wird ersichtlich, dass bei höheren Konzentrationen die Absorption zunehmend weiter in Richtung niedriger Energien (großer Wellenlängen) schiebt und sich somit der scheinbare „Stokes-Shift" verkleinert.
Obwohl in diesem Kapitel nicht größenseparierte Nanopartikellösungen betrachtet werden, gilt die Beschreibung jedoch analog auch für größenseparierte Nanopartikellösungen.

In Nanopartikelsystemen, wie beispielsweise Core-Shell-Nanopartikeln

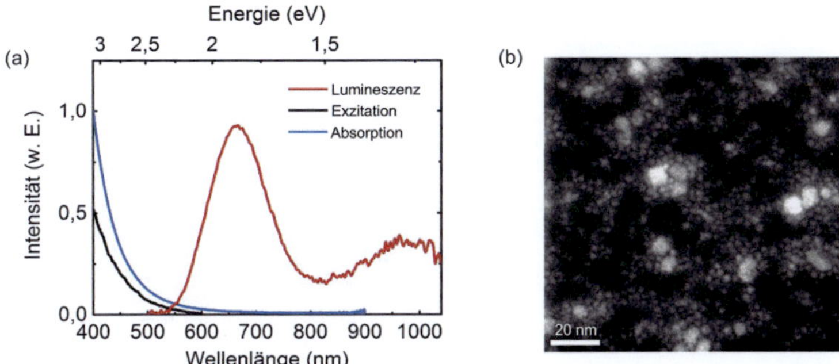

Abb. 5.1.1: (a) Emissions-, Exzitations- und Absorptionsspektren von nicht größenseparierten Nanokristalllösungen. (b) TEM-Aufnahme der nicht größenseparierten polydispersen Nanokristallprobe.

aus CdS, zeichnet sich das Absorptionsverhalten durch das Vorhandensein einer Strukturierung des Absorptionsspektrums aus.[29] Diese ist durch die unterschiedlichen Anregungszustände der Nanokristalle gegeben und werden auch als „excitonic peaks" bezeichnet. Im Vergleich hierzu findet sich selbst bei größenseparierten und damit quasi monodispersen Silizium-Nanokristallen keine Strukturierung der Absorption. Dies deutet, wie bereits in Kapitel 2.1.3 gezeigt, darauf hin, dass bei Silizium-Nanokristallen nicht Interbandrekombination die Lichtemission dominiert, sondern Defektzustände die Emission wesentlich bestimmen.

5.1.1 Konzentrationsbestimmung mittels Absorptionsspektroskopie

Um die oben angedeutete Konzentrationsabhängigkeit von Absorption und Exzitation sowie das Nicht-Vorhandensein einer klassischen Absorptionskante zu unterstreichen, wird im Folgenden eine systematische Studie zur Konzentrationsabhängigkeit von Absorption, Exzitation und Emission vorgestellt. Der hier beschriebene lineare Zusammenhang von Konzentration und Absorption wird in Kapitel 7 zur Konzentrationsbestimmung von Nanopartikellösungen verwendet werden.

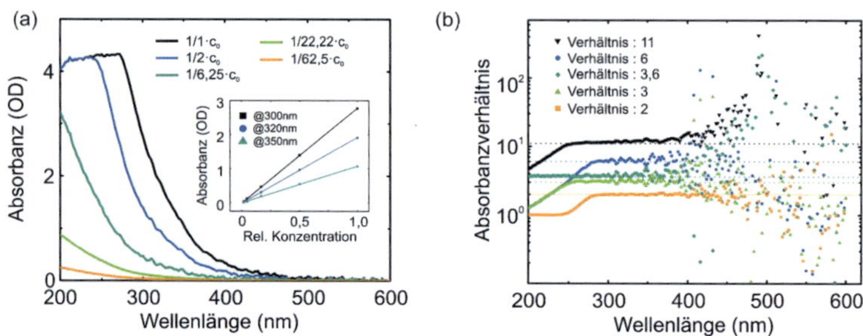

Abb. 5.1.2: Absorptionsspektren von Nanokristalllösungen unterschiedlicher Konzentration sowie die entsprechenden Konzentrationsverhältnisse. (a) Absorbanz als Funktion der Wellenlänge. Die Legende gibt die entsprechenden Konzentrationswerte bezogen auf die Ausgangskonzentration c_0 an. Inset: Absorbanz über der relativen Konzentration. (b) Absorbanzverhältnisse unterschiedlich konzentrierter Lösungen zur Illustration der Konzentrationsbestimmung. Die Legende gibt die entsprechenden Konzentrationsverhältnisse an.

In den Experimenten wurden Lösungen unterschiedlicher Konzentration betrachtet, um einen potentiellen Einfluss der Konzentration auf Absorption, Exzitation und/oder Emission zu zeigen. Für alle Versuche wurden Quarzküvetten (Helma, QS-101 (1 mm) und Helma QS 10×2 mm (100 µl) für Absorption/Emissions- bzw. Exzitationsmessungen) verwendet. Die Messungen wurden an einem Absorptionsspektrometer (Perkin Elmer Lambda 1050, verfügbar am LTI) sowie einem Fluoreszenzspektrometer (Varian Cary Eclipse, verfügbar am CFN) durchgeführt. Das für diese Studie gewählte Lösungsmittel ist Hexan und erlaubt, im Gegensatz zu anderen organischen (aromatischen) Lösungsmitteln wie beispielsweise Toluol, eine Spektroskopie bis hin zu sehr kurzen Wellenlängen von 200 nm.

Wie in Abbildung 5.1.2a gezeigt, verschiebt sich die scheinbare Absorptionskante zu größeren Wellenlängen. Die Sättigung im blauen Spektralbereich für die unverdünnte sowie halbverdünnte Probe ist durch die begrenzte Sensitivität des Spektrometers bedingt. Mit Hilfe des Lambert-Beerschen Gesetz der Absorption, lässt sich die gemessene Absorbanz linear mit der Konzentration der Partikellösung verknüpfen. Das Lambert-Beersche Gesetz der Absorption ist definiert als:

$$A = \log_{10}\left(\frac{I_0}{I}\right) = \varepsilon \cdot l \cdot c \qquad (5.1.1)$$

Durch Messen der Absorbanz kann somit die relative Konzentration der Lösung bezüglich einer Referenzlösung ermittelt werden. Hierzu wird nach Abzug der Absorbanz des Lösungsmittels das Verhältnis aus den Absorbanzwerten einer Referenz sowie der zu vermessenden Lösung gebildet. Dieses entspricht nach Gleichung 5.1.1 dem Verhältnis der Konzentrationen (c_{Probe}/c_{ref}) der beiden Proben. Der Extinktionskoeffizient ε und die Strecke l, die das Licht in der Probe zurücklegt, fallen bei der Berechnung heraus. Zur Veranschaulichung hierzu ist in Abbildung 5.1.2b der Verlauf dieser Verhältnisse für vier verschiedene Probenkonzentrationen dargestellt. In einem mittleren Wellenlängenbereich von ungefähr 280 - 420 nm lässt sich die relative Konzentration der Probe in allen Fällen bis auf die erste Nachkommastelle genau ablesen. Die beschränkte Empfindlichkeit des Absorptionsspektrometers bei kurzen Wellenlängen (Sättigung) sowie die verwendeten Abschwächungsfilter (engl. "attenuation") führen in Abbildung bei kurzen Wellenlängen zu einem systematischen Abfallen des Verhältnisses (c_{Probe}/c_{ref}) beziehungsweise zu einem verstärktem Rauschen bei größeren Wellenlängen. Durch Auswahl von ausreichend verdünnten Proben (Abbildung 5.1.2b, Verhältnis 3,6) und der damit erhöhten Empfindlichkeit bei kurzen Wellenlängen, lassen sich diese Fehlerquellen vermeiden und ein größerer Wellenlängenbereich kann zuverlässig abgedeckt werden.

Als Inset in Abbildung 5.1.2a sind die Absorptionswerte der vermessenen Proben über der relativen Konzentration dargestellt. An den drei dargestellten Wellenlängen (300 nm, 320 nm, 350 nm (schwarz, blau, grün)) ergibt sich jeweils das hochgradig lineare Verhalten, wie es aus Gleichung 5.1.1 hervorgeht.

Analog zur Absorption wurde im Fall der Exzitationsmessungen verfahren. Auch hier wurden wieder Si-NCs unterschiedlicher Konzentrationen vermessen und aus den Messdaten, entsprechend Gleichung 5.1.1, die entsprechenden Verhältnisse gebildet. Das erste signifikante Merkmal, der in Abbildung 5.1.3

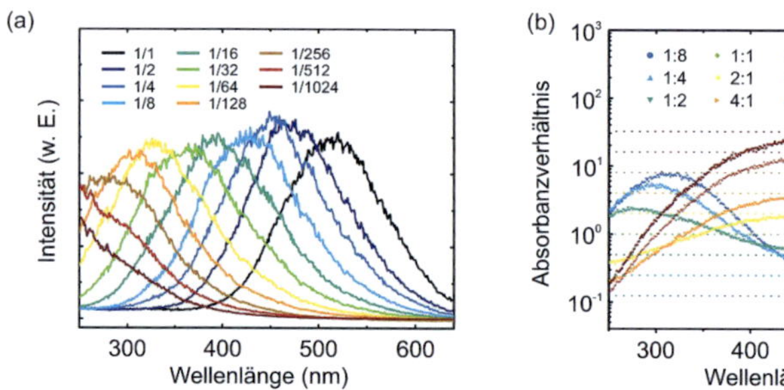

Abb. 5.1.3: Anregungsspektren von Si-NC-Lösungen unterschiedlicher Konzentration. (a) Klassische spektrale Darstellung der Exzitationspektren unterschiedlicher Konzentration. Die Legende gibt die entsprechenden Konzentrationswerte in Bruchteilen bezogen auf die Ausgangskonzentration c_0 an. (b) Absorbanzverhältnisse unterschiedlich konzentrierter Lösungen zur Illustration der Konzentrationsbestimmung. Die Legende gibt die entsprechenden Konzentrationsverhältnisse an.

gezeigten Messdaten, ist die starke Verschiebung der gaußförmigen Anregungsspektren. Wird die Konzentration der Si-NC-Lösungen erniedrigt, verschieben sich die Anregungsspektren über 250 nm in Richtung kürzerer Wellenlängen. Bei besonders geringen Konzentrationen ($< 1/512 \cdot c_0$) verändert sich die Form des Anregungsspektrums und die gemessene Intensität steigt, wie im Fall der oben gezeigten Absorptionsspektren, kontinuierlich an.

Die stark gaußförmig ausgeprägte Form der Exzitationsspektren lässt sich mit Hilfe von Selbstabsorption des emittierten Lichts auf dem Weg durch die Lösung zum Detektor erklären. Wie in Abbildung 5.1.4 dargestellt, wird Licht einer Wellenlänge von beispielsweise 300 nm bereits auf sehr kurzen Wegstrecken durch die Küvette absorbiert und ruft Lumineszenz hervor. Das emittierte Licht wird anschließend auf dem verbleibenden Weg durch die Küvette wieder absorbiert und geht entweder durch nicht-radiative Effekte oder durch Re-Emission in alle Raumrichtungen, zumindest teilweise, verloren. Es gelangt folglich nur ein Bruchteil des bei dieser Wellenlänge absorbierten und anschließend emittierten Lichts in Richtung Detektor und verursacht in Folge dessen ein geringeres Messsignal. Anregungslicht von beispielsweise 500 nm wird im Vergleich zu obigem Beispiel auf größeren Wegstrecken absorbiert.

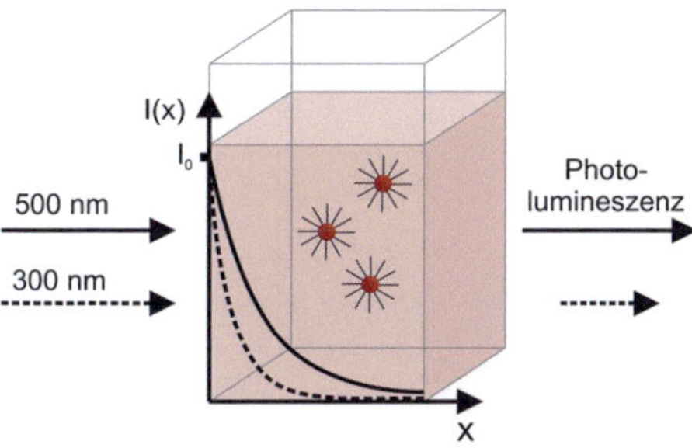

Abb. 5.1.4: Schematische Darstellung der Selbstabsorption für unterschiedliche Wellenlängen des Anregungslichts.

Auf Grund der nun kürzeren verbleibenden Wegstrecke durch die Lösung wird demnach nur ein geringerer Teil des emittierten Lichts in der Lösung wieder absorbiert und es kommt zu einem stärkeren Signal am Detektor. Die bei unterschiedlichen Wellenlängen unterschiedlich starke Re-Absorption führt zu dem, in Abbildung 5.1.3a gezeigten, typischen Verlauf der Anregungsspektren einschließlich des beobachtbaren Maximums. Analog zu Abbildung 5.1.2b, wurden ausgehend von einer Referenz ($1/32 \cdot c_0$) die entsprechenden relativen Verhältnisse der einzelnen Lösungen gebildet. Wie in der Abbildung 5.1.3 deutlich zu sehen ist, ergeben sich die unterschiedlichen Konzentrationsverhältnisse auch hier wieder in erstaunlicher Genauigkeit. Verdoppeln der Konzentration führt zu einer Verdopplung des Messsignals, Verdreifachung führt zu einem dreifach stärkeren Exzitationssignal, etc. Im Gegensatz zu Abbildung 5.1.2b können die Konzentrationsverhältnisse hier jedoch erst bei höheren Wellenlängen von $\lambda > 500\,\text{nm}$ abgelesen werden. Bei kürzeren Wellenlängen spielt die oben beschriebene Selbstabsorption eine dominierende Rolle und führt zu einem Abknicken der gezeigten Verhältnisse. Eine Aussage über die Konzentration der Lösungen ist in diesem Spektralbereich nicht möglich. Zusammenfassend lässt sich jedoch festhalten, dass auch im Fall der Exzitation das Lambert-Beersche Absorptionsgesetz (Gleichung 5.1.1) seine Anwendung findet. Konzentrationsänderungen führen lediglich zu einer verstärk-

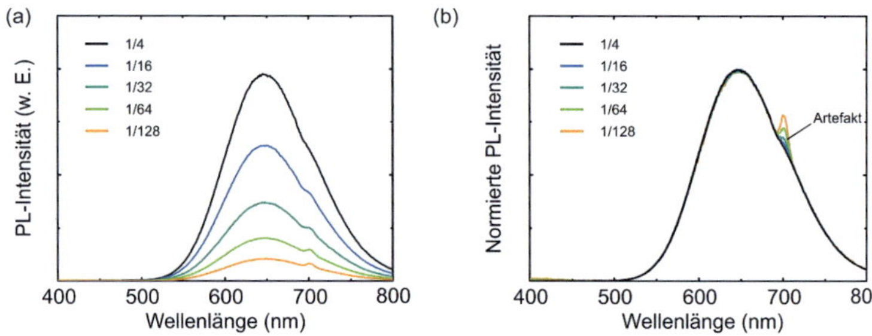

Abb. 5.1.5: Lumineszenzspektren von Si-NC-Lösungen unterschiedlicher Konzentration. Die Legende gibt die entsprechenden Konzentrationswerte bezogen auf die Ausgangskonzentration c_0 an. (a) Spektren, wie gemessen. (b) Normierte PL-Spektren. Die durch die Anregung bei 350 nm entstehende zweite Harmonische ist als Artefakt bei 700 nm sichtbar. Das Spektrum verschiebt sich nicht als Funktion der Konzentration.

ten Selbstabsorption, jedoch nicht zu einem grundsätzlich veränderten Anregungsverhalten der Nanopartikel.

Abschließend soll, der Vollständigkeit halber, in analoger Vorgehensweise die Photolumineszenz der Partikel als Funktion der Konzentration untersucht werden. Wie in Abbildung 5.1.5a zu sehen, ändert sich das Photolumineszenzsignal der Probe bei Änderung der Konzentration nicht. Lediglich ein schwächeres absolutes Photolumineszenzsignal ist auf Grund der geringeren Konzentration der Nanopartikel ersichtlich. Eine Normierung der Spektren, wie sie in Abbildung 5.1.5b dargestellt ist, zeigt ebenfalls deutlich, dass sich die spektrale Position der Lumineszenz nicht ändert.

5.2 Lumineszenzquantenausbeute als Funktion der Partikelgröße

Mit Hilfe des am Anfang dieser Arbeit beschriebenen Verfahrens zur Größenseparierung wird in diesem Kapitel eine detaillierte Studie zur Lumineszenzquantenausbeute von Silizium-Nanokristallen unterschiedlicher Größe beschrieben. In Kombination mit zeitaufgelösten Lumineszenzmessungen konnten die Messergebnisse zur Quantenausbeute bestätigt werden. Übereinstimmend mit den Ergebnissen aus Kapitel 8 zeigt sich, dass auch hier nicht-radiative Zerfallsprozesse für die Lumineszenz eine maßgebliche Rolle spielen. Mögliche Ursachen für den größenabhängigen Verlauf der Fluoreszenzquanteneffizienz (QE) werden am Ende des Kapitels diskutiert.

Für eine Vielzahl von physikalischen Eigenschaften bestehen für nanopartikuläre Systeme Skalierungsgesetze. Vor allem für die wohluntersuchten II-VI-Halbleiternanopartikel, wie CdS/CdSe oder auch PbS/PbSe, ist eine Vielzahl von größenabhängigen Eigenschaften bekannt. So skalieren Bandlücke, Absorptionskoeffizienten aber auch der Schmelzpunkt und Austrittsarbeiten mit der Größe der Nanopartikel.[89–92] Gleiches gilt speziell auch für die QE von Nanopartikeln.[93,94] Für Silizium-Nanokristalle sind bis dato nur wenige Untersuchungen verfügbar. Dies liegt im Speziellen an der schwierigen Größenselektierung der Partikel, die nicht, wie beispielsweise im Fall einer nasschemischen Synthese, durch thermisches Quenching („Abschrecken") bereits während der Synthese erreicht werden kann. Erst mit der in Kapitel 3.2 beschriebenen Größenseparierung durch Ausfällen wurden größenabhängige Untersuchungen möglich. Im Rahmen dieses Kapitels soll nun auf die Entwicklung der Quanteneffizienz als Funktion der Partikelgröße eingegangen werden.

Wie in Abbildung 5.2.1 gezeigt, können die Partikel in unterschiedliche Fraktionen unterteilt werden, die jeweils bei wohldefinierten Wellenlängen ihr Lumineszenzmaximum aufweisen. Das experimentelle Vorgehen ist im Detail in Kapitel 3.2 sowie Ref. 86 beschrieben. Mit abnehmender Größe der Partikel verschiebt sich das Emissionsmaximum in Richtung des blauen Spektralbereichs und folgt damit der Theorie des Quantenconfinements. Offensichtlich ist darüber hinaus, dass der relative spektrale Abstand von einer Fraktion zur nächsten mit zunehmender Auftrennung kleiner wird, bis dieser kurz unter 600 nm in Sättigung zu laufen scheint. Während die Fraktionen der größeren Partikeln stets noch Anteile an kleineren Partikeln (Schulter der gestrichelten Linien) beinhalten und eine verhältnismäßig breite Lumineszenz aufweisen, zeichnen sich die Spektren der höheren Fraktionen durch sehr symmetrische und spektral schmale Spektren aus. Hier dominiert fast ausschließlich die intrinsische homogene Verbreiterung von circa $0,24 - 0,26\,\mathrm{eV}$[61] die spektrale

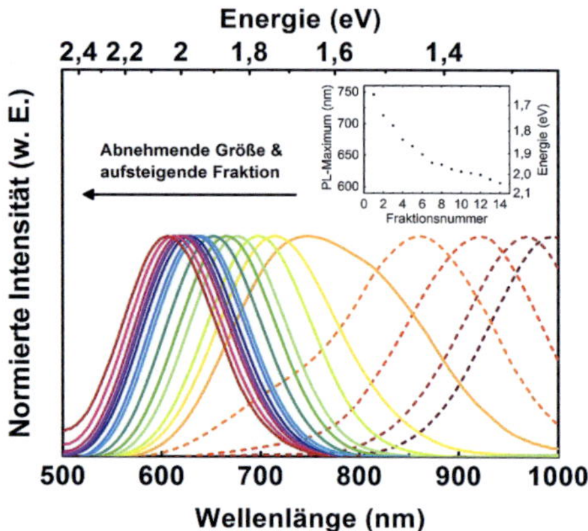

Abb. 5.2.1: Lumineszenzverhalten der unterschiedlichen größenseparierten Fraktionen. Eine Blauverschiebung für kleiner werdende Partikel der im sichtbaren beziehungsweise im NIR-Spektralbereich emittierenden Partikel (durchgezogene/gestrichelt Linie) ist beobachtbar. Das Inset zeigt die entsprechenden PL-Maxima als Funktion der Fraktionsnummer. Die PL-Maxima als Funktion der Partikelgröße sind in Abbildung 5.2.2 dargestellt.

Breite der Emission. Zur Veranschaulichung der Größenauftrennung sei an dieser Stelle auf Ref. 86 und die dort gezeigten Transmissionselektronenmikroskopiebilder (TEM-Bilder) von vier speziellen Fraktionen verwiesen.

Die Quanteneffizienzmessungen aus Ref. 86 wurden mit einer Integrationskugel (Ulbrichtkugel) nach der in Ref. 95 beschriebenen Methode durchgeführt. Als Kalibrationsstandard diente der Farbstoff Rhodamin 6G. In Abbildung 5.2.2a ist die QE als Funktion der Fraktionsnummer dargestellt[2]. Die Quanteneffizienz der Partikel nimmt dabei mit der Partikelgröße kontinuierlich ab: Große Partikel zeichnen sich durch eine mit 43% für Silizium sehr hohen Quanteneffizienz aus und sind vergleichbar mit den bereits in Ref. 19 gezeigten Werten. Kleine, um 600 nm emittierende, Partikel weisen deutlich reduzierte QE-Werte von circa 5% auf. Als Vergleich zu den aufgetrennten Fraktionen ist der Wert der nicht größenseparierten Probe als gestrichelte Linie bei QE = 23% eingezeichnet. Zusätzlich zu der Darstellung der QE als

---

[2]Eine steigende Fraktionsnummer entspricht hierbei kleineren Partikeln.

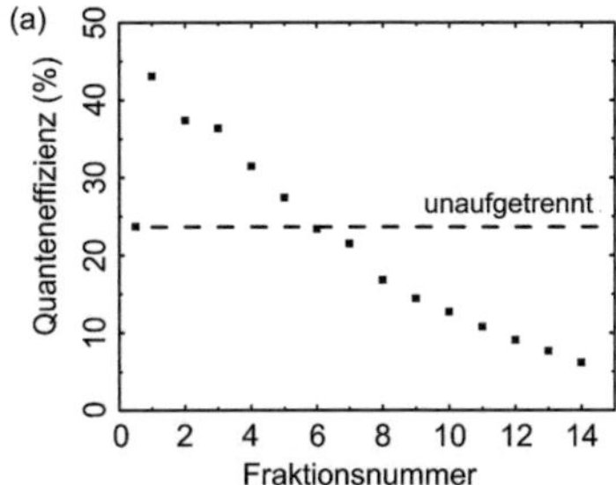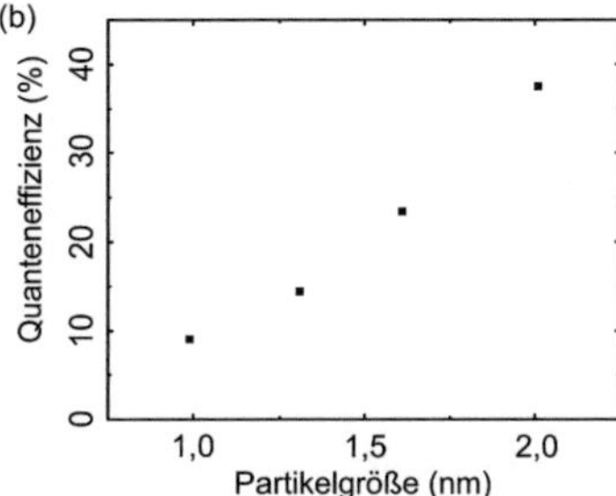

Abb. 5.2.2: Größenabhängiger Verlauf der Quantenausbeute der Nanopartikel. (a) Als Funktion der Fraktionsnummer. (b) Als Funktion der Größe für vier Fraktionen. Die Größe wurde durch explizites Ausmessen der Partikel auf Basis von TEM-Aufnahmen bestimmt.

Funktion der Fraktionsnummer sind Abbildung 5.2.2b die Quanteneffizienzen von vier Fraktionen als Funktion der Partikelgröße gezeigt. Auch hier zeigt sich die stetige Abnahme der Quanteneffizienz als Funktion der Partikelgröße.

Im Vergleich zu den ebenfalls in dieser Arbeit mit Alkylgruppen funktionalisierten Nanopartikeln weisen die mit Allylbenzol funktionalisierten Nanokristalle eine signifikant höhere Quanteneffizienz auf. Ob diese erhöhte Effizienz durch eine bessere Oberflächenpassivierung der Partikel, durch elektronisches Confinement oder durch eine geringere Kopplung der angeregten Ladungsträger an Schwingungsmoden[93,96] verursacht wird, ist Gegenstand aktueller Untersuchungen.

Worin liegt nun der Unterschied, dass gerade bei Partikelgrößen von 1-2 nm die Quantenausbeuten um annähernd eine Größenordnung von 50% auf 5% abnehmen? Das Gegenteil könnte mit zunehmendem Quantenconfinement der kleinen Partikel zu erwarten sein.

Um diesen kontinuierlichen Abfall der Quanteneffizienz nachvollziehen zu können, wurden im Rahmen dieser Arbeit zeitaufgelöste Photolumineszenzmessungen an den in Abbildung 5.2.2b gezeigten Fraktionen durchgeführt. Die Lumineszenzlebensdauern wurden dabei jeweils durch Anpassen einer gestreckten Exponentialfunktion an den Lumineszenzabfall des Emissionsmaximums ermittelt[3]. Da jede Fraktion trotz der Größenseparierung noch eine verbleibende Größenverteilung aufweist, können zusätzlich zu den genannten vier Fraktionen Lebensdauern an weiteren spektralen Positionen angepasst werden. Diese Werte vervollständigen den Datensatz und sind gesammelt in Abbildung 5.2.3a gezeigt. Alle ermittelten Lebensdauern befinden sich auf einer Zeitskala von 20 - 60 µs und zeigen für kleine Partikel, wie auch im Fall der QE-Messungen, einen monotonen Abfall hin zu kurzen Lebensdauern. Um die QE und die Lebensdauern auf ihre Konsistenz zu überprüfen, können die beiden Messgrößen mit Gleichung 5.2.1 ineinander umgerechnet werden.

$$QE = \tau_{\mathrm{meas}} \cdot k_{\mathrm{r}} = \frac{\tau_{\mathrm{meas}}}{\tau_{\mathrm{r}}} \qquad (5.2.1)$$

$$\tau_{\mathrm{meas}} = \frac{1}{k_{\mathrm{r}} + k_{\mathrm{nr}}} \qquad (5.2.2)$$

Mit einer konstanten radiativen Zerfallszeit von $\tau_{\mathrm{r}} = 160\,\mu s$ sowie den gemessenen Zeitkonstanten τ_{meas} lassen sich die entsprechenden Quanteneffizienzwerte der unterschiedlichen Fraktionen berechnen.[4] Die Ergebnisse sind in Abbildung 5.2.3b dargestellt und zeigen eine gute Übereinstimmung mit den gemessenen Quanteneffizienzwerten. Lediglich für kleine Partikelgrößen (kurze Wellenlängen) ist eine Abweichung der simulierten Werte ersichtlich. Dieses Verhalten weißt auf Änderungen der radiativen und nicht-radiativen Zerfallskanäle für den Fall kleiner Partikelgrößen hin. Obige Näherung mit $\tau_{\mathrm{r}} = const$ ist somit in diesem Bereich eine weniger gute Näherung.

Um die Ursache der abnehmenden Quanteneffizienz zu untersuchen, ist es sinnvoll mit Hilfe von Gleichung 5.2.1 und 5.2.2 eine explizite Aufspaltung in die radiativen und nicht radiativen Rekominationsraten k_{r} sowie k_{nr} vorzunehmen. Da τ_{meas} der inversen Summe von k_{r} und k_{nr} entspricht, kann sowohl k_{r} als auch k_{nr} als Funktion der Partikelgröße beziehungsweise der Emissionswellenlänge berechnet werden. Analog hierzu lässt sich natürlich ebenfalls τ_{r} und τ_{nr} über die Relation $k = 1/\tau$ bestimmen. Die sich erge-

---

[3] Für weitere Details zum Messverfahren vergleiche Kapitel 8.

[4] Die verwendete konstante radiative Zerfallskonstante geht dabei auf die in Kapitel 8 beschriebenen decylfunktionalisierten Partikel zurück.

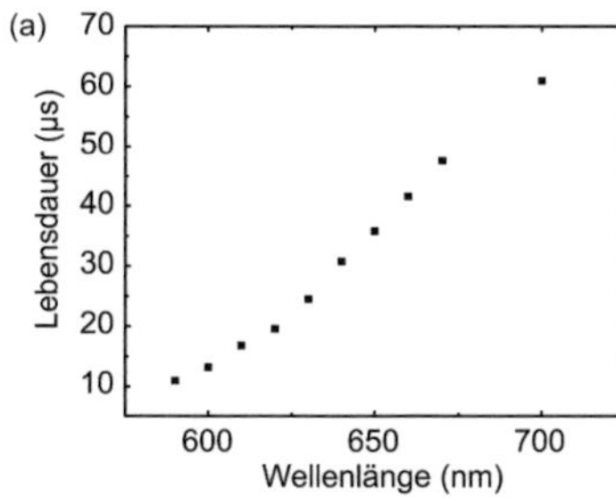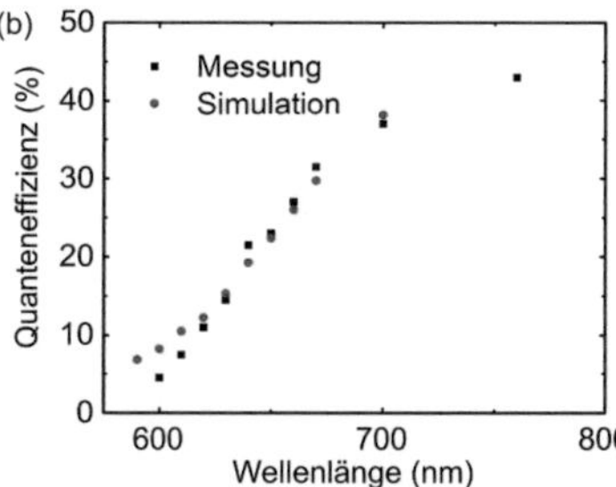

Abb. 5.2.3: Größenabhängige zeitaufgelöste Photolumineszenz von Si-NCs. (a) Lebensdauern als Funktion der Emissionswellenlänge. (b) Gemessene Quanteneffizienzen (schwarze Rechtecke) sowie aus den Lebensdauern bestimmte Quanteneffizienzen (rote Kreise) als Funktion der Emissionswellenlänge.

benden Zerfallskonstanten sind in Abbildung 5.2.4 dargestellt und zeigen einen signifikanten Unterschied der radiativen und nicht-radiativen Zerfallskonstanten als Funktion der Partikelgröße. Mit abnehmender Größe nimmt dieser Unterschied stetig zu: Der nicht-radiative Zerfallskanal besitzt bei 600 nm einen um mehr als eine Größenordnung größeren Wert als sein radiativer Gegenspieler. Dies entspricht der bereits erwähnten deutlich reduzierten Quanteneffizienz der kleinen Partikel von circa 5%. Auf der anderen Seite des Spektrums, bei 700 nm, sind radiative und nicht-radiative Rekombinationsraten sehr ähnlich und entsprechen einer sehr hohen Quanteneffizienz von circa 37%. Wären beide gleich groß, wäre die QE = 50%. Diese Beschreibung gilt analog ebenfalls für die radiativen und nicht-radiativen Lebensdauern, welche zur Veranschaulichung ebenfalls in Abbildung 5.2.4 dargestellt sind.

Aus dieser Analyse kann folglich geschlossen werden, dass nicht-radiative Zerfallsprozesse eine dominante Rolle bei der Rekombination der angeregten Ladungsträger spielen. Bei großen Partikeln ist dieser Einfluss weniger stark ausgeprägt, dominiert aber speziell für den Fall der kleinen Partikel den Zerfall fast vollständig. Obwohl die genaue Identifizierung der Zerfallskanäle den Rahmen dieser Studie sprengen würde, liegt es nahe, deren Ursprung in drei Ursachen zu suchen:

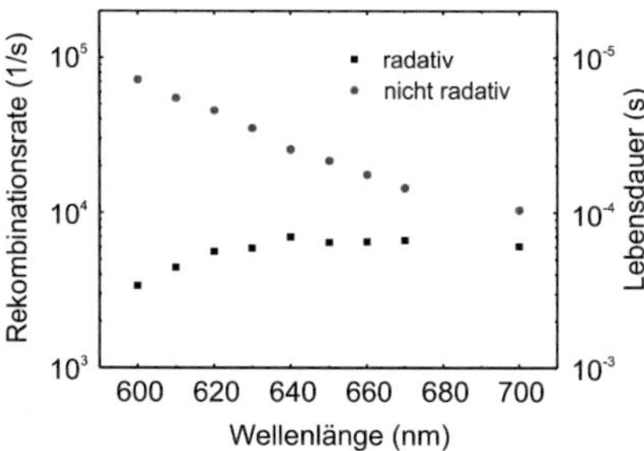

Abb. 5.2.4: Berechnete größenabhängige radiative und nicht-radiative Rekombinationsraten sowie entsprechende Lebensdauern von Nanokristallen unterschiedlicher Größe, aufgetragen über der Emissionswellenlänge der Fraktionen.

1. Lumineszenzlöschung durch Oberflächendefekte,

2. Relaxation der Anregung in Schwingungsmoden[93,96] sowie

3. Übergang von großen kristallinen Partikeln hinzu kleinen amorphen oder clusterartigen Nanopartikeln[18,97–99], die wiederum ein vollständig anderes Rekombinationsprofil aufweisen können.

Der in Kapitel 8 beschriebenen Tieftemperaturstudie folgend, ist es wahrscheinlich, dass besonders die Ursachen 1) und 2) für die nicht-radiativen Rekombinationsprozesse verantwortlich sind. Mit zunehmender relativer Oberfläche steigt der Einfluss von Defektzuständen, die, wie in Kapitel 8 aufgezeigt, selbst bei funktionalisierten Silizium-Nanokristallen die Lumineszenzeigenschaften fast vollständig dominieren. Das signifikant größere Verhältnis von Oberfläche zu Volumen scheint hierbei für kleine Partikel maßgeblich zu sein. Nimmt man an, dass die Oberflächenkrümmung kleiner Partikel deutlich stärker ausfällt, so ist ebenfalls die Ligandendichte geringer und somit auch der potentielle Schutz vor Oxidation der Nanopartikeloberfläche. Dies wiederum erhöht den Beitrag nicht-radiativer Rekombination am Gesamtsignal und verursacht damit eine reduzierte Quanteneffizienz der Partikel.

Darüber hinaus spielt auch der Übergang von kristallinen zu amorphen[98] oder gar clusterartigen Nanopartikeln[99] eine wichtige Rolle. Dieser wurde durch TEM- und Röntgenstrukturanalysen (XRD)[18] bestätigt und kann zu den beobachteten veränderten Zerfallsdynamiken führen. In den durchgeführten Experimenten wurde kein schlagartiger Übergang, sondern eher ein gradueller Übergang von der einen zur anderen Phase festgestellt. Weitere Untersuchungen gerade in Hinblick auf diesen morphologischen Aspekt sind sicherlich aufschlussreich.

5.3 Anregungsspektroskopie blau emittierender Spezies

Dieses Unterkapitel befasst sich mit der Spektroskopie zweier neuartiger blau emittierender Spezies. Zum einen sind dies Partikel, die bei der in Kapitel 3.2.1 gezeigten Größenseparierung auftreten,[5] zum anderen wird eine zweite Art blau emittierender Spezies untersucht, die nach einer DGU-Größenseparierung (Kapitel 3.2.2) in einigen Fraktionen vorlagen. Nach einer einführenden Probenbeschreibung wird eine Einordnung in den Kontext der Literatur gegeben und ein möglicher Ursprung der blauen Emission diskutiert.

In Abbildung 5.3.2 sind die Photolumineszenzspektren der in dieser Arbeit beobachteten Spezies gezeigt. Abbildung 5.3.2a stellt hierbei die Spektren der Partikel, wie sie bei der Größenseparierung von Si-NC-AB durch gezieltes Ausfällen entstehen, dar. Während sich nach der Auftrennung in allen Fraktionen eine größenabhängige rote bis gelbe Lumineszenz zeigt, weist die hier gezeigte letzte Fraktion stets eine bläuliche Emission auf (Abbildung 5.3.1). Diese ist gekennzeichnet durch ein breites Emissionsverhalten mit einem von der Anregungswellenlänge abhängigen Lumineszenzmaximum bei circa 400 - 450 nm. Die Lösung kann nicht bis zur Trockene eingedampft oder abdestilliert werden. Es bleibt stets als hochviskoser Rückstand zurück, der sich gut in organischen Lösungsmitteln, wie Toluol oder Hexan, lösen lässt und eine hellgelbe Lösung bildet.

Im Vergleich hierzu zeigt Abbildung 5.3.2b das Spektrum einer typischen Probe wie sie bei der DGU-Größenseparierung (Kapitel 3.2.2) von Si-NC-C10 entsteht. Neben der klassisch rot-orangefarbenen Emis-

---

[5]Im Vergleich zu Abbildung 3.2.2 aus Kapitel 3.2.1 aus ist in Abbildung 5.3.1 zusätzlich die letzte blau emittierende Fraktion gezeigt.

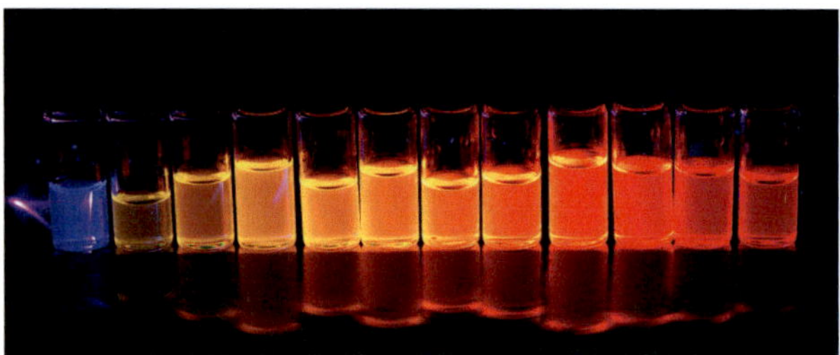

Abb. 5.3.1: Größenseparierte, mit Allylbenzol funktionalisierte Nanopartikel in Toluol unter UV-Anregung durch eine 365 nm UV-LED. Die bei der Ausfällung entstehende letzte Fraktion zeigt eine blaue Fluoreszenz.

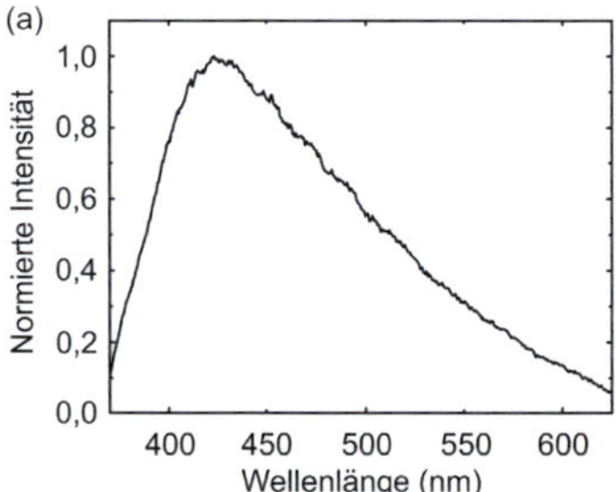

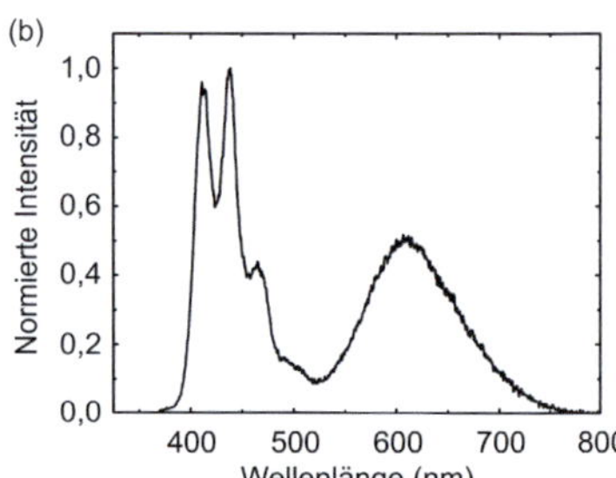

Abb. 5.3.2: Photolumineszenzspektren von blau emittierenden Nanopartikeln. (a) Spektrum der durch Ausfällen (Kapitel 3.2.1) abgetrennten blau fluoreszierenden Partikel. (b) Spektrum der durch DGU-Zentrifugierung (Kapitel 3.2.2) abgetrennten blau emittierenden Partikel.

sion um circa 620 nm, zeigt sich eine ausgeprägte PL-Emission mit mehreren Maxima bei 411 nm, 435 nm, 463 nm. Die Emitter lassen sich sowohl in organischen Lösungsmitteln, als auch in polaren Lösungsmitteln wie DMSO oder H_2O lösen. Die Lösung ist dabei stets klar.

Neben der klassischen rot- bis orangefarbenen Emission von Silizium-Nanokristallen wird in der Literatur oft über eine breite, blaue Emission mit einem Maximum zwischen 400 und 450 nm berichtet,[38,100–103][63,67,104–110] welche häufig mit einer Oxidation der Nanopartikeloberfläche in Verbindung gebracht wird. Die Nanopartikel der referenzierten Studien besitzen oft einen verhältnismäßig großen Durchmesser von 2 bis 4,5 nm[101,105,109] und sind mit den unterschiedlichsten organischen Liganden funktionalisiert. In fast allen Berichten bewegen sich die typischen Zerfallskonstanten des meist multiexponentiellen Fluoreszenzzzerfalls im Bereich von einigen ns.[63,102,109–111] Zerfallskomponenten im Bereich von ps[63] bis hin zu 30 ns[102] bilden die Extrema der beobachteten Fluoreszenzlebensdauern.

Betrachten wir zunächst die blauen Nanopartikel aus Abbildung 5.3.2a. Die Tatsache, dass sich die blauen Emitter durch das Ausfällungsverfahren von den sonstigen Nanokristallen abtrennen lassen, lässt schließen, dass es sich hier nicht wie im Fall von Refs. 101,105,109 um große massive und schlecht funktionalisierte Nanopartikel handelt, sondern um besonders kleine Partikel. Läge eine Defektlumineszenz vor, so wäre diese auch bei großen Partikeldurchmessern und damit in anderen Fraktionen beobachtbar.[6] Dies ist jedoch nicht der Fall und spricht vielmehr dafür, dass sehr kleine molekül- oder clusterartige Emitter vorliegen, deren Größe vermutlich noch geringer ist als die der kleinen und gelb emittierenden Nanopartikel mit einer Größe von circa 1 nm (Kapitel 5.2).

Zeit- und temperaturaufgelöste Photolumineszenzmessungen wurden durchgeführt, um die obige Vermutung weiter zu untersuchen.[7] Die transienten Messungen für Raumtemperatur sowie 10 K sind in Abbildung 5.3.3

---

[6]In einigen Proben, die im Rahmen dieser Doktorarbeit untersucht wurden, konnte eine Defektlumineszenz unter Sauerstoffeinfluss beobachtet werden. Diese war dort jedoch in fast allen größenseparierten Fraktionen vorhanden.

[7]Die dargestellten Messungen wurden in Zusammenarbeit mit Jonas Conradt (Arbeitsgruppe Kalt,

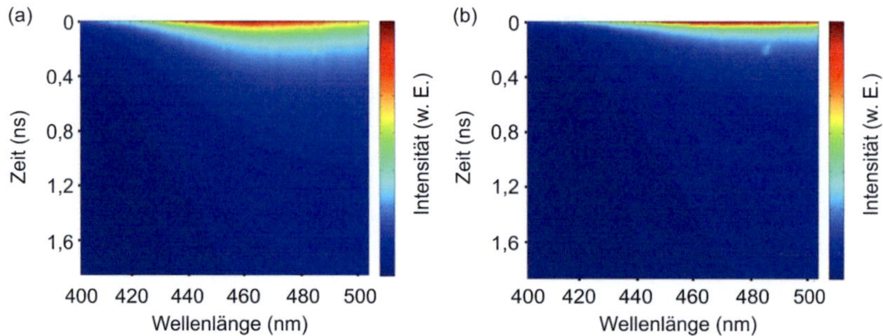

Abb. 5.3.3: Zeitaufgelöste Fluoreszenzmessungen von blau emittierenden Emittern aus Abbildung 5.3.2a unter UV-Anregung ($\lambda = 380\,\mathrm{nm}$). (a) Messungen bei Raumtemperatur. (b) Messung bei einer Temperatur von 12 K.

gezeigt und jeweils in Falschfarben als Funktion der Wellenlänge und der Zeit dargestellt. Bei Raumtemperatur dominiert ein äußerst schneller multiexponentieller Zerfall mit Zerfallskonstanten im ps-Bereich die Lumineszenz. Ein zufriedenstellender Fit konnte bereits mit drei Exponentialfunktionen erreicht werden, deren genauer physikalischer Hintergrund jedoch noch ungeklärt ist. Die drei Zerfallszeiten sind dabei $\tau_1 = 54\,\mathrm{ps}$, $\tau_2 = 268\,\mathrm{ps}$, $\tau_3 = 1788\,\mathrm{ps}$. Erstaunlicherweise ändert sich bei tiefen Temperaturen an dem Fluoreszenzverhalten wenig. Auch dort betragen die Lebensdauern lediglich $\tau_1 = 38\,\mathrm{ps}$, $\tau_2 = 208\,\mathrm{ps}$, $\tau_3 = 2460\,\mathrm{ps}$ und können ebenfalls durch einen dreifach exponentiellen Zerfall beschrieben werden.

Die Analyse der Fluoreszenzlebensdauern bestätigt folglich obige Vermutung, dass es sich bei der blauen Emission nicht um eine Defektemission der Silizium-Nanokristalle[63,102,109–111] handeln kann. Läge eine solche Defektemission vor, sollten sich die Lebensdauern bei tiefen Temperaturen analog zu Kapitel 8 signifikant verlängern und Zerfallskonstanten von mindestens einigen hundert µs aufweisen. Dies ist jedoch nicht der Fall und die Lebensdauern bleiben erstaunlicherweise fast unverändert. Ebenso unverändert ist die Art des Zerfalls: In beiden Fällen liegt ein dreifach exponentieller Zerfall vor. Darüber hinaus sollte bei einer Defektemission bei tiefen Temperaturen die intrinsi-

---

Angewandte Physik, KIT) durchgeführt. Pumpquelle: Ti:Saphir Laser mit sub-150 fs Pulsdauer bei 76 MHz Repetitionsrate. Detektion: Hamamatsu Synchroscan Streak Camera gekoppelt an ein Spektrometer.

sche, rote Nanopartikelemission das Spektrum dominieren (Kapitel 8). Auch dies kann hier nicht beobachtet werden, da keine signifikante spektrale Verschiebung der Spektren vorliegt. Das Lumineszenzmaximum schiebt lediglich um circa 20 nm von 460 nm zu 480 nm und stützt die Tatsache, dass es sich bei den untersuchten Partikeln um sehr kleine molekül- oder clusterartige Emitter handelt.

Ein Spezialfall stellen die in Abbildung 5.3.2b dargestellten blauen Emitter mit ihrem deutlich anderen Lumineszenzverhalten dar. Ein Vergleich mit Refs. 111,112 und den dort ebenfalls beobachteten wohldefinierten Lumineszenzübergängen legt die Tatsache nahe, dass auch in diesem Fall nicht von Nanopartikeln sondern von Nanoclustern oder molekülartigen Emittern gesprochen werden sollte. Im Gegensatz zur oben beschriebenen spektral breiten Lumineszenz zeigen sich hier drei Fluoreszenzmaxima bei 411 nm $(3,02\,\text{eV})$, 435 nm $(2,85\,\text{eV})$ und 463 nm $(2,68\,\text{eV})$. Die Nebenmaxima sind mit $0,17\,\text{eV}$ jeweils äquidistant voneinander getrennt und lassen vermuten, dass diese durch eine Wechselwirkung von angeregten Zuständen und quantisierten Schwingungsmoden (Phononen) hervorgerufen werden.

Bestätigt wird diese Beobachtung durch die in Abbildung 5.3.4b gezeigten Anregungsspektren. Diese zeigen die Lumineszenz als Funktion der Emissions- sowie der Anregungswellenlänge, jeweils dargestellt in Falschfarben.[8] Die Lumineszenz wird dabei nicht wie im Fall der Silizium-Nanokristalle (Abbildung 5.1.2) besonders effektiv im UV anregt, sondern nahe des Emissionsmaximums. Ein geringer Stokes-Shift von lediglich circa 20 nm trennt Emissions- und Exzitationsmaximum. Darüber hinaus zeigt sich, dass die niederenergetischen Nebenmaxima durch Schwingungsmoden verursacht werden, die nicht mit Photonenenergien unterhalb des Emissionsmaximums angeregt werden können. Wird eine Anregungswellenlänge größer als $\lambda_{\text{PL}_{\text{max}}}$ verwendet, ist keine Lumineszenz mehr beobachtbar. Das Spektrum erscheint im Vergleich zur klassischen Nanokristalllumineszenz, bei circa 400 nm, horizontal abgeschnitten.

Die Anregungsspektren der durch die Ausfällungsmethode aufgetrennten blauen Emitter (Abbildung 5.3.4a) sind demgegenüber signifikant verschiede-

---

[8]Ein horizontaler Schnitt bei 360 nm liefert das in Abbildung 5.3.2b gezeigte Spektrum.

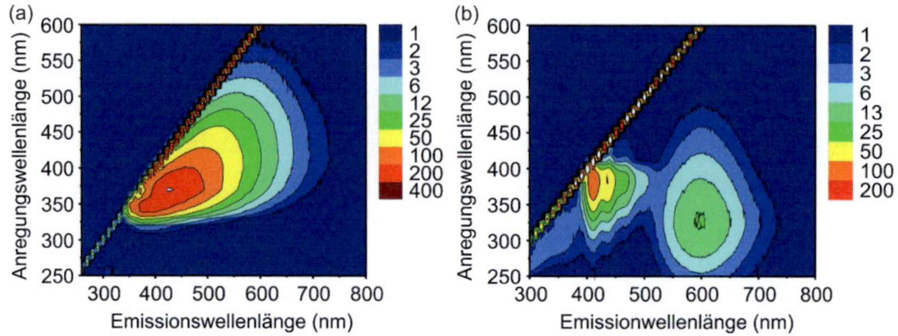

Abb. 5.3.4: Anregungsspektren der beiden untersuchten blau emittierenden Nanokristalle. (a) Spektrum der durch Ausfällen (Kapitel 3.2.1) abgetrennten Partikel. (b) Spektrum der durch DGU-Zentrifugierung (Kapitel 3.2.2) abgetrennten Partikel. In (b) ist zusätzlich das Emissionsverhalten der rot emittierenden Nanokristalle zu erkennen. Das in beiden Graphen vorliegende lineare Emissionsverhalten mit der Steigung 1 ist durch das Anregungslicht verursacht.

nen. Je weiter die Anregungswellenlänge im Blauen liegt, desto besser lassen sich blauen Emitter zur Lumineszenz anregen. Das Maximum schiebt dabei ebenfalls in Richtung kürzerer Wellenlängen. Die Tatsache, dass eine Anregung hier auch jenseits des Maximums der PL stattfinden kann und damit eine Rotverschiebung[63,101,104,105,109] der Emissionsspektren auftritt, deutet auf eine Größenverteilung unterschiedlicher Partikel hin. Eine Vielzahl von kleinen Molekülen oder Nanoclustern, wie beispielsweise aus der DGU-Auftrennung, könnte hierbei zu einem spektral breiten Gesamtspektrum führen. Fluoreszenzlebensdauern (Abbildung 5.3.3) und die teilweise noch leicht strukturierten Emissionsspektren (Abbildung A.3.2) stützen diese Vermutung.

Zusammengefasst konnte mit zeit- und temperaturabhängigen Messungen sowie mittels klassischer Anregungsspektroskopie gezeigt werden, dass die hier beschriebene blaue Emission nicht auf lumineszierende Oberflächendefekte zurückzuführen ist. Würde eine Defektemission vorliegen, müsste bei tiefen Temperaturen wieder die intrinsische Lumineszenz der Nanopartikel zu Tage treten und damit ein Rotshift und deutlich verlängerte Lebensdauern messbar sein. Da die Fluoreszenz der Emitter jedoch selbst bei tiefen Temperaturen (10 K) spektral und zeitlich nahezu unverändert bleibt, liegt es nahe, dass vielmehr cluster- oder molekülartige Emitter vorliegen, die sich durch die beiden gezeigten Separierungsverfahren von den eigentlichen Nanopartikeln abtrennen lassen. Materialspezifische Analysen wie XPS, FTIR oder NMR könnten helfen die genaue chemische Zusammensetzung der Emitter zu klären.

5.4 Zusammenfassung

In diesem Kapitel wurde auf die spektroskopischen Eigenschaften von Silizium-Nanokristallen eingegangen. In einem ersten Teil wurde das grundlegende Absorptions-, Exzitations und Lumineszenzverhalten der Nanokristalle untersucht. Während sich die Absorptions- und Exzitationsspektren der Nanokristalle als Funktion der Lösungskonzentration stark ändern, wurde im Lumineszenzverhalten der Partikel kein Einfluss der Konzentration festgestellt. Es wurde gezeigt, dass mit Hilfe von Absorptions- und Exzitationsmessungen eine sehr präzise Bestimmung der relativen Konzentration von Nanokristalllösungen möglich ist. Diese Tatsache wird speziell in Kapitel 6 zur Schichtdickeneinstellungen ausgenutzt. Darüber hinaus wurde in einem weiteren Unterkapitel die Quanteneffizienz von Silizium-Nanokristallen als Funktion der Partikelgröße untersucht. Die Messungen wurden dabei mit Hilfe von zeitaufgelöster Spektroskopie ergänzt. Während im Fall großer Partikel extrem hohe Quanteneffizienzen von bis zu 43% gemessen wurden, liegen diese bei gelb emittierenden, kleinen Partikeln lediglich bei $5 - 10\%$. Die signifikant verringerte Quanteneffizienz der kleinen Partikel wurde dabei mit einer zunehmenden amorphen Struktur sowie der verhältnismäßig großen Oberfläche und der damit erhöhten Anzahl an Oberflächendefekten erklärt. Abgeschlossen wurde dieses Kapitel mit einer umfangreichen spektroskopischen Untersuchung von neuartigen, blauemittierenden Partikeln, welche im Vergleich zur klassischen Nanokristalllumineszenz ein deutlich verändertes spektroskopisches Verhalten aufweisen.

6 Silizium-Nanokristalle als Emitter in Silizium-Leuchtdioden (SiLEDs)

Im folgenden Großkapitel werden die in dieser Arbeit realisierten Silizium-Leuchtdioden (SiLEDs) beschrieben. Nach einer Einführung in die Grundlagen von Quantum-Dot-Leuchtdioden (QD-LEDs) folgt in Kapitel 6.2.2 eine detaillierte Beschreibung des expliziten Aufbaus sowie der Herstellung und Charakterisierung der fabrizierten LEDs. SiLEDs auf Basis von größenseparierten Silizium-Nanokristallen stehen in Kapitel 6.3 im Mittelpunkt. Hierbei liegt der Schwerpunkt auf den expliziten Vorteilen bei der Verwendung größenseparierter Nanokristallproben. Signifikant verlängerte Lebensdauern der Bauteile sowie eine spektrale Durchstimmbarkeit der Emissionswellenlänge der Elektrolumineszenz bis in den gelben Spektralbereich sind damit möglich. Nach der optoelektronischen Charakterisierung der SiLEDs folgt in Kapitel 6.4 eine detaillierte morphologische und elementspezifische Studie der SiLEDs vor und nach Betrieb der Bauteile. Mit Hilfe von Transmissionselektronenmikroskopie und damit verbundenen Analysetechniken sind Einblicke in die Bauteile auf Nanometerebene möglich und wertvolle Informationen über die Degradationsmechanismen innerhalb der betriebenen SiLED können hieraus gewonnen werden.[1]

6.1 Grundlagen Quantum-Dot-Leuchtdioden (QD-LEDs)

In diesem Kapitel wird eine Einführung in das noch junge Feld der Quantum-Dot-Leuchtdioden (QD-LEDs) sowie im Speziellen der siliziumbasierten Leuchtdioden (SiLEDs) gegeben. Vielversprechende optische als auch pro-

---

[1] *Teile der hier vorgestellten Ergebnisse sind in Refs. 76 und 113 veröffentlicht. Mit freundlicher Genehmigung von Nano Letters (Copyright 2013 American Chemical Society).*

zesstechnisch relevante Eigenschaften machen diese neuen Nanomaterialien dabei besonders interessant. Eine Einführung in den Aufbau sowie das Funktionsprinzip von QD-LEDs rundet dieses Kapitel ab.

6.1.1 QD-LEDs: Stand der Technik

QD-LEDs besitzen das Potential, die Lichttechnik nach dem Vorbild der anorganischen und organischen LEDs (OLEDs) erneut zu revolutionieren. Ähnlich wie OLEDs ermöglichen auch QD-LEDs die Herstellung äußerst dünner, potentiell flexibler Displays mit sehr guter Blickwinkelabhängigkeit. Darüber hinaus sind QD-LEDs ebenfalls druckbar und eine potentiell äußerst kostengünstige Herstellung ist somit möglich. Im Gegensatz zu ihrem reinorganischen Verwandten weisen QD-LEDs durch ihre geringe spektrale Halbwertsbreite von weniger als 40 nm[41] eine jedoch signifikant höhere Farbreinheit auf. Diese übersteigt in einigen Fällen bereits sogar die vom amerikanischen „National Television Systems Committee" (NTSC) definierte Farbspezifikation[87] und hebt sich somit deutlich von den Emissionseigenschaften von organischen Emittern ab.

Ist ein geeignetes QD-Materialsystem gefunden, lässt sich die gewünschte Emissionswellenlänge zudem recht einfach durch die Wahl der Partikelgröße einstellen. Selbst im blauen oder gar NIR-Spektralbereich, wo derzeit organische Emitter noch keine hohen Effizienzen und gute Langzeitstabilität aufweisen, ist durch eine geeignete Materialwahl eine effiziente Lichtemission aus QD-LEDs durchaus möglich.[37] Darüber hinaus ist die Bauteileffizienz von QD-LEDs nicht durch die Spin-Statistik der verwendeten Emittermaterialien limitiert. Im Gegensatz zu OLEDs, bei denen mit reinen Singulettemittern nur 25% der angeregten Ladungsträger überhaupt zur Lichtemission beitragen, wird bei QD-LEDs bereits jetzt über externe Quanteneffizienzen von bis zu 18% (ohne weitere Lichtauskoppelhilfen) berichtet.[114]

Ähnlich wie im Fall von OLEDs muss auch im Fall der QD-LEDs zwischen verschiedenen Anwendungsbereichen unterschieden werden.[87] Die beiden Hauptbereiche sind hierbei die Weißlichterzeugung sowie die Displaytechnik mit aktiven RGB-Pixeln. Im Fall der Weißlichterzeugung wird meist

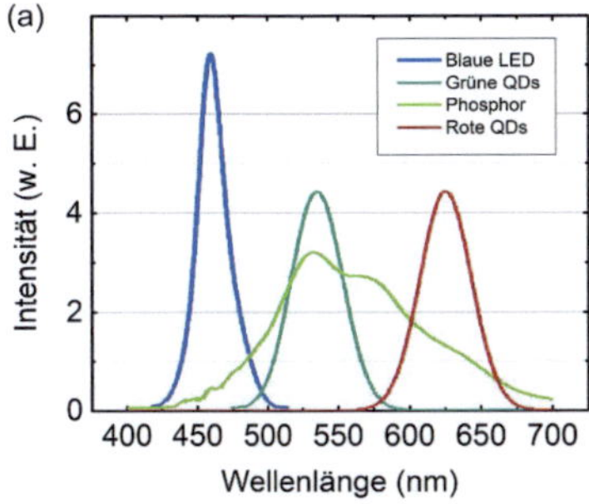
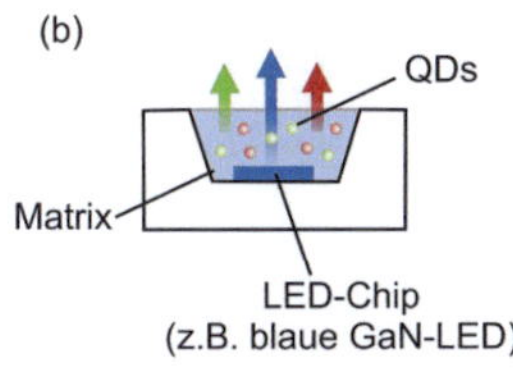

Abb. 6.1.1: Spektren und Aufbau eines passiven QD-basierten Bauteils. (a) Spektren von klassischer blauer Anregungs-LED sowie die angeregte Lumineszenz von roten und grünen QDs. Als Vergleich ist die spektral breite Lumineszenz eines klassischen Phosphormaterials gezeigt. (b) Schematischer Aufbau eines Bauteils mit QD-Phosphor zur Weißlichterzeugung (adaptiert aus Refs. 37,41) .

eine kombinierte (passive) Lösung bestehend aus einer blauen inorganischen (Pump-)LED sowie einem lumineszierenden Kompositmaterial aus QDs und einem transparenten und temperaturbeständigen Wirtsmaterial beziehungsweise einem eigenständig lumineszierenden Phosphormaterial mit verwendet. Die rote und grüne QD-Lumineszenz mischt sich additiv zur blauen Emission der Pump-LED (sowie ggf. zur Phosphorlumineszenz)[2] und es ergibt sich ein weißer Farbeindruck mit hervorragenden Farbwiedergabeindizes von bis zu über 90.[115] Speziell für den Einsatz als weiße Hintergrundbeleuchtung für Bildschirme ist diese Technik extrem vielversprechend, weisen die verwendeten QDs doch im Vergleich zu herkömmlichen Phosphormaterialien sehr schmalbandige Spektren auf und zeigen darüber hinaus sehr hohe Quanteneffizienzen. Abbildung 6.1.1 veranschaulicht das Prinzip der Weißlichterzeugung und zeigt ein beispielhaftes Spektrum eines solchen QD-basierten Bauteils. Erste Produkte in diesem Bereich sind bereits kommerziell erhältlich.[116,117]

Im Bereich der direkten Displayanwendung mit QD-basierten RGB-Pixeln, wird nicht die Photolumineszenz der QDs, sondern deren direkte Elektrolumineszenz ausgenutzt. Meist wird hierfür ein Hybridaufbau aus organischen

---

[2]An Stelle des in Abbildung 6.1.1 gezeigten passiven Matrixmaterials kann ebenfalls ein Phosphormaterial zum Einsatz kommen, welches zusätzlich QDs enthält, um ein warmweißes Licht zu erzeugen.[115]

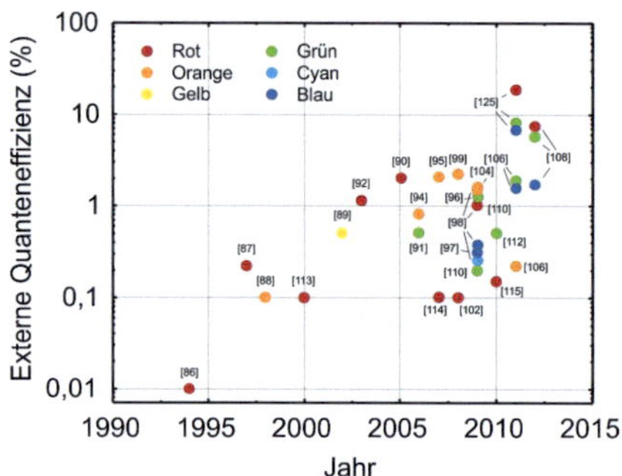

Abb. 6.1.2: Entwicklung der Maximalwerte der externen Quanteneffizienzen von cadmium-basierten QD-LEDs aus unterschiedlichen Publikationen. Für einen sinnvollen Vergleich, wurde eine Unterteilung in 6 Farbbereiche vorgenommen. Die im Graph angegebenen Zahlenangaben entsprechen den jeweiligen Referenzen aus Ref. 41, aus der auch der adaptiert dargestellte Graph entnommen wurde.

Materialen und QDs verwendet, wie er auch in dieser Arbeit zur Anwendung kommt. In den letzten Jahren wurden vor allem in diesem Bereich sehr große Fortschritte erzielt.[1–12] Umfangreiche Studien befassen sich vor allem mit Möglichkeiten wie die Effizienz und die Lebensdauern von QD-LEDs verbessert werden können.[10,118] Speziell wurde hier gezeigt, dass sich mit einer invertierten Bauteilgeometrie und einer damit ausgeglicheneren Ladungsträgerverteilung im Bauteil signifikant höhere Lebensdauern erreichen lassen.[10] Ein besonderer Schwerpunkt der Forschung liegt zudem auf der Loslösung von organischen Materialien hin zu anorganisch funktionalen Schichten.[10,118,119] Diese erlaubt es sogar, ohne die üblichen Verkapselungstechniken zum Schutz vor Sauerstoff und Wasserdampf auszukommen.[4,118,119] Eine Übersicht der rasanten Entwicklung der externen Quanteneffizienzen (EQE) der QD-LEDs ist in Abbildung 6.1.2 gezeigt.

Jenseits von einzelnen QD-LED-Pixeln wurden darüber hinaus erste QD-Displays gezeigt. Cho et al. berichten über ein erstes monochromes Aktivmatrix-Display basierend auf QD-Emittern.[5] In Zusammenarbeit mit Samsung konnten Kim et al. im Jahr 2011 ein erstes gedrucktes Vollfarben-QD-Display von einer Größe von 4 Zoll zeigen.[120] Gleiches gelang der Firma

QD-Vision im Jahr 2012 mit einem bestechenden Farbkontrast.[121,122] Die von Kim und Coe-Sullivan gebauten Displays wurden hierbei durch einen Druckprozess hergestellt. Neben Transferdruck[120,121] werden aktuell vor allem Inkjet-Printing, Microcontact-Printing oder elektrophoretische Prozesse zur kostengünstigen Herstellung von QD-Displays diskutiert.[123–125]

Siliziumbasierte Leuchtdioden

Allen diesen vielversprechenden Ergebnissen zum Trotz stellt die Toxizität[126,127] der sehr oft verwendeten cadmiumbasierten Nanopartikel ein erhebliches Hindernis für eine realistische Kommerzialisierung von QD-LEDs dar. Diesem Aspekt trägt ebenfalls die EG-Richtlinie 2011/65/EU zur „Beschränkung der Verwendung bestimmter gefährlicher Stoffe in Elektro- und Elektronikgeräten" Rechnung.[128] Die seit 2004 europaweit geltende Regelung[3] verbietet den Einsatz von Schwermetallen wie Blei, Quecksilber oder Cadmium oberhalb eines bestimmten Grenzwertes. Dieser liegt für Blei und Quecksilber bei $0,1$ Gew. %, für Cadmium bei lediglich $0,01$ Gew. %. Für Cadmium in II-VI Halbleiter-LEDs gilt bis 1. Juli 2014 eine Ausnahmeregelung, spätestens nach diesem Stichtag jedoch muss ein Ersatz für diese Technologie gefunden werden.

Ein möglicher Ersatz stellt neben binären oder ternären Verbindungshalbleitern, wie InP, $CuIn(S, Se, Te)_2$, $AgGa(S, Se, Te)_2$ oder $CuGaS_2$, vor allem auch Silizium dar. Silizium ist als Element nicht toxisch und weltweit als (nichtverknappter) Rohstoff zugänglich. Zudem zeigen erste Untersuchungen, dass Silizium selbst als Nanopartikel keine toxischen Eigenschaften aufweist.[20–22] Diese Tatsache ist umso wichtiger, als dass selbst nicht toxische Elemente die menschliche Gesundheit und die Umwelt gefährden können, sobald die Dimension des eingesetzten Materials auf wenige Nanometer reduziert wird.[129]

Plain Layoute der 1990er Jahre konnte aus dieser Motivation heraus, praktisch zeitgleich mit ersten Berichten über II-VI QD-LEDs, die Elektrolumineszenz von siliziumreichen Oxiden (engl. „silicon-rich oxide", SRO) gezeigt werden.[130] In der Zwischenzeit wurden auf Basis der SRO-

---

[3]Ähnliche Regelungen werden in der Schweiz, Norwegen, Süd-Korea und China vorbereitet oder sind bereits in Kraft.

Technologie der Bau einer Vielzahl weiterer elektrolumineszenter Bauteile demonstriert.[131–133] Der entscheidende Fortschritt hin zu flüssigprozessierbaren Silizium-Leuchtdioden gelang jedoch erst mit neuen Syntheserouten für freistehende und funktionalisierte Silizium-Nanokristalle (siehe Kapitel 3.1). Die Fortschritte bei der Synthese der Silizium-Nanokristalle führten dabei zu zahlreichen bedeutenden Publikationen im Bereich der siliziumbasierten Optoelektronik.[6–9,76] Diesem eingeschlagenden Weg folgend, werden auch in dieser Arbeit flüssigprozessierbare funktionalisierte Silizium-Nanokristalle eingesetzt.

6.1.2 Architektur und Funktionsweise von QD-LEDs

QD-LEDs sind in ihrem Aufbau den klassischen organischen LEDs (OLEDs) sehr ähnlich und unterscheiden sich im Wesentlichen nur in der verwendeten Emitterschicht. Im Fall der QD-LEDs sind dies meist flüssigprozessierbare QDs, im Fall der OLEDs finden mit Lumophoren funktionalisierte organische Moleküle ihren Einsatz. In Abbildung 6.1.3 ist der grundlegende Aufbau einer QD-LED schematisch dargestellt.

Eine QD-LED besteht aus mehreren dünnen Schichten, von denen jede eine spezielle Funktion für den Ladungsträgertransport oder die Lichtemission übernimmt. Die nur wenige 10 nm dünnen Schichten werden durch Flüssigprozessierung oder thermisches Aufdampfen auf ein Trägersubstrat aufgebracht. Letzteres ist meist ein Glassubstrat, auf welches eine transparente und leitfähige Schicht aus Indium-Zinn-Oxid (engl. „indium tin oxide", ITO) aufgebracht wurde. ITO ist kommerziell erhältlich und weist eine für QD-LEDs ausreichende Leitfähigkeit und optische Transmission[4] auf. Darüber hinaus besitzt ITO eine verhältnismäßig hohe Austrittsarbeit von circa $5,6\,\mathrm{eV}$. Diese ist für eine effiziente Lochinjektion (s.u.) unabdingbar. Abzüglich der Substratdicke ist der gesamte Stapelaufbau mit einer Schichtdicke von meist unter $500\,\mathrm{nm}$ extrem dünn und ermöglicht somit eine Vielzahl neuer Freiheitsgrade bei Display- und Beleuchtungsanwendungen.

---

[4]Ein typisches Absorptionsspektrum des in dieser Arbeit verwendeten ITO-Glas ist in Abbildung A.3.3 gezeigt.

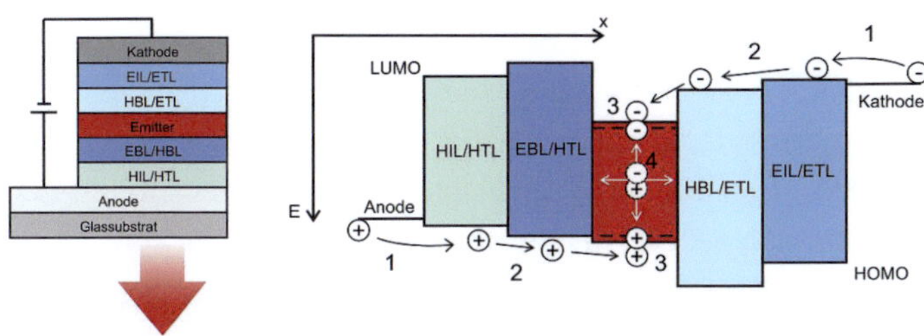

Abb. 6.1.3: Aufbau und Funktionsprinzip einer QD-LED. (a) Schematische Darstellung der Schichtstruktur einer QD-LED. (b) Schematische Darstellung des Energiediagramms mit den entscheidenden zur Lichtemission nötigen Einzelschritten.

Im Gegensatz zu OLEDs, die sowohl aus der Flüssigphase als auch durch thermisches Verdampfen der organischen Materialien herstellbar sind, ist es bei QD-LEDs nicht möglich diese vollständig durch Aufdampfprozesse herzustellen. Im Gegensatz zu beispielsweise dem kleinen Molekül TPBi mit recht geringer Molekülmasse ($M = 654,76\,\mathrm{g/mol}$), ist die „Molekülmasse" von $5\,\mathrm{nm}$ großen CdSe Quantenpunkten mit $M = 18\,300\,\mathrm{g/mol}$ sehr groß.[41] Eine vollständige Prozessierung durch Aufdampfen ist somit nicht möglich.

Der Aufbau einer QD-LED lässt sich gut anhand der verschiedenen (meist organischen) Schichten erklären.[5] Wie in Abbildung 6.1.3 gezeigt, wird auf das ITO-beschichtete Substrat eine Lochinjektions-/Lochtransportschicht (HIL/HTL) aufgebracht. Diese besitzt in der Regel eine noch höhere Austrittsarbeit als ITO und stellt durch seine hohe Leitfähigkeit einen ohmschen Kontakt zum ebenfalls quasi-metallischen ITO her. Die Injektionsbarriere, die ein Loch vor Injektion in das Bauteil überwinden muss, wird folglich um die Differenz der Austrittsarbeiten von Anode und HIL/HTL erniedrigt. Damit wird eine Injektion der Ladungsträger (Schritt 1) erleichtert. Zusätzlich dient die HIL/HTL-Schicht bei flüssigprozessierten QD-LEDs auch zur Glättung einer unter Umständen rauen ITO-Oberfläche.

Die in Abbildung 6.1.3 gezeigten Loch- (HTL) beziehungsweise Elektronentransportschichten (ETL) der LED haben die Aufgabe, die Ladungsträger durch ihre erhöhte Loch- und Elektronenleitfähigkeit selektiv zur Emit-

---

[5]Im Folgenden werden für die funktionalen Schichten die gebräuchlichen englischen Abkürzungen verwendet.

terschicht zu transportieren (Schritt 2). Der Ladungsträgertransport in den organischen Materialien findet dabei wie in Kapitel 2.2.1 beschrieben durch Hoppingtransport statt. Darüber hinaus werden in QD-LEDs Loch- (HBL) beziehungsweise Elektronenblockschichten (EBL) eingebaut, um Löcher und Elektronen räumlich auf den Bereich der Emitterschicht zu konzentrieren. Das verhältnismäßig hohe LUMO-Niveau der Elektronenblockschicht (EBL) stellt eine für Elektronen nur schwer überwindbare energetische Barriere dar. Gleichermaßen können Löcher die Potentialbarriere zwischen HOMO-Niveau des Emittermaterials und der Lochblockschicht nur mit geringer Wahrscheinlichkeit überwinden.[134] Beide Ladungsträgersorten sind so effektiv auf den Bereich des Emittermaterials lokalisiert und bilden dort Exzitonen (Schritt 3).[6] Nach einer typischen Lebensdauer der angeregten Ladungsträger rekombinieren diese zu einem gewissen Prozentsatz radiativ (Schritt 4) und tragen zur Lichtemission der QD-LED bei.

Der Ladungsträgertransport sowie die entsprechende Blockfunktion der Ladungsträger werden in flüssigprozessierten QD-LEDs meist von einer einzelnen Schicht übernommen. In aufgedampften OLEDs kann eine LED-Struktur mit weit mehr als 10 unterschiedlichen funktionalen Schichten realisiert werden. Hierdurch wird häufig das Ladungsträgergleichgewicht, die Lichtemission (Kavitätseffekte) sowie die Effizienz des gesamten Bauteils gezielt optimiert. Gerade im Hinblick auf das Landungsträgergleichgewicht besteht bei QD-LEDs im Bereich der Emitterschicht ein erhebliches Potential die Bauteileffizienz zu verbessern und nicht-radiative Rekombination an Grenzflächen zu vermeiden. Speziell die Position der QD-Schicht sowie eine geeignete Wahl von HBL und EBL spielt hierbei eine große Rolle und wird in Kapitel 6.3.1 und Ref. 135 diskutiert.

---

[6]In der Literatur werden zwei mögliche EL-Mechanismen diskutiert: Zum einen ist dies die direkte Exzitonenbildung in QDs und anschließende Rekombination, zum anderen die Möglichkeit Exzitonen in den organischen Materialien zu bilden, die ihre Energie anschließend mittels Förster-Energietransfer auf die QDs abgeben. Die QDs setzen diese unter Lichtaussendung wieder frei.[135]

6.2 Aufbau, Herstellung und Charakterisierung von SiLEDs

Dieses Kapitel gibt einen Überblick über den Aufbau, die notwendigen Herstellungsschritte sowie die anschließende Charakterisierung der in dieser Arbeit hergestellten siliziumbasierten Leuchtdioden. Eine detaillierte Zusammenstellung aller Prozessparameter sowie der einzelnen verwendeten Prozessierungstechniken sind in Kapitel A.2 und Kapitel 4 gegeben.

6.2.1 Aufbau der untersuchten SiLEDs

Alle in diesem Großkapitel beschriebenen SiLEDs wurden mittels Spincoating (Kapitel 7.2) auf ITO-beschichte und lithographisch strukturierte Glassubstrate flüssig prozessiert. In einem weiteren Prozessschritt wurden anschließend die Kathode sowie gegebenenfalls eine Lochblockschicht durch thermisches Aufdampfen aufgebracht. Die unterschiedlichen Herstellungsschritte sind dabei im folgenden Kapitel 6.2.2 ausführlich beschrieben. Um eine Aussage über den Einfluss der Lochblockschicht TPBi auf die Bauteileffizienz der SiLEDs ableiten zu können, wurden in dieser Arbeit sowohl Bauteile mit als auch ohne Lochblockschicht hergestellt. Abbildung 6.2.1 veranschaulicht den Aufbau im Fall der Bauteile mit TPBi als Lochblockschicht. Die typischerweise verwendeten Schichtdicken sind ebenfalls in Abbildung 6.2.1 angegeben, lediglich die Schichtdicke der Emitterschicht wurde durch Einstellen der Konzentration der Nanopartikellösung variiert (Kapitel 6.3.3).

Neben dem Schichtaufbau ist in Abbildung 6.2.1 zusätzlich die Bandstruktur der Bauteile schematisch dargestellt. Die energetische Position der entsprechenden HOMO und LUMO-Niveaus wurden hierbei der Literatur entnommen. Die eingezeichneten Werte für Valenz- und Leitungsband von Nanopartikeln zweier unterschiedlicher Größen wurden durch Röntgenphotoelektronenspektroskopie (engl. „X-ray photoelectron spectroscopy", XPS) sowie unter Zuhilfenahme von Photolumineszenzmessungen ermittelt. Auf Details zur Durchführung der XPS-Messungen sowie deren Interpretation wird an dieser Stelle auf Kapitel 6.3.6 verwiesen.

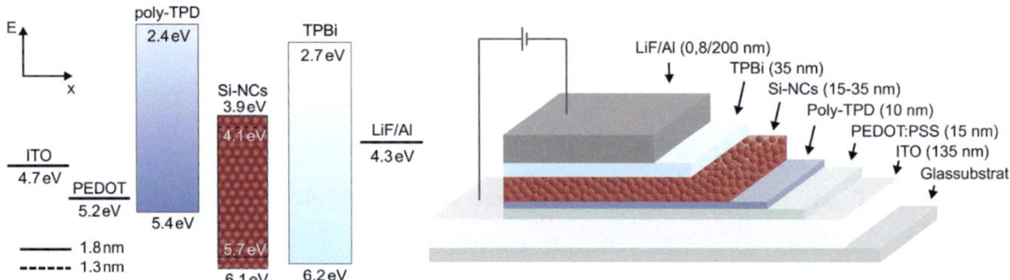

Abb. 6.2.1: Energie-Orts-Diagramm und schematische Darstellung des Schichtaufbaus der untersuchten SiLEDs. Der Unterschied zwischen Bauteilen mit/ohne TPBi als Lochblockschicht wird in Kapitel 6.3.1 untersucht.

Wie aus Abbildung 6.2.1 ersichtlich ist, erfüllen die unterschiedlichen funktionalen Schichten die in Kapitel 6.1.2 geforderten Funktionen für Injektion, Transport und Blockade der Ladungsträger sehr gut. Inwieweit, dies auch im Experiment zutrifft, wird in Kapitel 6.3.1 diskutiert.

6.2.2 Herstellungsschritte zum Bau der SiLEDs

Abbildung 6.2.2 zeigt das zurzeit am LTI verwendete Probenlayout für Si-LEDs. Jedes Substrat besitzt vier Leuchtflächen, die sich jeweils separat ansteuern lassen. Hierzu wird die Kathode jeweils an den äußeren L-förmigen Kontakten, die Anode an den mittleren runden aufgedampften Aluminiumkontakten angeschlossen. Die Lichtemission findet an der entsprechenden Leuchtfläche durch die Glasunterseite statt. Die folgende Aufstellung ist unterteilt in die wesentlichen Herstellungsschritte, eine detaillierte Auflistung der einzelnen Prozessparameter befindet sich zusätzlich in Kapitel A.2.

Zu Beginn wird das mit 135 nm ITO-beschichtete Ursubstrat ($7,5\,\text{cm} \times 7,5\,\text{cm} \times 0,1\,\text{cm}$, Schritt (a)) für jeweils 15 min in Aceton sowie Isopropanol im Ultraschallbad gereinigt. Mit Hilfe von UV-Lithographie wird das Substrat anschließend strukturiert. Hierzu werden die gereinigten Substrate durch Spincoating mit einer circa 1 µm dicken Positiv-Fotolackschicht (ma-P 1215, Fa. micro resist technology GmbH) beschichtet. Die Lackschicht wird anschließend durch eine Folienschattenmaske mit UV-Licht der Wellenlänge $\lambda = 254\,\text{nm}$ belichtet. Die dem UV-Licht ausgesetzten Lackbereiche können nach der Belichtung in einem Entwicklungsschritt (ma-D 331) entfernt werden, wodurch die ITO-Beschichtung an diesen Bereich wieder freiliegt und in einem nasschemischen Ätzprozess (HCl 37% / Zn-Pulver, 5 min) gezielt entfernt werden.

Das fertig strukturierte Substrat wird mit einem Glasschneider in 9 Einzelsubstrate der Größe $2,5 \times 2,5$ cm zurechtgeschnitten. Nach einem erneuten Reinigungsschritt werden die Substrate unter einem Stickstofffluss getrocknet und anschließend in einem Sauerstoffplasma für 2 min „aktiviert" (Schritt (b)). Durch diesen Schritt nimmt die Benetzbarkeit der Substrate signifikant zu. Des Weiteren kann die Austrittsarbeit von ITO abgesenkt werden, wodurch eine einfachere Injektion der Löcher in die Leuchtdiode ermöglicht wird.[136]

Nach der erfolgreicher Substratvorbereitung werden die unterschiedlichen Schichten wahlweise durch Spincoating oder durch Rakeln (Kapitel 4) auf das Substrat aufgebracht (Schritt (c)). Letzteres Verfahren wurde für die großflächige Prozessierung eines Demonstrators (Abbildung 6.3.11) verwendet, benötigt jedoch andere Substratgeometrien. Der Beschichtungsprozess sowie alle folgenden Prozessschritte finden unter Stickstoffatmosphäre in einer Glovebox statt, um die empfindlichen Materialien zu schützen. Die verwendete Lösungsmittelmenge im Fall der flüssigprozessierten Materialien beträgt stets 200 µl beziehungsweise 160 µl für die Emitterschicht.

Nach der Entfernung aller flüssigprozessierten Schichten im Randbereich (durch Abkratzen mit Hilfe einer Pinzette, Schritt (d)) wird die Kathode der Leuchtdiode durch einen thermischen Aufdampfprozess (Kapitel 4) aufgedampft (Schritt (e)).

Um das Bauteil unter Umgebungsbedingungen betreiben und vermessen zu können, werden die Leuchtdioden noch verkapselt. Hierzu dient ein weiteres Glassubstrat der Größe (18 mm $\times$ 25 mm), welches mit einem Zweikomponentenkleber (UHU-Endfest 300) so aufgeklebt wird, dass lediglich die freigekratzten Kontakte zugänglich sind. Anschließend kann das Bauteil aus der Glovebox ausgeschleust und vermessen werden.

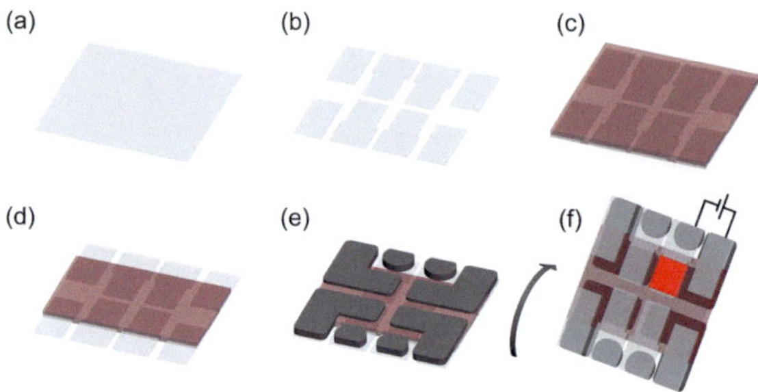

Abb. 6.2.2: Schematische Darstellung der unterschiedlichen Prozessschritte der SiLED-Herstellung (a)-(f). Eine detaillierte Beschreibung findet sich im Text.

6.2.3 Optische und elektrische Charakterisierung der SiLEDs

Zur Charakterisierung der lichttechnischen Größen der Leuchtdioden wird ein multifunktionaler Messaufbau verwendet. Dieser besteht aus einer Ulbrichtkugel, einer elektrischen Ansteuerung sowie einer optischen Detektionseinheit.

Die zu vermessende Leuchtdiode wird mit Hilfe eines Teflonhalters an eine Ulbrichtkugel (Fa. Gigahertz-Optik, Durchmesser: 21 cm) angebracht. Eine Source-Measurement-Unit (SMU, SMU-238, Fa. Keithley Instruments Inc.) versorgt die LED wahlweise mit einer vorgegebenen Spannung oder einem vorgegebenen Strom und misst gleichzeitig Strom beziehungsweise Spannung. Das unter Stromfluss von der LED emittierte Licht wird an der mit Bariumsulfat ausgekleideten Innenseite der Ulbrichtkugel mehrfach diffus gestreut und anschließend über eine Multimode-Glasfaser (Thorlabs M35L01, Faserkerndurchmesser: 1000 μm, 0.39 NA) in ein Spektrometer (SpectraPro 300i, Fa. Acton Research Corporation) eingekoppelt. Das spektral aufgelöste Licht wird mit einer ICCD-Kamera (PiMax 512, Fa. Princeton Instruments) detektiert. Die von der SMU und dem Kamera-Controler ausgegebenen elektrischen beziehungsweise optischen Daten werden mit einer am LTI entwickelten Labview®-Software dargestellt und abgespeichert. Die

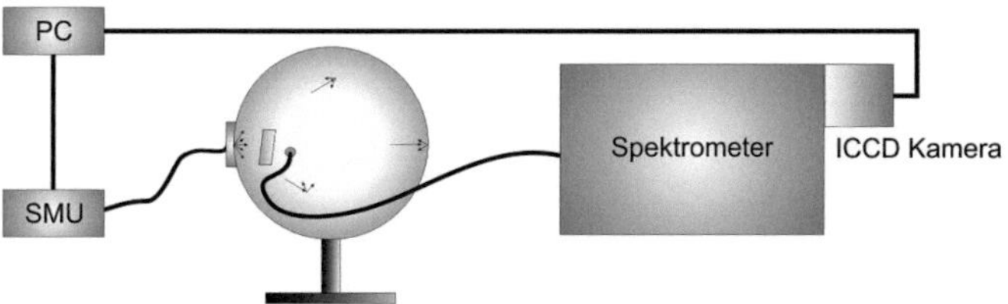

Abb. 6.2.3: Schematische Darstellung des Messaufbaus zur absoluten Messung der lichttechnischen Größen der hergestellten Leuchtdioden.

anschließende Auswertung der Daten erfolgt mit Matlab®. Für quantitative Messungen wurde der Messaufbau mit einer Standardlampe (SCL-050 Gilway 187-1, Fa. Labsphere) kalibriert. Neben dem oben dargestellten kalibrierten Messaufbau besteht am LTI ebenfalls die Möglichkeit Leuchtdioden direkt ohne vorheriges Verkapseln in einer Glovebox im LTI-eigenen Reinraum zu vermessen. Das Vorgehen ist hier analog, lediglich dient hier zur optischen Charakterisierung ein tragbares Spektrometer (EPP2000-HR, Fa. StellarNet Inc.), welches direkt mit Hilfe eines angepassten Labview®-Programmes ausgelesen werden kann. Anstelle der mit Bariumsulfat ausgekleideten Ulbrichtkugel wird eine Teflonkugel (Fa. Labsphere) verwendet. Im Rahmen dieser Doktorarbeit wurden in enger Zusammenarbeit mit Tobias Bocksrocker beide Systeme kalibriert und eine entsprechende Matlab®-Auswertesoftware geschrieben.

6.2.4 Langzeitmessung der SiLEDs

Besonders für die in Kapitel 6.3.4Sectioniebene Untersuchung der Lebensdauer der siliziumbasierten QD-LEDs ist es wichtig die Leistungsfähigkeit der LEDs als Funktion der Zeit zu messen. Hierzu wurde im Rahmen einer betreuten studentischen Arbeit ein Labview®-Langzeitmessprogramm konzipiert, welches es ermöglicht, die optischen als auch die elektrischen Kenngrößen der im Dauerbetrieb betriebenen LEDs in definierten zeitlichen Abständen auszulesen. Hierzu werden die entsprechenden Strom-Spannungs-Werte, Position und Intensitätswert des EL-Maximums sowie die entsprechenden Zeitpunkte in einer Datei abgespeichert. Diese lassen sich wiederum mit einer Matlab®-

Software auswerten. Darüber hinaus wird das volle Emissionsspektrum bei gegebener Zentralwellenlänge aufgezeichnet. Wird die LED unter Kalibrationsbedingungen (definierte Spaltöffnung des Spektrometers sowie definierte Aufnahmedauern und verwendete Verstärkung der Kamera) charakterisiert, so lassen sich hieraus ebenfalls sämtliche lichttechnischen Größen als Funktion der Zeit darstellen. Das Langzeitmessprogramm ist für beide am LTI verfügbare LED-Charakterisierungsmessplätze angepasst.

6.3 SiLEDs mit größenseparierten Nanopartikeln

Dieses Kapitel befasst sich mit der eingehenden Untersuchung der in dieser Arbeit realisierten siliziumbasierten Leuchtdioden. Die Optimierung der Bauteile im Hinblick auf die Emitterschichtdicke sowie der Einfluss von Liganden und Partikelgröße auf die Eigenschaften der SiLEDs werden dabei in einem ersten Unterkapitel diskutiert. Diesem schließt sich Kapitel 6.3.3 mit einer detaillierten elektrischen und optischen Charakterisierung der SiLEDs an. Es werden dabei sowohl die lichttechnische Charakterisierung der SiLEDs als auch Untersuchungen zur Lebensdauer sowie zur spektralen Stabiliät der Bauteile beschrieben. Die spektrale Durchstimmbarkeit der Emissionswellenlänge der SiLEDs als Funktion der eingesetzten Partikelgröße bildet den letzten Themenbereich dieses Großkapitels.

6.3.1 Optimierung des Schichtaufbaus

In diesem Kapitel wird auf die Optimierung des SiLED-Schichtaufbaus eingegangen und in diesem Kontext speziell der Einsatz von TPBi als Lochblockschicht diskutiert. In dieser Arbeit wurden sowohl SiLEDs mit als auch ohne Lochblockschicht untersucht. Der optimierte Schichtaufbau bildet die Grundlage für die in den folgenden Kapiteln beschriebenen SiLEDs.

Bevor in Kapitel 6.3.3 die detaillierte Untersuchung von TPBi als Lochblockschicht beschrieben wird, wird hier auf die Einschränkungen bei der Verwendung von TPBi eingegangen. In allen in dieser Arbeit diskutierten SiLEDs mit TPBi wurde stets eine 35 nm dicke TPBi-Schicht verwendet.[7]

SiLEDs mit geringen Emitterschichtdicken von unter 20 nm weisen bei Verwendung von TPBi als Lochblockschicht stets eine rosafarbene Elektrolumineszenz auf (Abbildung 6.3.1b).[6,137] Neben der eigentlichen roten Elektrolumineszenz der Silizium-Nanokristalle, zeigt sich im Spektrum (Abbildung 6.3.1) stets zusätzlich ein deutlicher Beitrag im blauen Spektralbereich bei 420 nm.[8] Ein Vergleich zwischen der ebenfalls in Abbildung 6.3.1 eingezeichneten Photolumineszenz von poly-TPD sowie der bereits in Abbildung 2.2.5 gezeigten Photolumineszenz von TPBi zeigt eindeutig, dass poly-TPD für die blaue Elektrolumineszenz verantwortlich ist.

Um die blaue poly-TPD-Emission zu reduzieren und eine pure Nanokristalllumineszenz zu erreichen, wurde der Einfluss der Emitterschichtdicke auf das Emissionsspektrum untersucht und hierzu schrittweise die Nanokristallschichtdicke von 11 nm bis 31 nm erhöht. Wie aus Abbildung 6.3.1 ersichtlich, tritt bei Schichtdicken von 11 nm, 17 nm und 23 nm neben der ausgeprägten Nanokristallemission bei 670 nm stets die Emissionsbande von poly-TPD bei 420 nm auf. Lediglich ab einer Grenzschichtdicke von 31 nm geht die poly-TPD-Emission im Messrauschen unter und die Lichtemission ist vollständig von der Elektrolumineszenz der Nanopartikel dominiert. Es kann folglich angenommen werden, dass bei den verwendeten dünnen Emitterschichtdicken die Rekombination von Elektronen und Löchern sowohl in der Nanopartikelschicht als auch in der angrenzenden poly-TPD-Schicht stattfindet und es dadurch zu der beobachteten rosafarbenen Elektrolumineszenz kommt. Da in TPBi-freien Bauteilen selbst bei geringen Emitterschichtdicken keine poly-TPD-Emission beobachtbar ist, scheinen in der Silizium-Nanokristallschicht Löcher eine höhere Mobilität als Elektronen aufzuweisen. Das Rekombinationszentrum verlagert sich in dieser Konstellation entsprechend in Richtung der Kathode. Erst durch Einbringen von TPBi als Lochblockschicht stauen sich die injizierten Löcher im Bereich er Emitterschicht sowie der angrenzenden poly-

---

[7]Die Emitterschichtdicke wurde in allen in diesem Kapitel beschriebenen Experimenten über die Konzentration der Nanokristalllösung eingestellt. Siehe dazu Kapitel 5.1.1 und Abbildung A.3.4.

[8]Bei längerem Betrieb ist ein Rückgang der blauen Emission zu beobachten, dessen Ursache jedoch noch nicht abschließend geklärt ist.

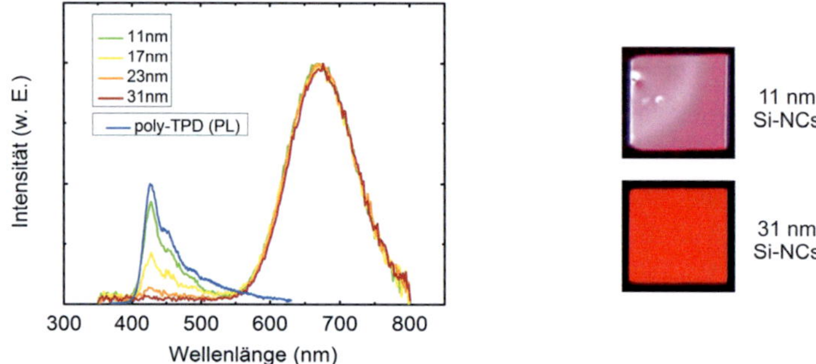

Abb. 6.3.1: EL-Spektren von SiLEDs unterschiedlicher Emitterschichtdicken sowie PL-Spektrum von poly-TPD. Spektren wurden bei 7 V (11 nm), 7,5 V (17 nm), 8,5 V (23 nm) sowie 10 V (31 nm) aufgenommen.

TPD-Schicht an und führen zu der in Abbildung 6.3.1 gezeigten rosafarbenen Lumineszenz. Dicke Emitterschichten (> 31 nm) ermöglichen es dagegen, die Rekombination der Ladungsträger ausschließlich auf die Emitterschicht zu lokalisieren. Dies führt zu der erwünschten rein roten Lichtemission.

6.3.2 Einfluss von Liganden und Partikelgröße

In den in dieser Arbeit beschriebenen Untersuchungen zu Silizium-Leuchtdioden wurden Nanokristalle eingesetzt, deren Oberfläche mit Allylbenzol funktionalisiert wurde (Si-NC-AB). Im Rahmen dieser Doktorarbeit wurden jedoch auch mit Hexen (C6), Decen (C10) und Octadecen (C18) funktionalisierte Nanopartikel verwendet. Diese Partikel weisen allerdings gegenüber Si-NC-AB auf Grund ihrer geringeren Quanteneffizienz (5-10%) sowie der längeren Ligandenlänge schlechtere optische und elektrische Voraussetzungen für den LED-Bau auf.[138] Ein Vergleich zwischen den unterschiedlichen Alkylkettenlängen zeigt, dass verglichen zu Si-NC-C18 sowohl Si-NC-C6 als auch Si-NC-C10 deutliche niedrigere Einsatzspannungen ermöglichen (5 V vs. 8 V).[139] Ein signifikanter Unterschied zwischen SiLEDs basierend auf C6- und C10-funktionalisierten Partikeln konnte nicht gezeigt werden. Da sich alkyl-funktionalisierten Partikel zudem deutlich schlechter größenseparieren lassen und somit die Prozessierung einer homogenen Schicht deutlich erschwert ist, sind mit Allylbenzol funktionalisierte Partikel auch aus praktischen Gründen stets zu bevorzugen.

Einfluss der Partikelgröße auf die energetische Lage von Valenz- und Leitungsband

Wie bereits in Abbildung 6.2.1 gezeigt, verschieben sich bei Änderung der Partikelgröße ebenfalls die energetischen Positionen von Valenz- und Leitungsband. Um diese Veränderung zu quantifizieren, wurden die Valenzbandkanten von Nanokristallen unterschiedlicher Größe ($1,3\,$nm, $1,6\,$nm und $1,8\,$nm) mit Hilfe der Röntgenphotoelektronenspektroskopie (engl. „X-ray photoelectron spectroscopy", XPS) ermittelt. Aus den aufladungskorrigierten Spektren (Abbildung 6.3.2) wurden die Kanten der Photoelektronenemission in linearer Näherung bestimmt und in einem zweiten Schritt auf die Austrittsarbeit von Silizium ($E_{A,\,Si} = 4,73\,$eV) referenziert.

In guter Übereinstimmung mit theoretischen Modellen[25–27] zeigt sich für kleinere Partikel eine deutliche Verschiebung des Valenzbandniveaus in Richtung höherer absoluter Energien. Große Partikel ($\lambda_{em} = 680\,$nm, $1,8\,$nm) zeigen $E_{VB} = 5,7\,$eV, während kleine Partikel ($\lambda_{em} = 625\,$nm, $1\,$nm) Energiewerte bis hin zu $E_{VB} = 6,1\,$eV aufweisen. Ähnliche größenabhängige Verschiebungen von E_{VB} wurden ebenfalls für II-VI-Halbleiter-QDs beobachtet und wurden dort durch die sich durch das Quantenconfinement und damit mit der Größe verändernden elektronischen Eigenschaften der Partikel erklärt.[92,140] Zusätzlich hierzu können jedoch auch Oberflächendefekte und morphologische Veränderungen, die bei kleinen Nanokristallen beobachtet werden, die Verschiebung von E_{VB} erklären. Wie von Jasieniak et al.[140] beschrieben, führt beispielsweise eine unvollständige Oberflächenpassivierung zu höheren Ionisationsenergien und damit höheren absoluten Werten von E_{VB}. Dieser Effekt ist speziell für kleine Partikel wichtig, da bei diesen starke Oberflächenkrümmungen vorliegen und so nur eine unvollständige Passivierung durch die Liganden stattfindet. Des Weiteren weisen kleine Partikel ($\sim 1\,$nm) eine vornehmlich nichtkristalline

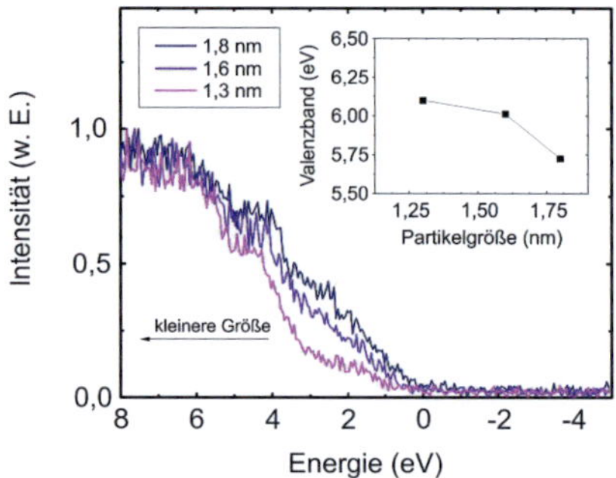

Abb. 6.3.2: Normierte XPS-Spektren von Nanopartikeln unterschiedlicher Größe. Ein starkes Ansteigen der Valenzbandenergie für kleine Partikel ist offensichtlich (Inset).

(amorphe) Struktur[61,110] sowie einen erhöhten Grad an SiO_x-Komponenten in XPS-Spektren (Supporting Information Ref. 18) auf. Alle diese Effekte können für die größenabhängige Verschiebung von E_{VB} verantwortlich sein.

6.3.3 Elektrische und optische Charakterisierung

Basierend auf den in Kapitel 6.3.1 beschriebenen Erkenntnissen zum Einsatz von TPBi wird im Folgenden anhand von drei unterschiedlichen Bauteilarchitekturen der Einfluss der Lochblockschicht auf die optischen und elektrischen Kenngrößen der SiLEDs beschrieben. Alle drei untersuchten SiLED-Typen wurden aus 1, 8 nm großen[18], bei 680 nm emittierenden Nanokristallen hergestellt. Zwei der SiLED-Systeme besitzen eine Emitterschichtdicke von circa 30 nm und wurden mit beziehungsweise ohne TPBi als Lochblockschicht hergestellt. Zusätzlich wird anhand eines dritten SiLED-Systems mit TPBi gezeigt, dass durch eine Erhöhung der Emitterschichtdicke auf 35 nm eine weitere Effizienzsteigerung erreicht werden kann.

Wie bereits eingangs dieses Großkapitels und in Refs. 8,134 erwähnt, spielen EBL und HBL eine wichtige Rolle für die Bauteileffizienz. Abbildung 6.3.3 zeigt nun, dass sich durch Verwendung von TPBi als HBL die externe Quanteneffizienz (EQE) um mehr als eine Größenordnung von 0,09% (bei

4 V) auf 0,74 % (bei 5 V) steigern lässt. Allerdings verursacht der Einsatz von TPBi neben einer Verschiebung des EQE-Maximums in Richtung höherer Spannungen ebenfalls höhere Einsatzspannungen der TPBi-basierten Bauteile. Diese erhöhen sich bei konstanter Emitterschichtdicke von 30 nm auf Grund der zusätzlich eingebrachten Potentialbarrieren (Abbildung 6.2.1) von circa 2 V (ohne TPBi) auf etwa 4 V (mit TPBi).

Zusätzlich zeigt sich nach einem anfänglichen exponentiellen Anstieg ein zunehmend lineares Verhalten der IU-Kennlinien. Dieses Verhalten wird besonders in den TPBi-freien Bauteilen beobachtet und ist ein Anzeichen für eine geringere Rekombinationsrate und Serienwiderstände, die den Stromfluss dominieren. Zudem ist die Gesamtstromstärke der Bauteile mit TPBi deutlich geringer. So fließt bei 6 V lediglich ein Strom von $11\,\mathrm{mA/cm^2}$ im Gegensatz zu $101\,\mathrm{mA/cm^2}$ im Fall des TPBi-freien Bauteils. Zusammen mit den in Abbildung 6.3.3 dargestellten EQE-Werten führt die Lochblockeigenschaft des TPBi folglich zu einer effizienteren Rekombination und Stromnutzung. Die entsprechenden Leuchtdichten der beiden SiLEDs sind in Abbildung 6.3.3c gezeigt. Es werden maximale Werte der Leuchtdichte von $13,8\,\mathrm{cd/m^2}$ bei 8,75 V (mit TPBi) sowie $4,0\,\mathrm{cd/m^2}$ bei 5 V (ohne TPBi) erreicht.

Eine weitere Steigerung der Bauteileffizienz ist zusätzlich durch eine Erhöhung der Emitterschichtdicke möglich und führt auf Grund eines ausgeglicheneren Elektron- und Lochtransports zu einer noch effizienteren Rekombination. Wie in Abbildung 6.3.3 (ungefüllte Kreise) gezeigt, weisen Bauteile mit einer Nanokristallschicht von circa 35 nm eine externe Quanteneffizienz von etwa 1 % auf. Dies entspricht einem bis dato unerreicht hohen Wert der Quanteneffizienz für Silizium-Leuchtdioden. Die entsprechende Leuchtdichte der SiLED bei 10 V beträgt $22,6\,\mathrm{cd/m^2}$ und liegt damit noch höher als die von SiLED mit 30 nm Emitterschichtdicke.

Die Emitterschichtdicke hat folglich einen entscheidenden Einfluss auf die Rekombinationseffizienz der Ladungsträger in den Leuchtdioden. Mit zunehmender Emitterschichtdicke steigt die Rekombinationswahrscheinlichkeit von Elektron und Loch innerhalb der Emitterschicht, da sich die Ladungsträger, bedingt durch ihre unterschiedlichen spezifischen Ladungsträgerbeweglichkeiten, mit verschiedenen Geschwindigkeiten durch die Emitterschicht bewegen.

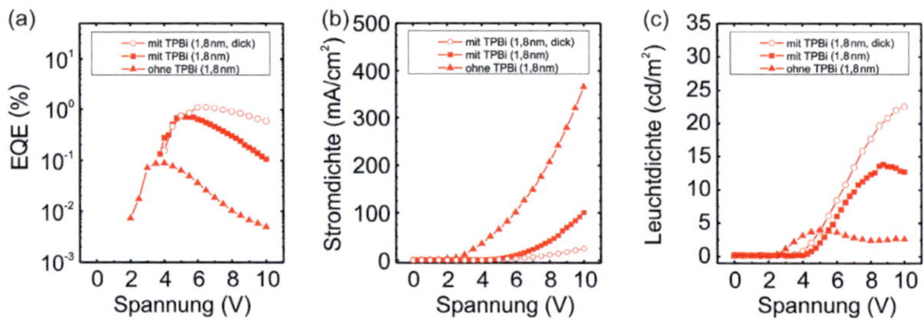

Abb. 6.3.3: Optoelektronische Charakterisierung von SiLEDs mit/ohne TPBi (Emitter-schichtdicke: $\sim 30\,\text{nm}$) sowie zum Vergleich SiLED mit TPBi und Emitterschicht-dicke von circa 35 nm. (a) Externe Quanteneffizienz als Funktion der Spannung, (b) Strom-Spannungs-Kennlinien und (c) Leuchtdichte-Spannungs-Kennlinien.

Im Falle sehr dünner Schichten ist die Wahrscheinlichkeit folglich entsprechend hoch, dass die Ladungsträger überhaupt nicht in der Emitterschicht rekombinieren und die Effizienz des entsprechenden Bauteils gering ausfällt.

6.3.4 Bauteillebensdauer als Funktion der Polydispersität der Probe

Trotz der großen Vorschritte beim Bau von Silizium-Leuchtdioden[6–9,138], birgt besonders die Langzeitstabilität der SiLEDs unter Betrieb ein großes Verbesserungspotential. Während im Fall von CdSe-basierten QD-LEDs über Lebensdauern im Bereich von mehreren 100 Stunden berichtet wird[10], sind zu siliziumbasierten QD-LEDs keine Langzeitversuche veröffentlicht. Aus Erfahrung mit ebenfalls in dieser Arbeit hergestellten SiLEDs basierend auf polydispersen alkyl-funktionalisierten Nanokristallproben, ist anzunehmen, dass die Betriebslebensdauern von in der Literatur beschriebenen SiLEDs jedoch sehr kurz ausfallen. Vermutlich liegen diese lediglich im Bereich von wenigen Minuten. Die in dieser Arbeit verwendeten größenseparierten Nanopartikel ermöglichen es dagegen deutlich längere Betriebszeiten zu erreichen. Die Ergebnisse dieser Messungen werden im Folgenden besprochen.

Um einen quantitativen Vergleich zwischen SiLEDs basierend auf polydispersen sowie monodispersen allylbenzol-funktionalisierten Nanokristallen zu

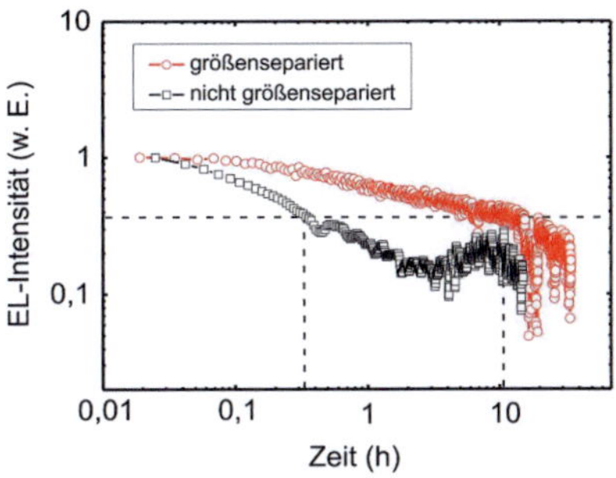

Abb. 6.3.4: Vergleich der Langzeitstabilität (EL-Intensität als Funktion der Zeit) von SiLEDs basierend auf mono- und polydispersen allylbenzol-funktionalisierten Nanopartikeln (rot/schwarz). Die SiLEDs wurden mit einer konstanten Stromdichte von $1,6\,\mathrm{mA/cm^2}$ betrieben.

ermöglichen, wurden Langzeitmessungen (Kapitel 6.2.4) durchgeführt. Abbildung 6.3.4 zeigt den typischen Abfall des EL-Signals als Funktion der Zeit. Bis auf die unterschiedlichen Emittermaterialen (mit/ohne Größenseparierung) ist der Aufbau der SiLEDs identisch. Die hier gezeigten Messungen wurden dabei unverkapselt unter Stickstoffatmosphäre durchgeführt. Wie aus den in Rot dargestellten Messwerten ersichtlich, ermöglicht es die Größenseparierung Betriebslebensdauern von über 40 Stunden zu erreichen. Bei Verwendung von nicht größenseparierten Proben können dagegen lediglich 15 Stunden erreicht werden. Darüber hinaus verlängert sich im Fall der größenseparierten Proben die $^1/_e$-Lebensdauer (gestrichelte Linie) um einen Faktor 30 im Vergleich zur Referenzprobe. Bauteile mit nicht größenseparierten Nanopartikeln weisen zudem einen deutlich schnelleren Abfall bereits während der ersten Betriebsstunde auf. Dieser kann mit einem erhöhten Verunreinigungsgrad der nicht größenseparierten Probe sowie der Polydispersität der Partikel in Verbindung gebracht werden. Beide verursachen Defekte und damit eine abnehmende Lumineszenz. Des Weiteren weisen SiLEDs mit nicht größenseparierten Nanokristallen, trotz Filterns der Lösungen vor der Prozessierung, stark inhomogene Leuchtflächen auf. Diese Defekte fördern vermutlich ebenfalls die schnellere Degradation der Bauteile. Eine detaillierte Beschreibung möglicher Degradationsmechanismen sowie eine eingehende morphologische Untersuchung zu diesem Aspekt folgt in Kapitel 6.4.

6.3.5 Spannungsabhängigkeit der Emissionswellenlänge

In hochgradig monodispersen II-VI-Halbleiter-QD-LEDs und in OLEDs kann die Emissionswellenlänge sehr präzise durch die Wahl des Emitters eingestellt werden. In SiLEDs hingegen wird auf Grund der meist stark polydispersen Nanopartikelproben häufig eine starke Blauverschiebung der Emissionswellenlänge mit zunehmender Betriebsspannung beobachtet.[6,8] Diese variiert je nach Emissionsfarbe der Nanopartikel und erreicht bis zu 60 nm (0,13 eV).[8] Die Verschiebung des EL-Spektrums wird dabei durch die erst bei höheren Spannungen einsetzende Elektrolumineszenz kleiner Nanokristalle erklärt: Erst bei hohen Spannungen (~ 10 V) können alle Nanopartikel elektrisch angeregt werden und die EL nähert sich dem PL-Spektrum an.

Wie in Abbildung 6.3.5a dargestellt ist, kann durch die eingesetzten größenseparierten Nanopartikel eine signifikant kleinere spektrale Verschiebung der Emissionswellenlänge erreicht werden. Bei Erhöhung der Betriebsspannung von 3,5 V auf 10 V verschiebt sich die Elektrolumineszenz lediglich um 15 nm. Das übrigbleibende spektrale Schieben der Elektrolumineszenz kann wahlweise durch feinere Größenseparierungsschritte (Kapitel 3.2) oder durch aufwändigere Auftrennverfahren, wie sie Kapitel 3.2.2 gezeigt sind, verringert werden.

Ein direkter Vergleich der spektralen Verschiebung von SiLEDs, welche sowohl mit als auch ohne größenseparierte Nanokristalle gebaut wurden, ist in Abbildung 6.3.5b gezeigt. Zur Herstellung der nicht größenseparierten Referenz wurden die einzelnen Fraktionen einer größenseparierten Nanokristalllösung wieder vereinigt und als Vergleich hierzu eine SiLED basierend auf einer der Fraktionen hergestellt. Die Fraktion zum Bau der größenseparierten SiLED wurde hierbei so ausgewählt, dass die Maxima der PL der beiden zum Bau verwendeten Proben zusammenfallen. Wie in Abbildung 6.3.5b deutlich zu erkennen ist, zeigt sich im Fall der nicht separierten Probe eine Verschiebung von über 30 nm, während die größenseparierte Probe lediglich eine Verschiebung von hier 13 nm aufweist.[9] Die spektrale Verschiebung einer

---

[9]Im Fall der nicht größenseparierten Probe wurden lediglich Datenpunkte oberhalb einer Spannung von

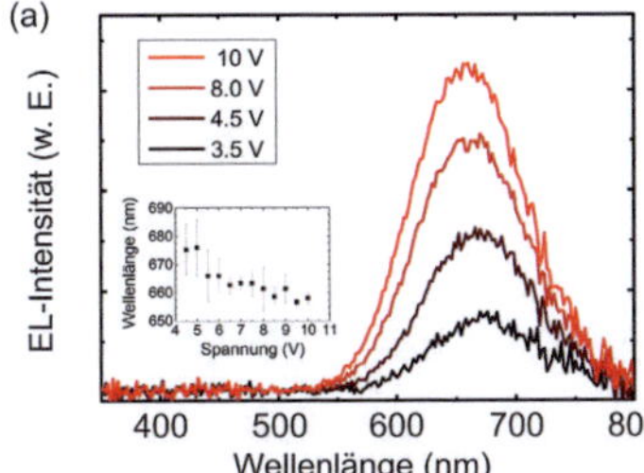
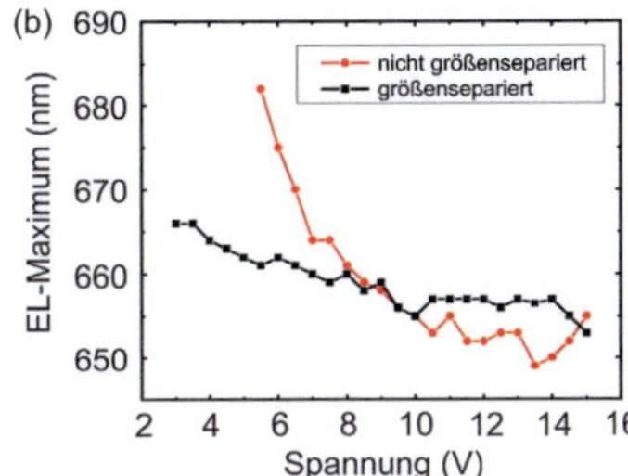

Abb. 6.3.5: EL-Spektrum als Funktion der angelegten Spannung. (a) Im Fall von größenseparierten Proben kann lediglich eine geringe spektrale Verschiebung von 15 nm beobachtet werden. Das Inset zeigt die Verschiebung des EL-Maximums gemittelt über drei SiLEDs. (b) Vergleich der spektralen Verschiebung der EL für quasi monodisperse (schwarz) sowie polydisperse (rot) Emittermaterialien.

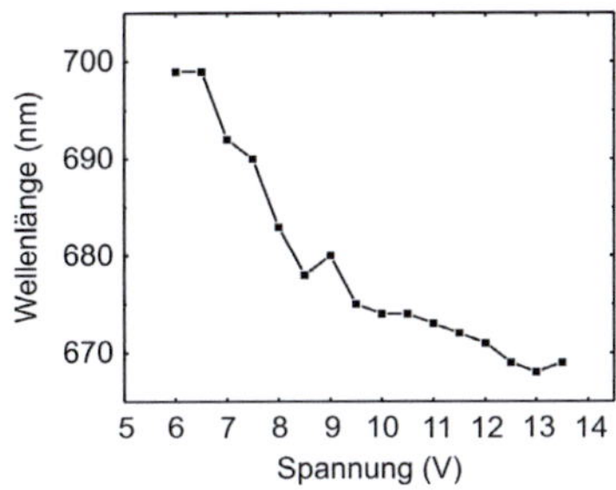

Abb. 6.3.6: Position der EL-Maxima als Funktion der an das Bauteil angelegten Spannung für den Fall einer gänzlich unaufgetrennten Silizium-Nanokristallprobe als Emitter.

SiLED, deren Emittermaterial vor dem Prozessieren gänzlich unaufgetrennt blieb und somit als wahre Referenz anzusehen ist, ist in Abbildung 6.3.6 dargestellt. Auch hier zeigt sich eine Verschiebung von mehr als 30 nm. Neben den im vorangegangenen Kapitel gezeigten deutlich erhöhten Lebensdauern sind größenseparierte Quantenpunkte folglich ebenfalls auf Grund ihrer erhöhten spektralen Stabilität zu bevorzugen.

---

6 V verwendet, da in diesem Fall TPBi sowie eine dicke Nanopartikelschicht verbaut wurden. Beide Modifikationen führen zu höheren Einsatzspannungen.

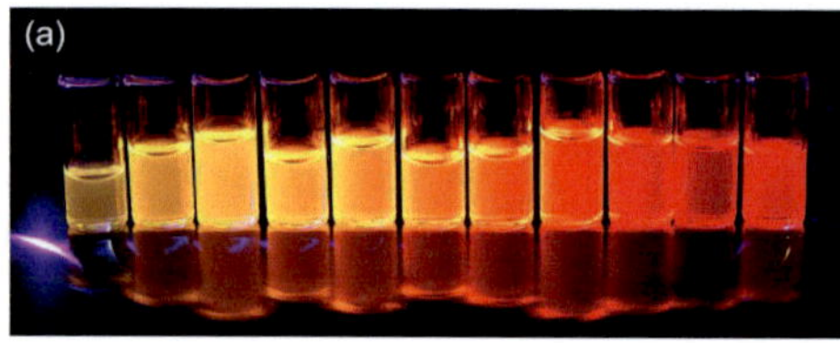
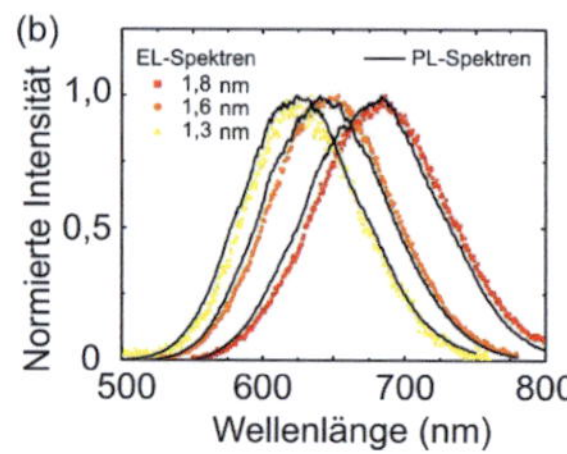

Abb. 6.3.7: Durchstimmbarkeit der Nanopartikellumineszenz. (a) Größenseparierte Silizium-Nanokristalle dispergiert in Toluol und (b) entsprechende EL- und PL-Spektren der hier verwendeten Lösungen. Anregungswellenlängen der PL: (a) 365 nm UV-LED, (b) 355 nm Nd:YAG laser.

6.3.6 Spektrale Durchstimmbarkeit von Silizium-Leuchtdioden

Zusätzlich zu den erhöhten Bauteillebensdauern sowie der großen spektralen Stabilität der Elektrolumineszenz ermöglicht die Größenseparierung der Nanokristalle ein einfaches Durchstimmen der Emissionsfarbe. Neben der bereits in Kapitel 3.2 gezeigten Photolumineszenz dreier Nanopartikelproben unterschiedlicher Partikelgröße zeigt Abbildung 6.3.7 die EL dreier SiLEDs, gebaut mit eben diesen Nanopartikeln unterschiedlicher Größe. Die hier untersuchten Nanokristalle weisen Größen von 1,3, 1,6 und 1,8 nm auf und emittieren bei 625, 650 und 680 nm. Eine sehr gute Übereinstimmung von EL und PL der unterschiedlichen Emitter ist offensichtlich und bestätigt, dass die EL-Emission tatsächlich von den Nanopartikeln hervorgerufen wird. Die optischen und elektrischen Kenngrößen der SiLEDs hergestellt aus den drei unterschiedlichen Nanokristallemittern sind in Abbildung 6.3.8 dargestellt. Wie bereits in Abbildung 6.3.3 gezeigt, können mit 680 nm emittierenden Nanokristallen externe Quanteneffizienzen von circa 0.1 % (bei 4 V) realisiert werden. SiLEDs mit Emissionswellenlängen von 650 nm und 625 nm weisen geringere EQE-Werte auf. Diese können hauptsächlich durch die geringere Quanteneffizienz kleinerer Partikel sowie die dünnere Schichtdicke von 15 nm erklärt werden (Kapitel 6.3.11). Des Weiteren ist es möglich, dass im Fall kleinerer Partikel durch das Verschieben von Leitungs- und Valenzbandposition die Ladungsträgerinjektion weniger effizient stattfindet (Abbildung 6.2.1 / Abbildung 6.3.2).

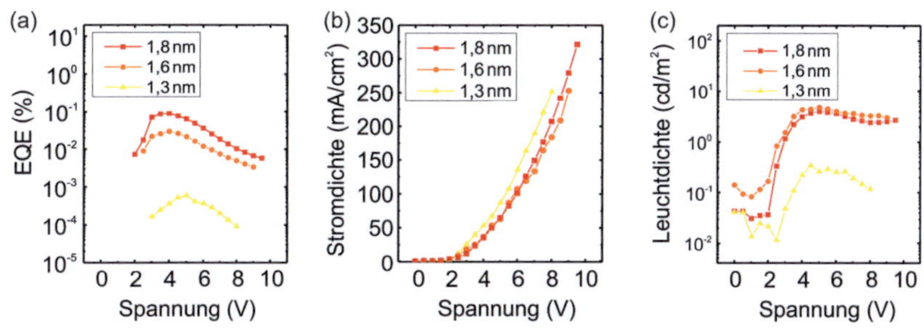

Abb. 6.3.8: Optoelektronische Charakterisierung der in unterschiedlichen Farben leuchtenden SiLEDs. (a) Externe Quanteneffizienz als Funktion der Spannung (b) Strom-Spannungs-Kennlinien sowie (c) Leuchtdichte-Spannungs-Kennlinien.

Auf Grund der geringen Konzentration an gelb/orange-emittierenden Nanopartikeln und der damit dünnen resultierenden Emitterschichten, wurden die hier gezeigten SiLEDs ohne TPBi als HBL hergestellt. TPBi kann wie bereits in Kapitel 6.3.1 gezeigt nur in SiLEDs mit Emitterschichtdicken von über 20 nm eingesetzt werden. Andernfalls dominiert die von poly-TPD hervorgerufene EL das Emissionsspektrum (Abbildung 6.3.1). Die Leuchtdichte der drei verschiedenfarbigen SiLEDs ist in Abbildung 6.3.8 als Funktion der angelegten elektrischen Spannung dargestellt. Maximale Leuchtdichten von $3{,}97\,\mathrm{cd/m^2}$ (rot), $4{,}77\,\mathrm{cd/m^2}$ (orange) und $0{,}34\,\mathrm{cd/m^2}$ (gelb) werden erreicht.

Alle SiLEDs zeichnen sich durch sehr geringe Einsatzspannungen von circa 2 V aus. Damit entspricht die Einsatzspannung praktisch der Bandlücke der Nanopartikel und bestätigt, dass erstaunlicherweise beinahe keine Energie während des Ladungsträgerinjektionsprozesses verloren geht. Wie aus Abbildung 6.3.8 hervorgeht, hängt die Einsatzspannung nur unwesentlich von der Nanopartikelgröße ab. Zur Illustration der hellen, stabilen und homogenen Lichtemission zeigt Abbildung 6.3.9 zwei Aufnahmen von zwei verkapselten Bauteilen. Die SiLEDs zeichnen sich durch eine starke homogen rote beziehungsweise orangefarbene Emission aus und können für mehrere Stunden unter Umgebungsbedingungen betrieben werden. Die Aufnahme der lichtschwächeren gelb leuchtenden SiLED ist separat in Abbildung 6.3.10 gezeigt.

Abschließend zeigt Abbildung 6.3.11 eine Fotografie eines ebenfalls auf

Basis von Nanokristallen hergestellten großflächigen Demonstrators. Die flüssigprozessierbaren Schichten wurden durch einen Rakelprozess prozessiert und demonstrieren das Potential Silizium-Nanokristalle in großflächig, flüssig prozessierten Leuchtdioden einzusetzen.

Abb. 6.3.9: Fotografie der im Text beschriebenen verkapselten SiLEDs, welche an eine 9 V-Batterie mit regelbarem Vorwiderstand angeschlossen wurden. Aufgenommen wurden die SiLEDs unter Umgebungsbedingungen bei normalem Tageslicht.

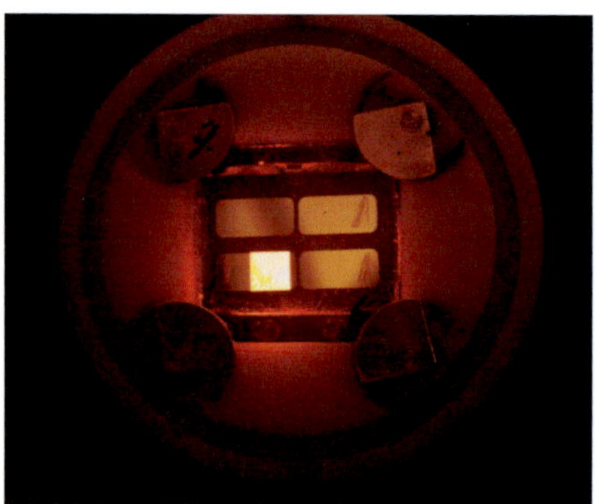

Abb. 6.3.10: Fotographie der bei 620 nm im gelb/orange-farbenen Spektralbereich emittierenden SiLED. Die gezeigte LED wurde bei einer angelegten Spannung von 6 V betrieben.

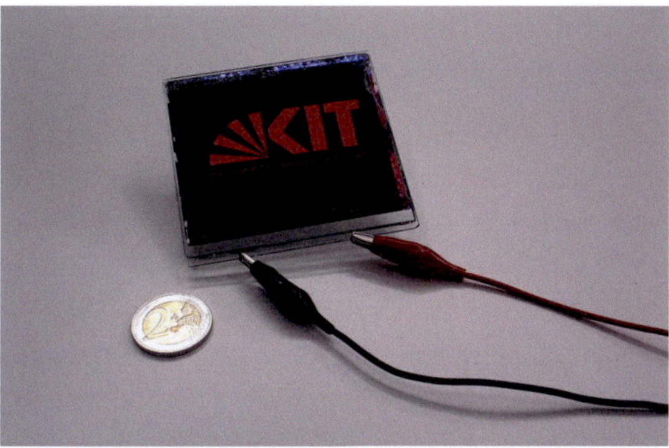

Abb. 6.3.11: Großformatiger Demonstrator, hergestellt durch Rakeln (Kapitel 4.2). Es wurde ein Aufbau mit TPBi als Lochblockschicht gewählt. Die blaue Lumineszenz des TPBi ist am oberen Rand des Bauteils sichtbar. Abmessungen des quadratischen Substrats: 9×9 cm.

6.4 Morphologische und elementaufgelöste Untersuchung des SiLED-Schichtaufbaus

In diesem Kapitel wird eine detaillierte Untersuchung der Morphologie sowie der elementspezifischen Zusammensetzung der SiLED-Schichtstruktur präsentiert. Mittels Transmissionselektronenmikroskopie (TEM) einschließlich energiegefilterter TEM (EFTEM) sowie energiedispersiver Röntgenspektroskopie (engl. „energy dispersive X-ray spectroscopy", EDX) wurden der SiLED-Schichtaufbau auf etwaige morphologische Änderungen vor und nach dem Bauteilbetrieb untersucht. Ein Vergleich der mikroskopischen Struktur von betriebenen und nicht betriebenen Bauteilen sowie Bauteilen basierend auf monodispersen beziehungsweise polydispersen Nanokristallemittern wurde durchgeführt. Aus den gewonnen Erkenntnissen konnte eine Verbindung zwischen dem Degradationsverhalten und der Morphologie der Bauteile geschaffen werden. Drei Hauptgründe für die schnelle Degradation der auf polydispersen Nanokristallen basierenden Bauteile (Kapitel 6.3.4) wurden aus den

Untersuchungen abgeleitet. Ein Ausblick, wie langzeitstabile SiLEDs realisiert werden können, schließt dieses Kapitel.

Trotz einer Vielzahl von detaillierten Berichten über QD-LEDs[1–5,10–12] sowie allgemein den verhältnismäßig jungen Bereich der siliziumbasierten QD-LEDs[6–9,76] fehlen in der Literatur fundierte Studien zur Morphologie der Bauteile vor und nach dem Betrieb. Da QD-LEDs im Allgemeinen nur begrenzte Betriebslebensdauern aufweisen,[10,76] ist ein fundiertes Verständnis der strukturellen Änderungen während des LED-Betriebs sowie des zugrunde liegenden Degradationsmechanismen unabdingbar.
In der Fachliteratur über organische LEDs wird die Degradation der Bauelemente, neben Defekten auf molekularer Ebene[141], oftmals mit der Migration und Diffusion von Elementen innerhalb des LED-Schichtsystems in Verbindung gebracht. Schlechtleitende Materialbarrieren, die sich auf Grund dieser Diffusion ausbilden, rufen letztlich eine Degradation des Bauteils hervor.[142] So berichten beispielsweise Gao et al.[143] von einer strominduzierten Oxidation der Aluminiumkathode, Cumpston[144,145] konstatiert, dass eine lokale Degradation der Aluminiumkathode sogenannte „dark spots" hervorruft. Letztere wiederum führen zur Bauteildefekten. Bauteilausfälle können darüber hinaus ebenfalls durch beschädigte ITO-Anoden[146] oder gar durch eine Diffusion von Aluminium durch das gesamte Bauteil hervorgerufen werden.[142] Trotz dieser Vielzahl an detaillierten Studien ist in der Literatur keine Untersuchung zur Degradation und Morphologie von QD-LEDs bekannt.
Aus dieser Motivation heraus wird nach einer kurzen Beschreibung der hier untersuchten Proben sowie der einsetzten Charakterisierungsmethoden der Schwerpunkt auf den folgenden drei Fragestellungen liegen:

1. Ändert sich die Morphologie der SiLEDs unter Betrieb und können Partikelmigration oder sonstige morphologische Änderungen des Schichtaufbaus den beobachteten schnellen anfänglichen Abfall der Elektrolumineszenz erklären?

2. Was sind die Folgen für die mikroskopische Struktur der SiLEDs im Fall einer hohen angelegten elektrischen Spannung?

3. Ändert sich die Morphologie bei Verwendung von polydispersen Nanokristallproben und können die bereits in Kapitel 6.3.4 beschriebenen kürzeren Lebenszeiten auf eine solche Änderung zurückgeführt werden?

6.4.1 Design der Proben & Charakterisierungsmethoden

Der Aufbau der im Folgenden morphologisch untersuchten SiLEDs entspricht dem bereits in Kapitel 6.2.1 eingeführten Schichtaufbau. Um den Einfluss von Stromfluss, Betriebsbedingungen sowie der Verwendung von nicht größenseparierten Nanokristallproben zu untersuchen, wurden sechs verschiedene Probensysteme untersucht. Neben einer nicht betriebenen Referenzprobe (SiLED A0) wurden zwei SiLEDs (SLED A1-1/A1-2) untersucht. Beide LEDs wurden bei $8\,mA/cm^2$ für 14 min beziehungsweise 4 Stunden betrieben. Als Vergleich zu diesen unter Standardbedingungen betriebenen LEDs wurde eine weitere LED (SiLED A2) unter verhältnismäßig hohen Spannungen von 15 V ($150\,mA/cm^2$) für circa 90 min betrieben. Um die Ursache der signifikant verkürzten Bauteillebensdauern von SiLEDs basierend auf polydispersen Proben zu untersuchen (Kapitel 6.3.4), wurden eine nicht betriebene sowie eine für 14 min betriebene ($6\,mA/cm^2$) „polydisperse" SiLED (SiLED B0/SiLED B1) untersucht. Die polydispersen SiLEDs wurden dabei unter identischen experimentellen Bedingungen, wie sie auch für die anderen SiLEDs vorlagen, prozessiert. Auf eine Größenauftrennung des Emittermaterials wurde jedoch verzichtet, lediglich sehr große (nicht/schlecht funktionalisierte) Partikel wurden durch einen einfachen Waschvorgang von der eigentlichen polydispersen Probe abgetrennt. Die morphologischen sowie die elementspezifischen Studien der Querschnittsproben wurden von Dr. Christian Kübel und seinen Mitarbeitern mit Hilfe eines abbildungskorrigierten Transmissionselektronenmikroskops (Titan 80-30, Fa. FEI) am Institut für Nanotechnologie (INT) durchgeführt. Hierzu wurden mittels Focused-Ion-Beam (FIB) Systems (Strata 400 S, Fa. FEI) aus den unverkapselten LEDs dünne Querschnitte des Schichtaufbaus hergestellt. Die Umgebung um die freizustellende Probe wird dabei gezielt mit einem hochenergetischen Ga^+-Ionenstrahl (30 kV) lokal abgetragen bis eine lediglich wenige µm dicke Lamelle zugänglich ist. Die noch an

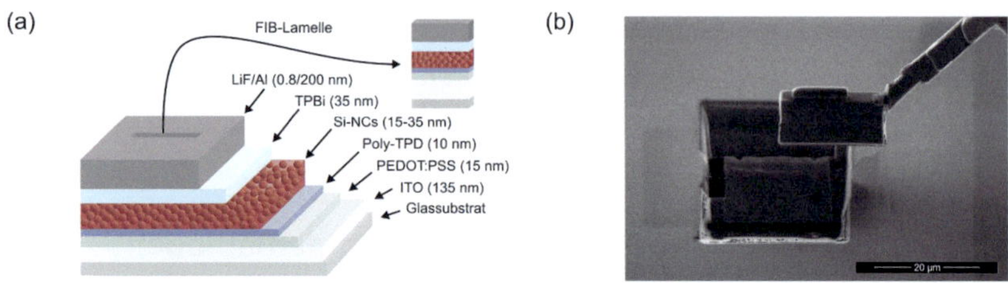

Abb. 6.4.1: Schichtaufbau der untersuchten SiLEDs und Probenpräparation. (a) Schematische Darstellung des SiLED-Schichtaufbaus mit freigestellter FIB-Lamelle. (b) REM-Aufnahme von der aus dem SiLED-Probenkörper freigestellten und an der Spitze des Nanomanipulators befestigten Lamelle. Die REM-Aufnahme wurde bei $U = 1\,kV$ durchgeführt, um Probenschäden durch eine Strahlenbelastung auszuschließen.

ihrer Unterseite mit dem Substrat verbundene Lamelle wird anschließend an der Spitze eines Nanomanipulators mit lokal definiert abgeschiedenem Platin befestigt. In einem weiteren Schritt wird die Verbindung der Lamelle mit dem eigentlichen Probenkörper per FIB durchtrennt und die Querschnittsprobe kann so aus der SiLED herausgeführt werden. Nach dem Herauslösen der dünnen Probe wird die Lamellendicke mit einem schwachen Ga-Ionenstrahl (5 kV) auf eine Dicke von circa 60 nm verringert und anschließend feinpoliert. Die so präparierte Lamelle kann auf einem TEM-Probenhalter (TEM-Gitter) abgelegt werden; nach erfolgreichem Transfer der Lamelle wird die Verbindung der Querschnittsprobe zur Nanomanipulatorspitze ebenfalls mittels FIB durchtrennt. Abbildung 6.4.1 illustriert den SiLED-Schichtaufbau sowie die freigestellte Lamelle schematisch. In der rechts dargestellten Rasterelektronenmikroskopaufnahme (REM-Aufnahme) befindet sich die FIB-Lamelle bereits an der Spitze des Nanomanipulators und wird für die Ausdünnung vorbereitet.

Die ebenfalls im Rahmen dieser Studie entstandenen energiegefilterten und elementspezifischen Aufnahmen wurden mit einem Tridiem 863 Energiefilter (Fa. Gatan) sowie einem S-UTW EDX Detektor bei 300 kV Beschleunigungsspannung erstellt. Die Bildinformation (3-Fenster-Technik) wurde dabei mit einer US1000 slow-scan CCD-Kamera aufgenommen. Um eine Schädigung der empfindlichen (organischen) Materialien zu vermeiden, wurden bei anfänglichen TEM-Aufnahmen sehr geringe Strahlendosen von circa $100\,e/nm^2$ eingehalten. Da im Laufe der Experimente jedoch keine Änderungen der Morphologie auf Grund der Strahlenbelastung sichtbar wurde, konnten die hier gezeigten finalen Aufnahmen sowie die elementspezifischen Analysen unter nahezu Standardbedingungen durchgeführt werden. In keinem der Experimente wurden strukturelle Unterschiede im Vergleich zum initialen Niedrigdosistest gefunden.

6.4.2 Morphologieuntersuchungen am unbetriebenen Bauteil

Das nicht betriebene Referenzbauteil SiLED A0 ist in Abbildung 6.4.2 gezeigt. Die SiLED zeigt eine sehr klar definierte Schichtstruktur, welche sich durch extrem glatte Grenzflächen zwischen den unterschiedlichen organischen Schichten sowie der Silizium-Nanokristallschicht auszeichnet. Die Struktur entspricht damit der in Abbildung 6.4.1 schematisch dargestellten Struktur überraschend genau. Neben dem starken Materialkontrast der Nanokristallschicht in der Hellfeldaufnahme (engl. „bright field", BF-TEM) können die organischen Materialien zusätzlich durch energiegefilterte TEM-Aufnahmen (engl. „energy filtered", EFTEM), einerseits mit geringem definierten Energieverlust im Bereich weniger eV und andererseits durch eine elementspezifische Darstellung, gut sichtbar gemacht werden: Die TPBi-Schicht weist ein deutliches Stickstoffsignal auf, die Nanokristallschicht zeichnet sich durch Silizium sowie Anteile an Sauerstoff aus und lässt sich klar von den anderen Schichten abgrenzen. Zusätzlich zum Siliziumsignal in der Emitterschicht zeigt sich zwischen den Schichten aus PEDOT:PSS und poly-TPD eine weitere siliziumhaltige Schicht, die sich einer einzelnen Nanokristallmonolage (Partikeldurchmesser circa $2,5\,nm$) zuordnen lässt. Wie auch bereits die Emitterschicht, weist die Nanokristallmonolage einen signifikanten Anteil an Sauerstoff auf, welcher ebenfalls klar aus den in Abbildung 6.4.2 und 6.4.3 gezeigten EFTEM und STEM-EDX-Aufnahmen ersichtlich wird. Da diese Schicht in allen hier untersuchten SiLEDs beobachtbar war und in einem Referenzbauteil ohne Silizium-Nanokristalle fehlt, ist davon auszugehen, dass diese Schicht durch Mischungsvorgänge bei

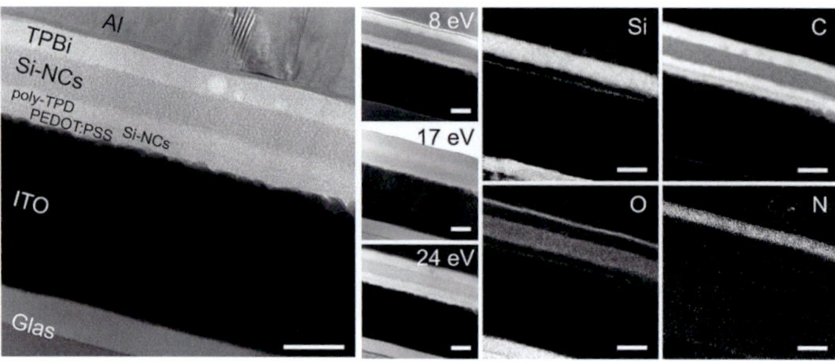

Abb. 6.4.2: Energiegefilterte BF-TEM Aufnahme mit elastisch gestreuten Elektronen eines Querschnitts einer nicht betriebenen SiLED (SiLED A0). Die mittig dargestellten EFTEM-Aufnahmen wurden bei den angegebenen Energien mit jeweils einer Energiebreite von $\pm 2,5\,\text{eV}$ aufgenommen. Zusätzlich dargestellt sind die elementspezifischen Darstellungen von Silizium, Kohlenstoff, Sauerstoff und Stickstoff. Das Oxidsignal im ITO ist in der Sauerstoffdarstellung auf Grund der spektral sehr ähnlichen der M-Kante von Indium nicht erkennbar. Maßstabsbalken für alle Aufnahmen: 50 nm.

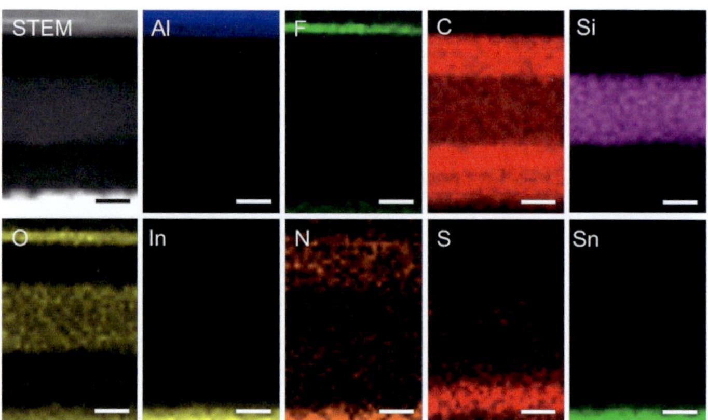

Abb. 6.4.3: STEM-EDX Aufnahmen einer nicht betriebenen SiLED (SiLED A0). Maßstabsbalken für alle Aufnahmen: 20 nm

der Flüssigprozessierung der einzelnen Schichten hervorgerufen wird. Des Weiteren zeigt sich in der Sauerstoffdarstellung aus Abbildung 6.4.2 zwischen

TPBi und der Aluminiumkathode eine weitere dünne oxidreiche Schicht, welche vermutlich durch leichte Oxidation während der Probenpräparation hervorgerufen wird.

6.4.3 Morphologieuntersuchungen von betriebenen Bauteilen

Inwieweit sich die Morphologie der SiLEDs unter Betrieb ändert und ob etwaige strukturelle Änderungen für die schnelle initiale Degradation der Bauteile (Abbildung 6.4.7) verantwortlich sein können, wird anhand von SiLED A1-2 diskutiert.

Obwohl SiLED A-1 für vier Stunden bei einer Stromdichte von $8\,\mathrm{mA/cm^2}$ betrieben wurde, ist in Abbildung 6.4.4 die Schichtstruktur räumlich sehr präzise definiert und keinerlei Partikel- oder Materialdiffusion zwischen den einzelnen Schichten beobachtbar. Die Silizium-Nanokristalle mit einem mittleren Durchmesser von $2,5\,\mathrm{nm}$ sind wohldefiniert auf den Bereich der Emitterschicht lokalisiert und können sogar einzeln in ebendieser ausgemacht werden. Neben der in Abbildung 6.4.4 gezeigten HAADF-STEM-Darstellung, gibt die ebenfalls gezeigte elementspezifische EDX-Abbildung zusätzliche Information über die einzelnen Schichten: Wie auch im Fall von Abbildung 6.4.2 ist Kohlenstoff im gesamten Multischichtsystem vorhanden, Schwefel definiert die PEDOT:PSS-Schicht und zeigt ähnlich dem Fall der unbenutzten SiLED A0 (Abbildung 6.4.3) eine leichte Diffusion in die poly-TPD-Schicht. Der Stickstoff des kleinen Moleküls TPBi lässt sich ebenfalls klar in der entsprechenden Schicht nachweisen. Das STEM-EDX-Signal ist zwar verhältnismäßig schwach, die EFTEM-Daten in Abbildung 6.4.5 zeigt jedoch die wohldefinierte stickstoffhaltige TPBi-Schicht. Auch im Fall von SilED A1-2 scheint sich die silizium- und sauerstoffreiche Nanokristallmonolage nicht durch den Betrieb des Bauteils in ihrer Morphologie verändert zu haben. Sie ist auch hier in der EDX-Abbildung von Silizium, Sauerstoff sowie als schwaches Fluorsignal deutlich erkennbar. Nicht zuletzt ist die nominell lediglich $0,8\,\mathrm{nm}$ dicke Zwischenschicht aus LiF in der EDX-Darstellung von Fluor deutlich zwischen TPBi und Aluminium sichtbar. Auch im Fall der hier gezeigten

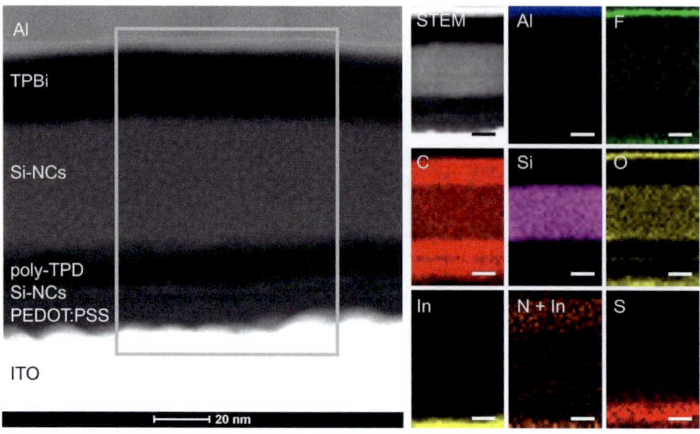

Abb. 6.4.4: Querschnitt von SiLED A1-2, betrieben für vier Stunden. Die HAADF-STEM-Aufnahme (links) zeigt den auch nach Betrieb intakten, wohldefinierten Schichtaufbau. Es findet keine Diffusion der Nanopartikel statt. Mit Hilfe der rechts gezeigten EDX-Analyse können die unterschiedlichen Schichten auf Grund ihrer chemischen Zusammensetzung klar unterschieden werden. Maßstabsbalken für alle Aufnahmen: 20 nm.

betriebenen SiLED zeigt sich das, bereits im Kontext mit SiLED A0 erwähnte, deutliche Sauerstoffsignal zwischen TPBi und Aluminium.

Wie auch aus den EFTEM-Aufnahmen der unbenutzten SiLED (Abbildung 6.4.5) ersichtlich, lassen sich mit Hilfe der EDX-Aufnahmen in der TPBi-Schicht der betriebenen SiLED (Abbildung 6.4.6) Bereiche höherer und niedrigerer Dichte nachweisen. In Bereichen niedrigerer Dichte (dunkle Bereiche) ist in entsprechenden EFTEM-Aufnahme eine geringere Konzentration an Stickstoff zu beobachten. Die Bereiche höherer Dichte (helle Bereiche) zeigen im EDX-Signal einen zusätzlichen Anteil an Silizium und Sauerstoff. Folglich können die weniger dichten Bereiche durch Fehlstellen im TPBi erklärt werden, die dichten Bereiche durch eine Einlagerung von Silizium und Sauerstoff an diesen Orten. Wahrscheinlich werden die wolkenartigen dichteren Bereiche von sehr kleinen (oxidierten) Nanopartikeln definiert, welche jedoch in den STEM-Aufnahmen nicht einzeln auflösbar sind. Es ist zu vermuten, dass die Strukturen während des Betriebs der LED durch Migration der

Nanopartikel in Richtung der Kathode verursacht werden. Neben dieser Hypothese ist ebenfalls eine Ausbildung der Bereiche während der Prozessierung denkbar, da auch vereinzelt Dichtefluktuationen in SiLEDs im nichtbetriebenen Zustand beobachtet wurden. Eine Aussage über den genauen Zeitpunkt der Partikeldiffusion, sei es durch Migration oder bereits während der Herstellung, lässt sich auf Grund fehlender statistischer Informationen nicht ableiten. Zusammengefasst wird klar, dass sich unter normalen Strom- und Spannungsbedingungen sowie Betriebsdauern von mehreren Stunden weder eine signifikante Migration der Nanopartikel noch eine räumliche Umordnung der organischen Materialien beobachten lässt. Lediglich geringe Dichtefluktuationen im Bereich der TPBi-Schicht sind sichtbar und könnten als mögliche Keimpunkte für spätere Defekte des Bauteils dienen. Als Hauptgrund für den schnellen initialen Abfall der EL-Intensität (Abbildung 6.4.7) können diese Effekte jedoch nicht verantwortlich sein. So befindet sich die EL-Intensität der untersuchten SiLED A1-2 nach vier Stunden bereits nur noch bei etwa 20% ihres initialen Wertes (Abbildung 6.4.7), ohne dass sich die Morphologie des Bauteils signifikant verändert. Aus diesem Grund spielen vermutlich anstelle von Änderungen der Morphologie vielmehr chemische Prozesse auf atomarer und molekularer Ebene (Erzeugung von Defektzuständen oder einzelner „dunkler" Partikel) eine entscheidende Rolle.

Diese Schlussfolgerung wird vom typischen Abfallverhalten der Photolumineszenz (PL)[10] dünner Nanopartikelschichten bestätigt. Wie die EL, lässt sich das Verhalten auch für den Fall der PL (Inset Abbildung 6.4.7) durch einen biexponentiellen Zerfall anpassen. Dieser führt auf sehr kurzen Zeitskalen von wenigen Minuten zu einem drastischen Rückgang der Lumineszenz und äußert sich dann Bereich mehrerer Stunden in einem zweiten verlangsamten Abfall. Die Degradation der EL der untersuchten SiLED A1 kann somit primär mit der abnehmenden Leistungsfähigkeit des Emittermaterials verknüpft werden und wird in erster Näherung nicht durch morphologische Änderungen oder Degradation der organischen Komponenten der SiLED hervorgerufen.

---

[10]Anregung durch einen aktiv gütegeschalteten $Nd:YVO_4$-Laser (AOT-YVO-20QSP, Fa. AOT Ltd.) mit einer Emissionswellenlänge bei 355 nm.

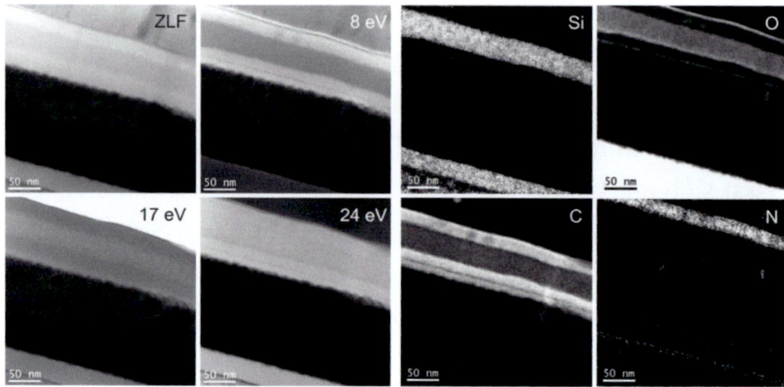

Abb. 6.4.5: Energiegefilterte BF-TEM Aufnahme mit elastisch gestreuten Elektronen eines Querschnitts einer betriebenen SiLED (SiLED A1-2) sowie EFTEM-Aufnahmen bei verschiedenen Energien mit einer Energiebreite von jeweils $\pm 2,5\,\mathrm{eV}$. Zusätzlich dargestellt sind die elementspezifischen Darstellungen für Silizium, Sauerstoff, Kohlenstoff und Stickstoff. Das Oxidsignal im ITO ist in der Sauerstoffdarstellung auf Grund der spektral sehr ähnlichen der M-Kante von Indium nicht erkennbar. Maßstabsbalken für alle Aufnahmen: 50 nm

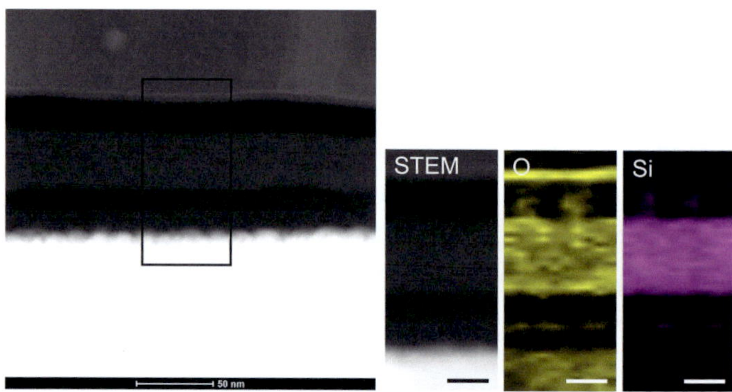

Abb. 6.4.6: HAADF-STEM-Aufnahme von SiLED A1-2 sowie entsprechende STEM-EDX-Aufnahmen des markierten Bereichs. In der TPBi-Schicht sind die Bereiche höherer Dichte klar ersichtlich und zeigen den deutlich erhöhten Si- und O-Anteil der dichten Bereiche. Maßstabsbalken der EDX-Aufnahmen ist 20 nm.

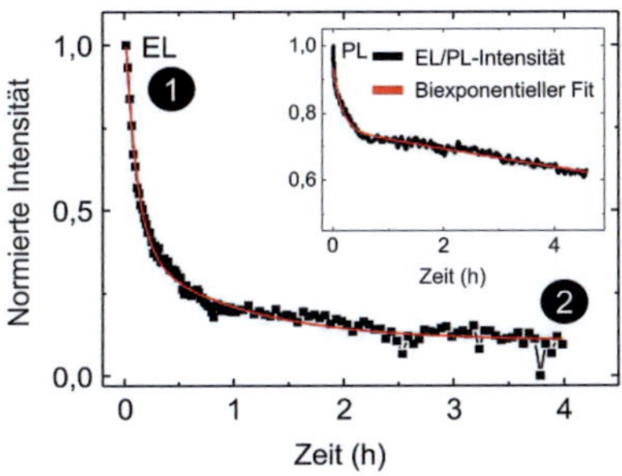

Abb. 6.4.7: EL-Abfall von SiLED A1, betrieben bei $8\,\mathrm{mA/cm^2}$. Als Inset ist der typische Abfall der PL einer dünnen Nanokristallschicht gezeigt. Die PL wurde durch gepulste Laseranregung bei 355 nm unter Vakuum (p $= 10^{-6}\,\mathrm{mBar}$, $\lambda_{\mathrm{exz}} = 355\,\mathrm{nm}$, Pulsdauer: $0,5\,\mathrm{ns}$) angeregt.

Elektromigration unter starker Bauteilbeanspruchung

Im Gegensatz zur morphologischen Untersuchung von unter Normalbedingungen betriebenen SiLEDs wird in diesem Abschnitt die Morphologie von SiLEDs untersucht, welche mit verhältnismäßig hohen Spannungen von 15 V ($150\,\mathrm{mA/cm^2}$, 90 min) betrieben wurden. Große anliegende Strom- und Spannungswerte, welche auch unter Normalbedingungen lokal auftreten können, haben dabei einen dramatischen Einfluss auf die Morphologie des Bauteils. Im Vergleich zur eingangs beschriebenen sehr klaren räumlichen Trennung der unterschiedlichen funktionalen Schichten der SiLED im unbetriebenen und betriebenen Zustand (Abbildung 6.4.2 und 6.4.4), ändert sich die Schichtstruktur der LED unter erhöhter elektrischer Beanspruchung signifikant: Die Si-NCs zeigen ein starkes Migrationsverhalten und scheinen sich vollständig mit dem darüberliegenden TPBi zu vermischen. Wie aus Abbildung 6.4.8 gezeigt, lassen sich die Nanopartikel nicht mehr räumlich auf die Emitterschicht begrenzen, sondern bewegen sich unter Stromeinfluss in Richtung Kathode, wo sie sich vollständig mit der Lochblockschicht mischen. Interessanterweise scheint die Schichtenqualität von PEDOT:PSS und poly-TPD nicht von der Diffusion oder den Mischungsvorgängen beeinträchtigt zu sein. Auch die bereits erwähnte Monolage der Si-NCs zwischen den beiden Polymerschichten bleibt in ihrer Morphologie überraschenderweise unverändert. Eine mögliche

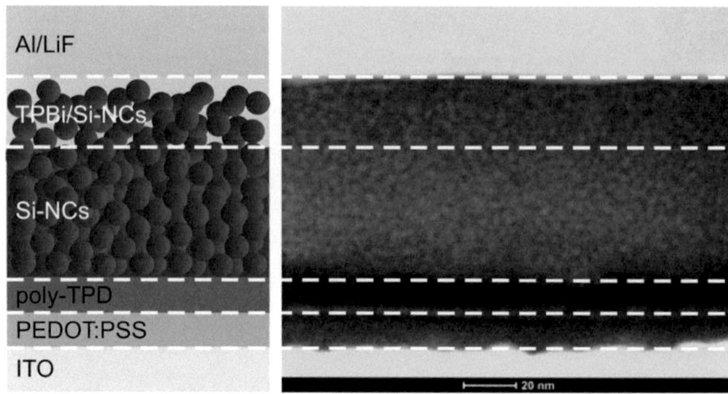

Abb. 6.4.8: Darstellung der Schichtstruktur von SiLED A2, betrieben unter großen Stromdichten von $150\,\mathrm{mA/cm^2}$. Die HAADF-STEM Aufnahme (rechts) zeigt die starke Diffusion der Nanokristalle in die TPBi-Schicht. Eine schematische Darstellung zur Illustration der Partikelmigration ist ebenfalls gegeben (links).

Erklärung dieser starken Diffusions- und Mischvorgänge mag in der sehr geringen Leitfähigkeit der Silizium-Nanokristallschicht liegen.[138] Im Vergleich zu den anderen organischen Schichten fällt demnach über der Emitterschicht die meiste Spannung ab und führt damit unweigerlich zu einer starken Elektromigration der Partikel sowie einer entgegengesetzten Diffusion des kleinen Moleküls TPBi. Beide Schichten mischen sich und bilden somit die Basis eines letztlich fatalen Bauteildefekts.

In Abbildung 6.4.9 sind diese makroskopischen Bauteildefekte für den Fall von SiLED A2 dargestellt. Wahrscheinlich lassen sich diese Defekte durch Strompfade erklären, die sich bereits zu sehr frühen Zeitpunkten nach Einschalten der LED ausbilden. Entlang dieser Stromvorzugspfade kann die elektrisch eingebrachte thermische Energie nicht rasch genug abgeführt werden, sammelt sich an und führt letztlich zu einer lokalen Zerstörung der LED. Letztere äußert sich insbesondere in prominenten „hot spots", welche durch ein Absprengen der Aluminiumkathode sehr deutlich sichtbar werden (6.4.9b). Die sehr große, lokal deponierte thermische Energie führt darüber hinaus bis zu einem Aufschmelzen von ITO und dem darunterliegenden Glas (Abbildung 6.4.9a/d). Erstaunlicherweise bleibt dennoch die initiale Schichtstruktur der LED bereits wenige Nanometer vom hot spot entfernt

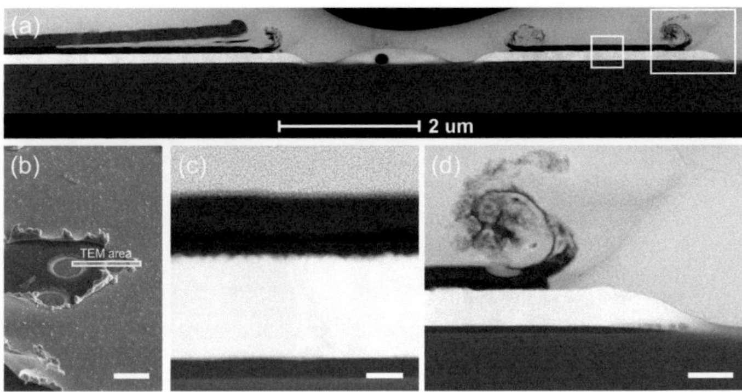

Abb. 6.4.9: SiLED A2, betrieben unter großen Stromdichten von $150\,\mathrm{mA/cm^2}$. (a) HAADF-STEM Überblicksaufnahme eines lokalen Defekts. Die Al-Kathode ist teilweise/vollständig abgesprengt (linker/rechter Bildteil). (b) REM-Aufnahme von Bereich mit mehreren Defekten. Die Position des Überblickbildes ist in weißer Farbe markiert. Maßstabsbalken: 5 µm. (c) Querschnitt des linken im obersten Bild angedeuteten Bereiches. Sehr nahe am eigentlichen Defekt ist der Schichtaufbau noch intakt. Maßstabsbalken: 50 nm. (d) Organische Schichten sowie Aluminium sind lokal abgesprengt. Glas und ITO-Schicht (helle Schicht) sind zusammengeschmolzen. Maßstabsbalken: 100 nm.

unverändert bestehen (6.4.9c). Lediglich das bereits in Abbildung 6.4.8 gezeigte Mischen von Nanokristallen und TPBi ist hier sichtbar.

6.4.4 Morphologie von SiLEDs basierend auf polydispersen Nanopartikelproben

Bereits in Kapitel 6.3.4 und Ref. 76 wurde gezeigt, dass durch den Einsatz von größenseparierten Nanopartikeln die Betriebslebensdauern von SiLEDs signifikant erhöht werden können. Im Vergleich dazu führt die Verwendung von polydispersen Emittermaterialien zu einer Vielzahl von Defekten, die sich gewöhnlich als helle Punkte auf den ansonsten homogenen Leuchtflächen äußern. Diese Inhomogenitäten können dabei als Keimzelle für spätere Defekte dienen und sind potentiell für die drastisch reduzierten Bauteillebensdauern von SiLEDs basierend auf polydispersen Nanokristallproben verantwortlich. Um diesen Aspekt näher zu beleuchten, wurden analog zu den oben durchgeführten morphologischen Untersuchungen weitere Experimente sowohl an

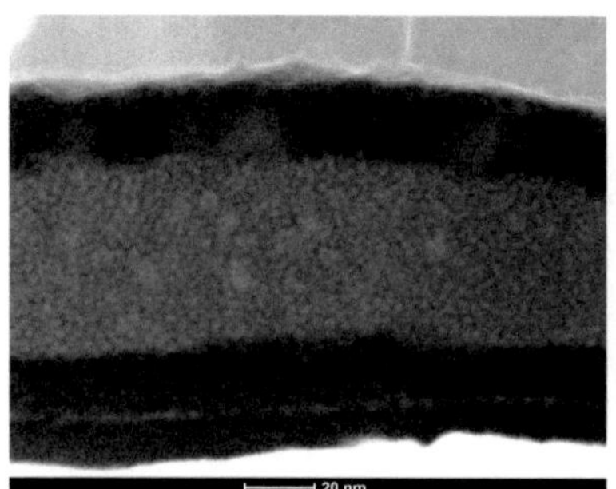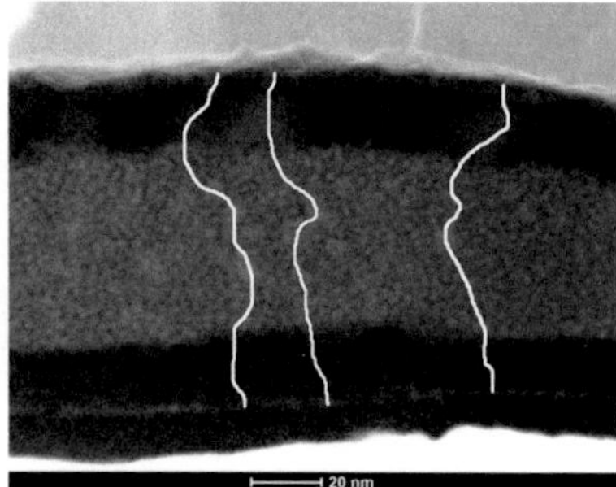

Abb. 6.4.10: Querschnitt durch die Schichtstruktur der „polydispersen" SiLED B0. Im rechten Bild sind beispielhaft drei mögliche Stromvorzugspfade durch die Emitterschicht gezeigt (weiße Linien).

nicht betriebenen als auch an kurzzeitig betriebenen „polydispersen" SiLEDs durchgeführt. Diese sollen beispielhaft die Ursache der stark verkürzten Lebensdauern der polydispersen SiLEDs näher beleuchten.

In Abbildung 6.4.10 ist hierzu die HAADF-STEM Aufnahme einer ebensolchen SiLED gezeigt: Neben einheitlich großen Nanopartikeln, wie im Fall von SiLED A0 und A1, existiert eine Vielzahl von größeren Partikeln, welche zufällig in die Emitterschicht eingebaut vorliegen. Die zufällige Anordnung größerer Partikel bietet dabei die Möglichkeit, Perkolationspfade auszubilden, über die wiederum ein präferentieller Stromtransport stattfinden kann. Beispielhaft sind diese Vorzugsstrompfade in Abbildung 6.4.10 als weiße Linien eingezeichnet und können, wie bereits im Kontext von Abbildung 6.4.9 diskutiert, zu rasch auftretenden Defekten sowie zu den reduzierten Lebensdauern der polydispersen Bauteile führen. Konträr zu ersten Vorstellungen finden sich jedoch in den untersuchten SiLEDs keine übergroßen Partikel, die das Potential hätten, das gesamte Bauteil kurzzuschließen. Des Weiteren wurden lediglich in einer einzigen Probe größere Partikel außerhalb der eigentlichen Emitterschicht gefunden. Durch große Partikel verursachte Perkolationspfade in den sonstigen (organischen) Schichten können demnach ausgeschlossen werden. Eine Migration beziehungsweise ein Einbau von sehr kleinen Partikeln in andere Schichten hingegen ist jedoch in allen polydispersen Proben deutlich erkennbar. Diese äußern sich, wie auch bereits in Zusammenhang mit Abbildung

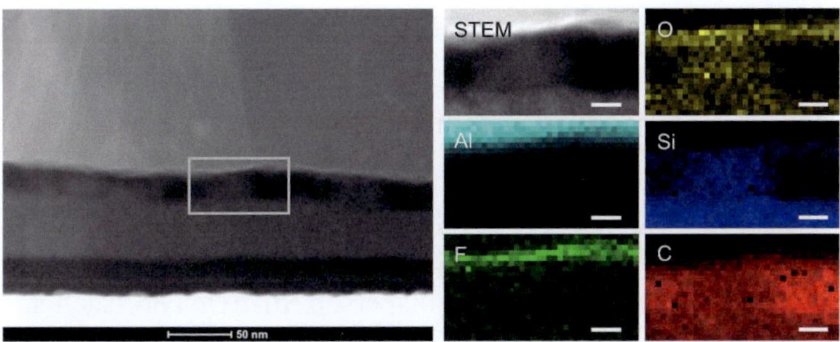

Abb. 6.4.11: Querschnitt der „polydispersen" SiLED B0. Die HAADF-STEM-Aufnahme (links) zeigt eine Vielzahl von Bereichen höherer Dichte innerhalb der TPBi-Schicht. Die STEM-EDX-Darstellung (rechts) des markierten Bereichs zeigt in den Bereichen höherer Dichte insbesondere einen erhöhten Silizium- und Sauerstoffanteil. Maßstabsbalken der EDX-Aufnahme: 10 nm.

6.4.4 beschrieben, als Bereich höherer Dichte innerhalb der TPBi-Schicht und sind in Abbildung 6.4.10 sehr deutlich zu erkennen. Die elementspezifischen STEM-EDX-Aufnahmen aus Abbildung 6.4.11 bestätigen diese Vermutung ebenfalls: Silizium- und sauerstoffreiche Bereiche können eindeutig den in den HAADF-Aufnahmen beobachteten hellen Bereichen zugeordnet werden, das Kohlenstoffsignal der TPBi-Schicht ist infolgedesssen an den entsprechenden Stellen leicht verringert. Im Vergleich zu größenseparierten Nanokristallproben sind insbesondere die kleinen Partikel durch die hier nicht durchgeführte Größenseparierung (Kapitel 3.2) noch reichlich in der Probe vorhanden und werden entsprechend bei der Herstellung der Bauteile verstärkt miteingebaut. Die kleinen Partikel diffundieren bereits während der Herstellung und vermutlich auch bei Anlegen von bereits geringen elektrischen Feldern in die TPBi-Schicht, wo sie die beobachteten Inhomogenitäten verursachen. Die sehr ausgeprägten auftretenden Materialfluktuationen können demnach ebenfalls in der TPBi-Schicht einen stark perkolativen Ladungsträgertransport verursachen und so die Ursache für Defekte und kürzere Bauteillebensdauern darstellen.

Zusätzlich zu diesen Unterschieden stellt die Prozessierung von polydispersen Nanokristallen im Vergleich zu größenseparierten Nanokristallproben eine erhöhte Herausforderungen dar. Makroskopische Defekte sowie deutliche Schichtdickenunterschiede wurden bei allen polydispersen

SiLEDs beobachtet. Diese Inhomogenitäten, zusätzlich zu den oben beschriebenen Dichtefluktuationen, sind sehr wahrscheinlich ebenfalls verantwortlich für die allgemein deutlich geringeren Lebensdauern der Bauteile.

Zusammenfassend können drei Hauptunterschiede zwischen mono- und polydispersen Proben ausgemacht werden, welche vermutlich die deutlich verkürzten Lebensdauern der polydispersen SiLEDs verursachen:

1. Kurzschlüsse durch große Partikel in der Emitterschicht,

2. Diffusion sehr kleiner Nanopartikel und Ausbildung von Dichtefluktuationen innerhalb der TPBi-Schicht sowie

3. Schichtinhomogenitäten bei der Prozessierung von polydispersen Proben.

Alle drei Faktoren verursachen oder fördern zumindest den perkolativen Ladungsträgertransport durch das Schichtsystem der SiLEDs und verursachen damit lokale Defekte und hot spots, welche wiederum zu den drastisch reduzierten Bauteillebensdauern beitragen.

In diesem Kapitel wurde eine detaillierte morphologische und elementspezifische Studie zur Untersuchung der SiLED-Schichtstruktur sowie zu möglichen Degradationsmechanismen vorgestellt. Unbetriebene als auch unter Normalbedingungen betriebene Bauteile zeichnen sich durch eine sehr wohldefinierte Schichtstruktur mit extrem homogenen Grenzflächen aus. Zusammen mit EL- und PL-Messungen konnte gezeigt werden, dass der schnelle initiale Abfall der EL-Intensität mit einer Degradation des Emittermaterials auf atomarer und molekularer Ebene verbunden werden kann und nicht durch morphologische Änderungen verursacht wird. Im Vergleich hierzu, treten unter starker elektrischer Beanspruchung der Bauteile signifikante strukturelle Änderungen des Schichtaufbaus auf. Eine starke Migration von Nanopartikeln sowie ein signifikantes Mischen mit der Lochblockschicht TPBi konnte nachgewiesen werden. Zusammen mit den ebenfalls dargestellten makroskopischen Defekten der SiLED führen diese Änderungen zu einer schnellen Degradation und

Defekten des Bauteils. In einem zweiten Teil wurden SiLEDs basierend auf polydispersen Si-NC-Proben untersucht. Es konnten drei Hauptursachen für die schnellere Degradation dieser Bauteile im Vergleich zu Bauteilen mit monodispersen Si-NCs gefunden werden. Diese sind: Kurzschlüsse durch Perkolationspfade über größere Partikel in der Emitterschicht, eine signifikante Diffusion sehr kleiner Partikel und damit verbundene Inhomogenitäten in der Lochblockschicht sowie allgemeine Prozessierungschwierigkeiten bei „polydispersen" Bauteilen.

6.5 Zusammenfassung

In diesem Kapitel wurde neben einer Einführung in die Grundlagen von QD-LEDs die Herstellung und Charakterisierung effizienter und über weite Bereiche des sichtbaren Spektralbereichs durchstimmbarer SiLEDs gezeigt. Die Emissionswellenlänge der Bauteile lässt sich als Funktion der Partikelgröße einfach von einer tiefroten Emission (680 nm) bis in den gelb/orange-farbenen (625 nm) Spektralbereich durchstimmen. Die auf Basis von größenseparierten Proben hergestellten SiLEDs weisen sehr niedrige Einsatzspannungen von lediglich 2 V auf und zeigen unter Verwendung dicker Emitterschichten von 35 nm externe Quanteneffizienzen von bis zu circa 1 %. Zusätzlich zur spektralen Durchstimmbarkeit der Leuchtdioden wurde gezeigt, dass sich die Partikelgröße ebenfalls auf die energetische Position von Valenz- und Leitungsband der Partikel auswirkt. Die auf Grund der Polydispersität der Partikel vorgegebene spektrale Verschiebung des Emissionsspektrums kann durch die Wahl monodisperser Partikel deutlich, um mehr als die Hälfte, verringert werden und beträgt lediglich 13 nm. Darüber hinaus ist es durch eine gezielte Größenseparierung möglich, die Bauteillebensdauer im Vergleich zu SiLEDs basierend auf polydispersen Nanopartikelproben signifikant, auf bis zu 40 h, zu steigern.

Aus den ebenfalls präsentierten morphologischen Untersuchungen kann geschlossen werden, dass ausschließlich größenseparierte Nanokristalle für die Herstellung der SiLEDs verwendet werden sollten. Polydisperse Proben führen zu einer signifikant verschlechterten Morphologie der SiLED-

Schichtstruktur und damit verbundenen kürzeren Lebensdauern. Des Weiteren wurde im Kontext der Morphologiestudie gezeigt, dass es unter normalen Betriebsbedingungen zu keinen signifikanten morphologischen Änderungen der SiLED-Struktur kommt und der schnelle initiale Abfall der Elektrolumineszenz der Bauteile durch chemische Prozesse auf Nanopartikelebene verursacht wird. Ein weiteres Ausbaupotential liegt folglich in einer besseren Passivierung der Nanokristalle, um eine schnelle Degradation der Partikel unter Betrieb zu verhindern.

7 Elektrische Charakterisierung von Silizium-Nanokristallen

In diesem Kapitel wird auf die grundlegenden elektrischen Eigenschaften von Silizium-Nanokristallen eingegangen. Nach einer einführenden Beschreibung unterschiedlicher elektrischer Charakterisierungsverfahren sowie der Beschreibung des aktuellen Stands der Forschung, werden die im Rahmen dieser Doktorarbeit durchgeführten Versuche zur elektrischen Charakterisierung der Silizium-Nanokristalle beschrieben. Ein Ausblick mit Fokus auf optimierten Funktionalisierungskonzepten für optoelektronische Bauteile schließt dieses Kapitel.

Für die Optimierung von (opto)elektronischen Bauteilen basierend auf Silizium-Nanokristallen ist es unabdingbar die elektrischen Eigenschaften der Nanopartikel zu untersuchen. Speziell der Einfluss von unterschiedlicher Oberflächenfunktionalisierung auf die Ladungsträgerbeweglichkeit (Mobilität) μ sowie die Leitfähigkeit σ von dünnen Nanopartikelschichten ist hierbei besonders wichtig. Darüber hinaus ermöglicht ein grundlegendes Verständnis der Ladungsträgertransportmechanismen Liganden mit maßgeschneiderter elektronischer Funktionalität zu entwerfen. Das Wissen über die Art des Ladungstransports zwischen einzelnen Partikeln sowie, auf größeren Dimensionen, durch die gesamte Nanopartikelschicht, hilft die Bauteilgeometrie gezielt den Bedürfnissen anzupassen.

Mobilität und Leitfähigkeit können mit unterschiedlichen Messverfahren ermittelt werden. Neben zeitaufgelösten Verfahren wie der time-of-flight (TOF)[147–150] Messmethode oder der time-resolved microwave conductivity Technik (TRMC)[151], lässt sich die Mobilität eines Materials auch aus Strom-Spannungskennlinien von monopolaren Bauelementen[152–154] ermitteln. Aus

Feldeffekttransistoren (FETs)[131,155] kann die Feldeffektmobilität der Elektronen und Löcher bestimmt werden.

Auch im Fall der elektrischen Charakterisierung von Nanokristallen wurden bereits wichtige Arbeiten auf dem Feld der II-VI-Halbleiternanopartikel wie CdSe sowie PbSe durchgeführt. Der Einfluss von Oberflächenfunktionalisierung sowie der Ligandenlänge auf die Mobilität der Landungsträger in Nanopartikelschichten (CQDS[1]) wurde im Detail in Refs. 155 und 151 beschrieben. Speziell im Fall der CQDS ermöglicht es ein direkter Ligandenaustausch nach Partikeldeposition auf das Substrat, die Mobilität der Nanopartikelschicht signifikant zu erhöhen. Bereits 2005 konnten Talapin et al. zeigen, dass der Einsatz eines Ausheizschrittes sowie eine Hydrazinbehandlung des CQDS Feldeffektmobilitäten von 0,9 beziehungsweise $0,2\,\mathrm{cm}^2/(\mathrm{Vs})$ (Elektronen bzw. Löcher) ermöglichen.[156] Liu et al. berichten über Feldeffektmobilitäten von $0,07\,\mathrm{cm}^2/(\mathrm{Vs})$ beziehungsweise $0,03\,\mathrm{cm}^2/(\mathrm{Vs})$ (Elektronen/Löcher) in mit Alkandithiol funktionalisierten PbSe-Nanokristallen.[155] In CQDS mit Ethylendiamin (EDA) funktionalisierten PbSe-Nanokristallen wurden Mobilitäten von bis zu $2\,\mathrm{cm}^2/(\mathrm{Vs})$ erreicht.[151] Erst kürzlich wurde von Choi et al. über Mobilitäten von erstaunlich hohen $27\,\mathrm{cm}^2/(\mathrm{Vs})$ berichtet.[157] Liu et al. berichten in ihrer Publikation über luftstabile Elektronenmobilitäten von $7\,\mathrm{cm}^2/(\mathrm{Vs})$.[158]

Die elektrischen Eigenschaften von Silizium-Nanokristallen sind im Vergleich hierzu weit weniger untersucht. Speziell für in SiO_2 eingebettete Silizium-Nanokristalle existieren einige detaillierte experimentelle[131,133,159,160] als auch theoretische Studien.[161,162] Zu den elektrischen Eigenschaften von Nanopartikelschichten aus freistehenden funktionalisierten Silizium-Nanokristallen ist jedoch weit weniger bekannt. Neben Hybridsystemen aus organischen Materialen und Silizium-Nanokristallen[163,164] wurde speziell der Einfluss von Partikeln unterschiedlicher Größe untersucht.[165,166] Darüber hinaus konnte von Niesar et al. gezeigt werden, dass ein thermisches Ausheizen die Defektdichte der Siliziumnanopartikel maßgeblich erniedrigt und damit signifikant erhöhte Leitfähigkeiten erlaubt.[165,167] Werte für die Leitfähigkeit von $4\cdot10^{-3}\,\mathrm{S/m}$, $2\cdot10^{-7}\,\mathrm{S/m}$ sowie $2,05\cdot10^{-6}\,\mathrm{S/m}$[138,166,167]

---

[1]In der Literatur werden Nanopartikelschichten auch als „colloidal quantum dot solids" (CQDS) bezeichnet.

wurden erreicht. Der letzte angegebene Wert wurde an mit Allylbenzol funktionalisierten Silizium-Nanokristallen gemessen, die nach der auch hier verwendeten Synthesemethode hergestellt wurden. Die Ergebnisse sollten somit auf diese Arbeit übertragbar sein. Messdaten für die Beweglichkeit sind nicht verfügbar.

Ein Übersichtartikel von Balberg et al. gibt eine gute Beschreibung des Transports in ungeordneten in SiO_2 eingebetteten Si-NCs.[47] Auch wenn dort nicht explizit freistehende funktionalisierte Nanopartikel untersucht werden, können doch wesentliche Schlussfolgerungen auch für die hier untersuchten Schichten aus funktionalisierten Nanopartikeln gezogen werden. Bei kleinen Partikeln ($< 10\,$nm) wird der Ladungsträgertransport nach Balberg durch resonantes Tunneln zwischen Energiezuständen von benachbarten Nanokristallen sowie durch variable range hopping (VRH) dominiert.[168] Der Einfang von Ladungsträgern und damit geladene Nanopartikel führen zu einer Coulombblockade, die den Transport der Ladungsträger behindern.[169] Für freistehende Nanopartikel in dünnen Schichten ist es ebenfalls wahrscheinlich, dass thermisch aktivierter Hoppingtransport über die von Liganden hervorgerufenen Partikelabstände den Ladungsträgertransport dominieren.[30]

Neben dem Transport in homogen gepackten Nanopartikelschichten besteht in teilweise inhomogenen Partikelschichten zusätzlich die Möglichkeit, dass sich Perkolationspfade ausbilden.[47,170] Ein Stromtransport findet entlang von Vorzugsstrompfaden statt, die die elektrischen Eigenschaften dominieren. Speziell im Fall der in Kapitel 6.4 beschriebenen Leuchtdioden ist dieser Effekt wahrscheinlich besonders stark ausgeprägt.

7.1 Bestimmung der Ladungsträgerbeweglichkeit

Feldeffekttransistoren [2]

Die mit Allylbenzol funktionalisierten Nanopartikel wurden unter Stickstoffatmosphäre aus trockenem Toluol auf gereinigte Feldeffekttransistorstrukturen (End of Line Gen. 4, IPMS Dresden) aufgetropft beziehungsweise durch

---

[2]Die Experimente wurden in Zusammenarbeit mit Fabian Paulus der Arbeitsgruppe Bunz an der Universität Heidelberg durchgeführt.

Spincoaten aufgebracht. Anschließend wurden die Proben vor Ort unter Stickstoffatmosphäre auf ihre Strom-Spannung-Charakteristik vermessen. In den verwendeten mit Allylbenzol funktionalisierten Partikeln konnte jedoch kein Wert für die Mobilität der Partikel ermittelt werden, da sich auf Grund der vermutlich sehr geringen Mobilitäten keine Feldeffektmessung durchführen ließ. Eine Abhängigkeit des sehr niedrigen Stromflusses (wenige pA bei mehreren 10 V) von der angelegten Gate-Spannung wurde in keinem der Experimente beobachtet. Dies ist verwunderlich, da für organische Materialien gewöhnlich selbst bei einer geringen Mobilität von beispielsweise $10^{-7}\,\mathrm{cm^2/(Vs)}$ deutlich höhere Ströme und eine Abhängigkeit des Stromflusses von der Gatespannung beobachtet werden. Ob eine Beladung des Materials mit Ladungsträgern aus den FET-Elektroden überhaupt stattfindet, ist mit den durchgeführten Messungen nicht zu klären.

Monopolare Bauelemente

Im Rahmen einer während dieser Promotion betreuten studentischen Arbeit[154] wurde ein Verfahren (weiter)entwickelt um monopolare Bauelemente herzustellen und deren Strom-Spannungs-Kennlinien zu vermessen. Aus Letzteren lassen sich mittels der Theorie des raumladungsbegrenzten Stroms (engl. „space charge limited current", SCLC) und des Mott-Gurney Gesetzes[171] die Mobilität der dominierenden Ladungsträgersorte bestimmen. Das Mott-Gurney-Gesetz lautet:

$$J = \frac{9\varepsilon_0\varepsilon\mu U^2}{8d^3} \tag{7.1.1}$$

In den Versuchen wurden auf eine 30 nm dicke Fingerstruktur aus thermisch aufgedampftem Gold eine $200 - 300$ nm dicke Schicht der zu untersuchenden Nanokristalle durch einen Rakelprozess aufgetragen. Eine zweite Fingerstruktur wurde durch einen weiteren Aufdampfschritt als obere Elektrode aufgebracht und das Bauteil anschließend unter Stickstoffatmosphäre vermessen. Eine schematische Darstellung der Bauelemente sowie eine Fotografie eines solchen Bauteils sind in Abbildung 7.1.1 dargestellt. Bei den Experimenten stellte sich heraus, dass besonders Inhomogenitäten der Schichtdicke zu Problemen bei der elektrischen Charakterisierung der Bauteile führen. Trotz

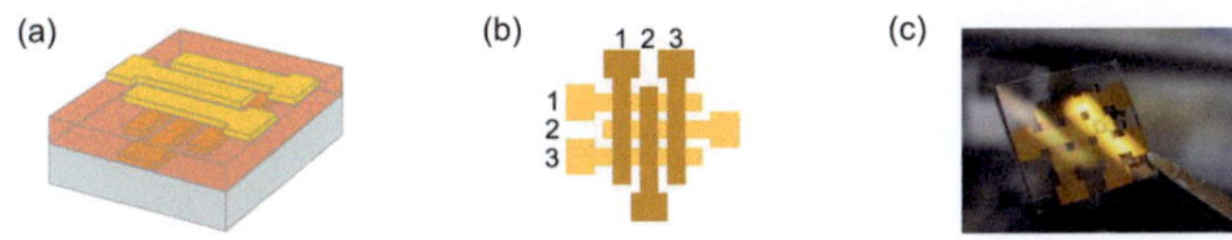

Abb. 7.1.1: Monopolare Bauelemente. a) Überhöhtes 3D-Schema des Layouts (Seitenlänge der quadratischen Substratgrundfläche: $16{,}3\,\text{mm}$). b) Aufsicht auf das Layout mit Elektrodennummerierung. c) Fotografie eines monopolaren Bauelements mit dem verwendeten Layout (entnommen aus Ref. 154).

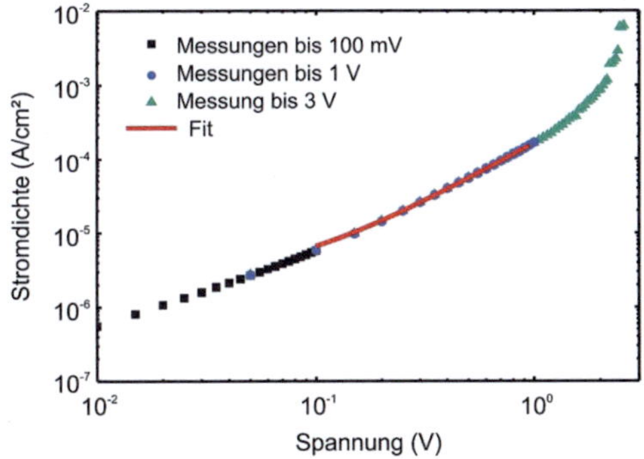

Abb. 7.1.2: Kennlinie eines monopolaren Bauelements. Der Fit der Form $J(U) = h \cdot U^a + b$ ergibt $J \sim U^{1{,}6}$. Der SCLC-Fall ($J \sim U^2$) wird vermutlich erst für höhere Spannungen erreicht, jedoch auf Grund von Defekten nicht messbar.

Filtern der Lösungen und Prozessieren im Reinraum wies eine hohe Anzahl an Bauteilen bereits bei ersten Messungen ein Kurzschlussverhalten auf oder waren nur bis zu geringen Spannungen von lediglich wenigen Volt belastbar. Für eine effektive Anwendung der SCLC-Theorie ist es jedoch notwendig, den Ladungstransport durch ausreichend hohe Spannungen in den SCLC-Fall zu bringen. Nichtsdestotrotz war es möglich anhand eines defektfreien Bauteils und reproduzierbaren Messreihen die Mobilität von mit Allylbenzol funktionalisierten Nanopartikeln mit Gleichung 7.1.1 auf $\mu = 6,5 \cdot 10^{-6}\,\mathrm{cm}^2/(\mathrm{Vs})$ abzuschätzen. Dabei wurde eine Stromdichte von $J = 1,65\,\mathrm{A/m}$ bei $U = 1\,\mathrm{V}$, eine Permititivität von $\varepsilon \approx 5$ sowie eine gemessene Schichtdicke von $270\,\mathrm{nm}$ verwendet.[3] Die gemessene Mobilität ist im Vergleich zu den oben genannten Ergebnissen der PbSe-Nanokristallen recht gering, könnte jedoch durch neue elektrisch-aktive Funktionalisierung der Nanopartikel deutlich erhöht werden. Die Leitfähigkeit des $4\,\mathrm{mm}^2$ großen Messbereichs beträgt entsprechend $\sigma = 4,5 \cdot 10^{-7}\,\mathrm{S/m}$ und ist damit mit dem von Mastronardi et al. ermittelten Wert von $\sigma = 2,05 \cdot 10^{-6}\,S/m$ gut vergleichbar.[138] Eine detaillierte Beschreibung der durchgeführten Experimente sowie eine ausführliche Interpretation der Ergebnisse ist in Ref. 154 ausgeführt.

7.2 Transiente Fotostrommessungen unter gepulster optischer Anregung

Wie bereits eingangs erwähnt, geben neben statischen Messungen und der Auswertung der resultierenden Strom-Spannungs-Kennlinien ebenfalls zeitaufgelöste Fotostrommessungen Auskunft über das Verhalten der Ladungsträger in dünnen Nanopartikelschichten.

Mit Hilfe eines am LTI zur Verfügung stehenden Messaufbaus zur transienten Fotostrommessung wurden mit Allylbenzol funktionalisierte Silizium-Nanokristalle auf ihr Verhalten unter gepulster Laseranregung (532 nm, Pulsdauer: $\sim 1\,\mathrm{ns}$, Wiederholrate: $15\,\mathrm{kHz}$, Pulsenergie: $> 500\,\mathrm{nJ/Puls}$) untersucht. Für die Messungen wurden die Nanopartikel durch einen Rakelprozess auf

---

[3] Bei organischen Halbleitermaterialien gilt $\varepsilon \approx 3$, bei Silizium $\varepsilon \approx 11$. Der Wert für Si-NCs ist nicht bekannt, wird aber zwischen diesen Grenzen erwartet.

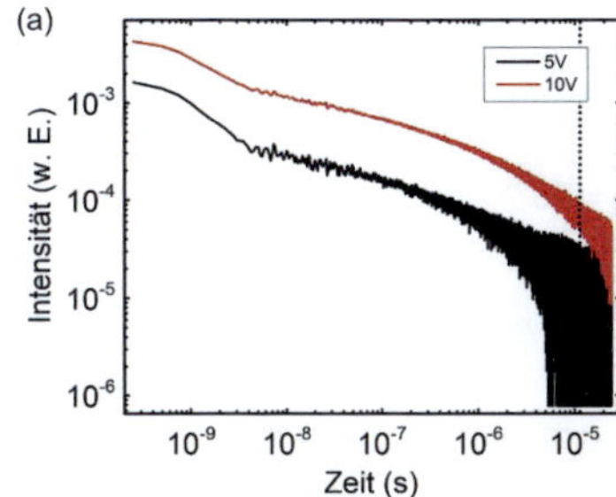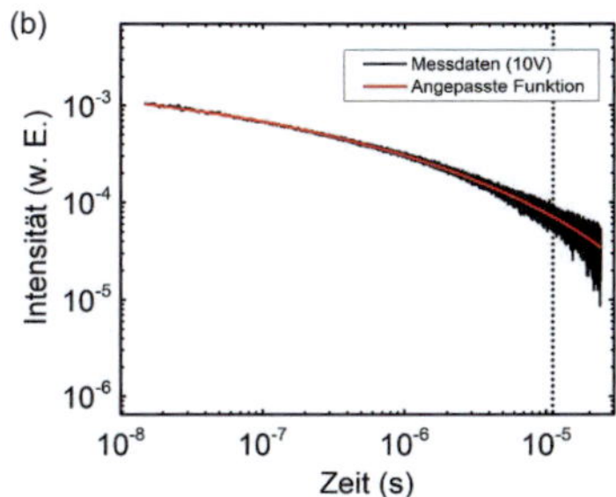

Abb. 7.2.1: Spannungsabhängige transiente Fotostrommessungen von mit Allylbenzol funktionalisierten Silizium-Nanokristallen bei unterschiedlichen Spannungen. (a) Doppellogarithmische Darstellung des Zerfalls unter 532 nm Laseranregung (Pulsdauer: ca. 1 ns, mittlere Leistung: > 500 nJ/Puls, Messflächendurchmesser: 500 µm). (b) Messdaten bei 10 V angenähert mit einer gestreckten Exponentialfunktion.

ein mit ITO beschichtetes Glassubstrat aufgebracht. Auf die etwa 190 nm dicke resultierende Nanokristallschicht wurde anschließend mittels eines thermischen Aufdampfprozesses eine 200 nm dicke Al-Kathode aufgedampft.[147] Eine detaillierte Beschreibung des Messaufbaus und der Probengeometrie befindet sich in der von Siegfried Kettlitz am LTI verfassten Diplomarbeit[172] sowie in Ref. 147.

Die Fotostromantwort der Silizium-Nanokristalle ist in Abbildung 7.2.1 für Spannungen von 5 V und 10 V gezeigt. Ähnlich zu Ergebnissen von Gao et al.[151] können auch hier Ladungsträgerlebensdauern im Nano- und Mikrosekundenbereich beobachtet werden. Für beide gezeigten Spannungen liegt ein schneller initialer Zerfall von wenigen Nanosekunden vor, welcher von einem mehrere Mikrosekunden langen Zerfall gefolgt wird. Der langandauernde Abfall ist auf Grund messtechnischer Limitierungen für Zeiten über 25 µs abgeschnitten. Auf Grund der zeitlichen Breite des Laserpulses von etwa 1 ns ergibt sich für kleine Zeiten bis zu 2 ns eine erhöhte Fotostromantwort. Diese muss jedoch als Messartefakt angesehen werden und ist in Abbildung 7.2.1b und dem dort gezeigten Fit entsprechend aus den Messdaten entfernt. Wie bereits auch aus den in Kapitel 8 beschriebenen Photolumineszenzuntersuchungen, zeigt sich auch hier der große Einfluss von Fallenzuständen (engl. „traps"), die einen effektiven und gleichmäßigen Ladungsträgertransport unterbinden.[157] Der zeitlich stark dispersive Charakter der Fotostromantwort deutet auf eine breite energetische Verteilung dieser Fallenzustände hin. Es liegen sowohl oberflächennahe als auch sehr tiefe Fallenzustände vor, die sich in unterschiedlichen Lebensdauern und damit Transitzeiten äußern. Während die Ladungsträger aus flachen Fallenzuständen thermisch aktiviert recht einfach wieder freigesetzt werden können und bereits nach kurzer Zeit zum Fotostrom beitragen, ist dies für Ladungsträger in tiefen Fallenzuständen nur durch einen Mehrniveauprozess möglich. Dieser ist unwahrscheinlich und erklärt den langsamen Abfall des Fotostroms. Wie durch Rafiq et al.[169] abgeschätzt binden fast alle Nanokristalle mindestens einen Ladungsträger an sich und behindern so einen effektiven Transport von Elektron und Löchern durch die Nanopartikelschicht. Das Aufladen der Nanopartikel führt folglich zu einem verschlechterten und SCLC-artigen[152] Transport durch das Bauteil.[170]

In Abbildung 7.2.1b ist die Fotostromantwort bei $10\,\mathrm{V}$ mit einer gestreckten Exponentialfunktion der Form $I(t) = A + B \cdot \exp\left((-t/\tau)^\beta\right)$ angepasst. Es ergibt sich eine typische Zerfallszeit von $\tau = 30{,}2\,\mathrm{ns}$ sowie ein Dispersivitätsfaktor von $\beta = 0{,}21$. Wie auch im Fall der zeitaufgelösten Photolumineszenzmessungen, zeigt sich auch hier der hohe Grad an ungeordnetem Verhalten der Ladungsträger in der Nanokristallschicht, welches gut durch die obige Exponentialfunktion beschreibbar ist. Die recht geringe Stromantwort auf die starke optische Anregung deutet zudem auf dominante Rekombinationsprozesse hin. Diese können sowohl strahlend als auch nicht strahlend sein und hier nicht eindeutig unterschieden werden. Auf Grund der im Vergleich zur Fotostromantwort deutlich längeren Lumineszenzlebensdauern von einigen $10\,\mathrm{\mu s}$ beeinflussen Rekombinationsprozesse die Stromcharakteristik in Abbildung 7.2.1 allerdings nicht oder spielen lediglich eine untergeordnete Rolle.

Obwohl die in Abbildung 7.2.1 gezeigten Messkurven kein Abknicken oder sonstige spezifischen Merkmale aufweisen, aus denen eine mittlere Mobilität abgeschätzt werden könnte, lässt mit den aus den monopolaren Bauelementen bestimmten Werten für die Mobilität (Kapitel 7.1) und der Bauteilschichtdicke dennoch eine erste Konsistenzüberprüfung durchführen. Für die Transitzeit der Ladungsträger gilt:

$$\tau = \frac{d^2}{\mu \cdot U} \qquad (7.2.1)$$

Mit einer Spannung von 10 V und einer Nanokristallschichtdicke von 270 nm kann die mittlere Transitzeit der Ladungsträger zu $\tau \approx 11,2\,\mu s$ abgeschätzt werden. Diese grobe Näherung der charakteristischen Transitzeit kann als erste realistische Näherung angesehen werden und ist als gestrichelte Linie in Abbildung 7.2.1 eingezeichnet. Weitere Studien speziell zu Proben mit anderen Funktionalisierungen sollten zeigen inwieweit das Verhalten des Fotostroms auf eine Änderung von beispielsweise der Funktionalisierung der Partikel reagiert.

7.3 Zusammenfassung

In diesem Kapitel wurden die elektrischen Eigenschaften von mit Allylbenzol funktionalisierten Silizium-Nanokristallen untersucht. Es stellte sich heraus, dass die Messung der Feldeffektbeweglichkeit auf Grund der geringen Mobilität der Ladungsträger in den Silizium-Nanokristallen nicht möglich ist. Die ebenfalls im Rahmen dieser Arbeit ausführlich untersuchten monopolaren Bauelemente wiesen prozessbedingte Herausforderungen auf. Nichtsdestotrotz konnte eine grobe Abschätzung der Mobilität μ sowie der Leitfähigkeit σ getätigt werden. Diese ergeben sich zu $\mu = 6,5 \cdot 10^{-6}\,cm^2/(Vs)$ beziehungsweise $\sigma = 4,5 \cdot 10^{-7}\,S/m$. Der gemessene Wert der Leitfähigkeit ist dabei in guter Übereinstimmung mit Ref. 138. Mit Hilfe von zeitaufgelösten Fotostrommessungen konnte gezeigt werden, dass der Ladungsträgertransport in den Nanokristallschichten einen stark dispersiven Charakter aufweist. Die außerordentlich langen Transitzeiten der Ladungsträger durch die Nanopartikelschicht zeigen dabei den Einfluss von Defektzuständen auf die Ladungsträgermobilität. Auf Grund unterschiedlich tiefer Fallenzustände ergibt sich eine starke Dispersität des Ladungsträgertransports.

8 Der Einfluss der Nanopartikelumgebung auf die Nanokristalllumineszenz

Dieses Kapitel umfasst die Ergebnisse, welche im Rahmen einer detaillierten spektroskopischen Studie an Silizium-Nanokristallen unterschiedlicher Größe sowie an Partikeln mit unterschiedlichen lokalen dielektrischen Umgebungen entstanden sind. In einem ersten Teil wird eine kurze Beschreibung der Probenpräparation sowie des Messaufbaus gegeben. Anschließend werden in einem zweiten Abschnitt die grundsätzlichen spektroskopischen Eigenschaften der betrachteten Proben näher erläutert. In Kapitel 8.4 folgt die detaillierte Analyse der transienten Photolumineszenz und der Bandlücke der Partikel als Funktion der Temperatur. Eine abschließende Diskussion der Ergebnisse rundet dieses Kapitel ab.[1]

Silizium-Nanokristalle sind attraktive Materialien für eine Vielzahl neu aufkommender Anwendungen wie beispielsweise die in Kapitel 6 beschriebenen siliziumbasierten Leuchtdioden[6–9,76] oder das Bio-Imaging (Kapitel 10). In der Mehrzahl aller Fälle wird dabei eine Oberflächenfunktionalisierung der Nanokristalle durchgeführt, um die Partikel stabil in Lösung zu halten und vor allem vor oxidativen und anderen reaktiven Einflüssen zu schützen. Es ist jedoch bekannt, dass das verwendete Hydrosilylierungsverfahren oft nur zu einer unvollständigen Passivierung der Partikeloberfläche führt[173] und es so, trotz Passivierung, zur Oxidation übrigbleibender Si-H Gruppen und einer damit verbundenen Veränderung der spektralen Emissionseigenschaften kommen kann.[38] Da für die eingangs genannten Anwendungen ein detailliertes Verständnis der Lumineszenz unabdingbar ist, wird in diesem Kapitel mit

---

[1] *Teile der hier vorgestellten Ergebnisse sind in Refs. 86 und 62 veröffentlicht. Mit freundlicher Genehmigung von Nano Letters (Copyright 2012 American Chemical Society) und Chemical Physics (Copyright 2012 Elsevier).*

Hilfe von temperatur- und zeitaufgelöster Photolumineszenzspektroskopie der Einfluss von organischer Oberflächenpassivierung, lokaler Partikelumgebung und der Partikelgröße auf die Emissionseigenschaften der Nanopartikel näher untersucht.

8.1 Probenpräparation und Messaufbau zur zeitaufgelösten Spektroskopie

In dieser Studie werden vier Modellsysteme von Silizium-Nanokristallen, eingebettet in drei wohldefinierten lokalen Umgebungen, untersucht. System I und II sind alkyl-funktionalisierte Silizium-Nanokristalle (Si-NCs-R) unterschiedlicher Größen. Die untersuchten großen Partikel besitzen einen Durchmesser von circa $2,2\,\text{nm}$, wohingegen die betrachteten kleineren Partikel eine Größe von weniger als $1,5\,\text{nm}$ aufweisen. Probensystem III besteht aus Silizium-Nanokristallen eingebettet in eine SiO_2-Matrix (SiNC/SiO_2, Abbildung 3.1.2); Nanopartikel, deren Oberfläche bewusst ohne Funktionalisierung unter normalen Umgebungsbedingungen oxidiert wurde, bilden Probensystem IV (Si-NCs-Ox).

Alle hier beschriebenen Nanopartikel wurden nach der in Kapitel 3 beschriebenen thermischen Disproportionierungsreaktion von $(HSiO_{1,5})_n$ synthetisiert und nach einem Ätzschritt mit Decen funktionalisiert. Die in dieser Studie untersuchten großen Partikel (~$2,2\,\text{nm}$) wurden für $2\,\text{h}$ geätzt, die untersuchten kleineren Partikel ($< 1,5\,\text{nm}$) befanden sich für $3\,\text{h}$ in der Ätzlösung. Eine detaillierte Beschreibung aller experimentellen Details ist in Ref. 62 zu finden. Die oxidierten Partikel wurden nicht funktionalisiert sondern bewusst Luftsauerstoff ausgesetzt. Das Dispersionsmittel der stark agglomerierten Partikel war in diesem Fall Ethanol.

Für die im Folgenden beschriebenen Versuche, wurden die zwei untersuchten funktionalisierten Nanopartikelsysteme aus einer Hexanlösung auf einen Siliziumwafer aufgetropft bis sich eine mehrere mm^2 große, optisch dichte Schicht ausbildete. Analog hierzu wurde für die oxidierten Nanopartikel verfahren. Die in SiO_2 eingeschlossenen Nanopartikel wurden als dünne Schicht auf einem Quarzsubstrat hergestellt. Hierzu wurde kommerziell

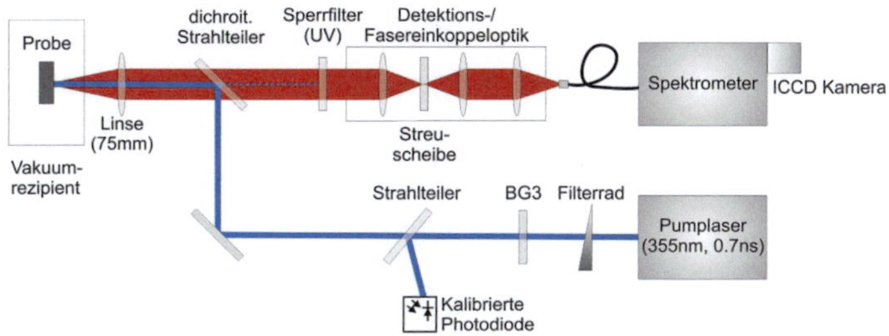

Abb. 8.1.1: Schematische Darstellung des Versuchsaufbaus zur zeitaufgelösten Spektroskopie.

erhältliches Hydrogensilsesquioxane (HSQ, $H_8Si_8O_{12}$, auch „spin-on-glass") auf das Quarzsubstrat durch spin-coating aufgetragen und wie in Kapitel 3 beschrieben unter Formiergas erhitzt. Hierdurch entstehen Nanopartikel in einer SiO_2-Matrix, von denen kleine Stücke ohne weitere Maßnahmen direkt spektroskopiert wurden.

Der Versuchsaufbau zur zeitaufgelösten Spektroskopie ist in Abbildung 8.1.1 gezeigt. Als Anregung für die Photolumineszenz dient ein aktiv gütegeschalteter, frequenzverdreifachter Nd : YVO_4-Laser (AOT-YVO-20QSP, Fa. AOT Ltd.), welcher circa $0,5$ ns kurze Laserpulse bei 355 nm Wellenlänge emittiert. Die Repetitionsrate des Lasers kann von wenigen hundert Hz bis 25 kHz eingestellt werden. Für die zeitaufgelösten Messungen wurde ein externer Pulsgenerator (P400 Digital Delay/Pulse Generator, Fa. Highland Technology) eingesetzt, der, über eine Delay-Unit (DG535, Fa. Princton Instruments) verbunden, auch das Triggersignal für die ICCD-Detektionskamera (PiMax 512, Fa. Princeton Instruments) liefert. Durch ein Filterrad kann die Anregungsintensität kontinuierlich variiert und über eine kalibrierte Fotodiode und ein Oszilloskop (TDS2024, Fa. Tektronix) ausgelesen werden. Das Anregungslicht wird anschließend über einen dichroitischen Strahlteiler (z 355 RDC, Fa. AHF Analysentechnik Tübingen) und eine Fokussierlinse ($f = 75$ mm) auf die sich in einem Kryostaten (Microstat He CF, Fa. Oxford Instruments) befindliche Probe geschickt. Die von der Probe emittierte Lumineszenz wird durch dieselbe Sammellinse wieder aufgesammelt und über eine Detektionsoptik in eine Multimode-Glasfaser einkoppelt. Anschließend wird das Signal über ein Spektrometer (SpectraPro 300i, Fa. Acton Research Corp.) von der oben erwähnten ICCD-Kamera detektiert. Für die hier darstellten Versuche wurde stets ein 300 Linien/mm Gitter verwendet, um einen möglichst großen Bereich des Spektrums abzudecken. Die CCD wurde für die zeitaufgelösten Messungen im „gated-mode" betrieben. Alle Messungen wurden bei einem Kryostatendruck von weniger als 10^{-6} mbar durchgeführt.

8.2 Charakterisierung und Design der Proben

Die typischen PL-Spektren der untersuchten Proben bei Raumtemperatur zeigt Abbildung 8.2.1. Die in SiO_2 eingebetteten Silizium-Nanokristalle ($SiNC/SiO_2$) zeigen eine starke PL bei $\lambda_{PL} \approx 780$ nm. In Übereinstimmung mit Berichten ähnlicher Systeme können auch hier, als Funktion des Heizprozesses während der Synthese, größenabhängige Effekte durch Quantenconfinement ausgemacht werden.[107] Der nötige Ätzprozess, um die SiO_2-Matrix zu entfernen und freistehende Nanopartikel zu erzeugen, verkleinert im Fall der anderen untersuchten Probensysteme den Partikeldurchmesser weiter und führt zu einer Blauverschiebung des Emissionsmaximums. Wie in Abbildung 8.2.1 gut beobachtet werden kann, schiebt das Lumineszenzmaximum folglich von 700 nm (Si-NCs-Ox) über 680 nm (Si-NCs-R groß) bis hin zu 630 nm (Si-NCs-R klein). Alle Spektren zeichnen sich durch eine spektral breite Emission aus, die durch eine homogene Verbreiterung bei Raumtemperatur sowie einer inhomogenen Verbreiterung durch die zugrundeliegende Partikelgrößenverteilung erklärt werden kann. Speziell im Fall der kleinen Si-NCs-R zeigt sich eine zusätzliche spektrale Schulter, die durch größere Nanopartikel zustande kommt. Um möglichst synthesenahe Partikel zu untersuchen, wurde in diesen Versuchen nicht auf die in Kapitel 3.2 beschriebenen Größenseparierungsverfahren zurückgegriffen.

Ein Weg die oben beschriebene größenabhängige Verschiebung der PL zu erklären ist meist der Verweis auf Quantenconfinement-Effekte. Jedoch existiert auch eine Vielzahl von Berichten, die die Rolle von Oberflächenzuständen bei der Lichterzeugung hervorheben. Letztere können die Wellenlänge der Emission beeinflussen oder gar vollständig dominieren.[38,39] In Hinblick

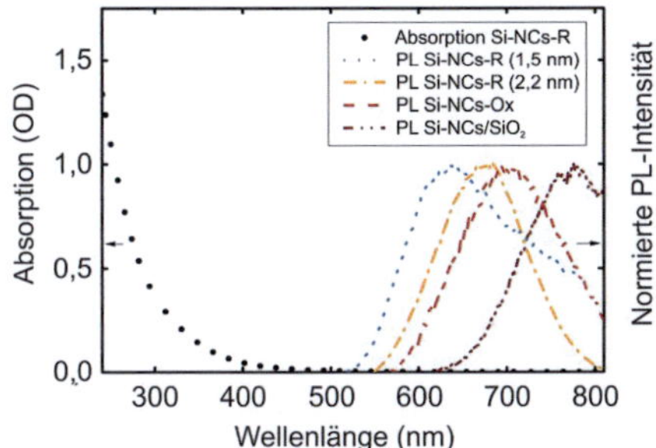

Abb. 8.2.1: Normierte PL-Spektren der vier untersuchten Probensysteme, spektroskopiert als dünne Schicht ($\lambda_{Exc} = 355$ nm). Zusätzlich gezeigt: Typisches Absorptionsspektrum von in Hexan stabilisierten alkyl-funktionalisierten Silizium-Nanokristallen (gefüllte Kreise).

auf diese Berichte, liegt es nahe, dass gerade die optischen Eigenschaften wie PL-Lebensdauern oder die PL-Intensität stark von der lokalen Umgebung der Nanopartikel sowie der Oberflächenchemie abhängen. Dieser Einfluss soll im nun Folgenden anhand der beschriebenen vier Nanokristallsysteme im Detail untersucht werden.

Ein notwendiger Parameter ist hierfür die Analyse der chemischen Eigenschaften der Nanopartikeloberfläche. Diese sind in einfacher Weise mit Hilfe der Fourier-Transform-Infrarotspektroskopie (FTIR) zugänglich. Beispielhaft sind in Abbildung 8.2.2 die FTIR-Spektren der großen Si-NCs-R (Abbildung 8.2.2a) und Si-NCs-Ox (Abbildung 8.2.2b) gezeigt. Im Fall der funktionalisierten Partikel zeigen sich deutliche Absorptionslinien von C-H Streckschwingungen ($2850 - 2950$ cm^{-1}) sowie Scher-/Deformationsschwingungen (718 cm^{-1}, 1376 cm^{-1}, 1465 cm^{-1}), die den kovalent an die Oberfläche gebundenen Decylgruppen ($C_{10}H_{21}$) zugeordnet werden können. Zusätzlich zum Infrarotfingerabdruck der Liganden zeigen sich zwischen $1000 - 1200$ cm^{-1} zusätzlich schwache Si-O-Si Schwingungen, die eine geringer Oberflächenoxidation andeuten. Im Vergleich zum FTIR-Spektrum der funktionalisierten Nanopartikel, ist das Spektrum der bewusst oxidierten, nicht funktionalisierten Partikel (Si-NCs-Ox) stark von Schwingungsmoden dominiert, die eindeutig

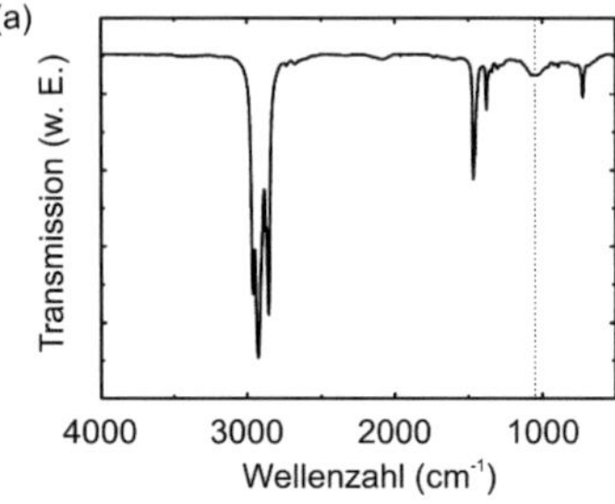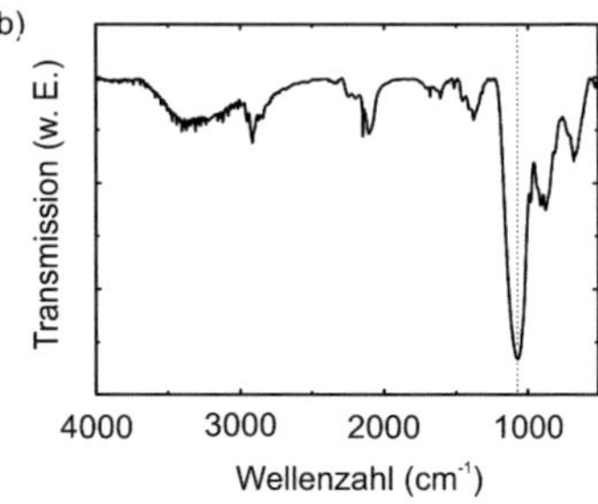

Abb. 8.2.2: FTIR-Spektren von (a) alkyl-terminierten Silizium-Nanokristallen (Si-NCs-R), dominiert von Schwingungsmoden von oberflächengebunden Decylgruppen und (b) oxidierten (nicht funktionalisierten) Silizium-Nanokristallen (Si-NCs-Ox).

Oberflächenoxidzuständen zuzuordnen sind. Dies sind vor allem Schwingungen von Si-O-Si ($1000 - 2000\,\mathrm{cm}^{-1}$) und Si-OH (ca. $3400\,\mathrm{cm}^{-1}$) Bindungen. Des Weiteren können vereinzelte Si-H-Moden (ca. $2100\,\mathrm{cm}^{-1}$) sowie O_3Si-H-Bindungen, bei $2250\,\mathrm{cm}^{-1}$, beobachtet werden. In den folgenden Abschnitten wird auf Abbildung 8.2.2 und obige Diskussion mehrfach verwiesen.

8.3 Temperaturabhängiges Verhalten der Photolumineszenzlebensdauern

Neben der Untersuchung der chemischen Bindungen der Oberfläche mittels FTIR bietet die zeit- und temperaturabhängige Photolumineszenzspektroskopie einen genaueren Einblick in die der Lumineszenz zugrundeliegenden photophysikalischen Prozesse. Vor allem durch den Vergleich von Lebensdauern und PL-Signal bei unterschiedlichen Temperaturen ist eine Aussage über den Ursprung der PL möglich. Abbildung 8.3.1 zeigt die typische Zerfallsdynamik der Photolumineszenz der vier untersuchten Proben bei Raum- sowie bei Tieftemperatur. Im Vergleich zu einem mono- oder biexponentiellen Zerfall bei einfachen Partikelsystemen spielen hier eine Vielzahl von Zerfallskanälen sowie der polydisperse Charakter der Silizium-Nanokristalle eine entscheidende Rolle. Ein verlangsamter Abfall der Lumineszenz liegt vor, welcher nur durch eine gestreckte Exponentialfunktion korrekt angepasst werden kann. Die Funktion ist gegeben durch:[49,69,174]

$$I(t) = A \cdot \exp(-(t/\tau_{\text{meas}})^{\beta}) \tag{8.3.1}$$

Hierbei ist I(t) die gemessene zeitabhängige PL-Intensität, A eine Konstante, τ_{meas} die gemessene PL-Lebensdauer und β der Dispersionskoeffizient. Die Messdaten, die angepassten Zerfallskurven sowie der Faktor β sind in den Abbildungen 8.3.1 beziehungsweise 8.3.2 für die vier Probensysteme als Funktion der Temperatur dargestellt.

Ergänzend zu den Zerfallscharakteristika bei Raumtemperatur und tiefer Temperatur ist in Abbildung 8.3.3 der Verlauf der Lumineszenzlebensdauern als Funktion der Temperatur gezeigt. Für alle vier untersuchten Modellsysteme wurden die Lebensdauern durch Anpassen einer gestreckten Exponentialfunktion an die Messdaten ermittelt. Ein Vergleich der Lebensdauern bei tiefen Temperaturen mit den Werten bei Raumtemperatur zeigt, dass sich die gemessenen Zerfallszeiten mit abnehmender Temperatur sehr stark verlängern. In allen untersuchten Proben ist zusätzlich ein charakteristisches temperaturabhängiges Verhalten der Lebensdauern beobachtbar (man beachte die logarithmische Darstellung in Abbildung 8.3.3d/f): Oberhalb einer Grenztemperatur von circa $100 - 150\,\text{K}$ sind lediglich kleine Änderungen von τ_{meas} vorhanden, wohingegen unter $100\,\text{K}$ ein drastischer Anstieg der Lebensdauern beobachtbar ist. Diese Grenztemperatur äußert sich in Abbildung 8.3.3d/f durch eine Änderung der Steigung und ist in guter Übereinstimmung mit Literaturwerten.[175,176] An dieser Stelle soll bereits auf den später im Detail diskutierten temperaturabhängigen Verlauf des Emissionsmaximums der Nanopartikel verwiesen werden: Auch hier zeigt sich eine ähnliche Grenztemperatur für kleine Si-NCs-R. Eine ausführliche Beschreibung und Diskussion hierzu folgt in Unterkapitel 8.4. Weiterhin ist aus Abbildung 8.3.3c zu sehen, dass kleine funktionalisierte Nanopartikel bei Raumtemperatur deutlich kürzere Lebensdauern aufweisen. Verglichen mit den beobachteten langen Lebensdauern bei tiefen Temperaturen ist dies bereits ein Indiz für geringere Quanteneffizienzen der Partikel bei Raumtemperatur und den starken Einfluss von Defektzuständen.

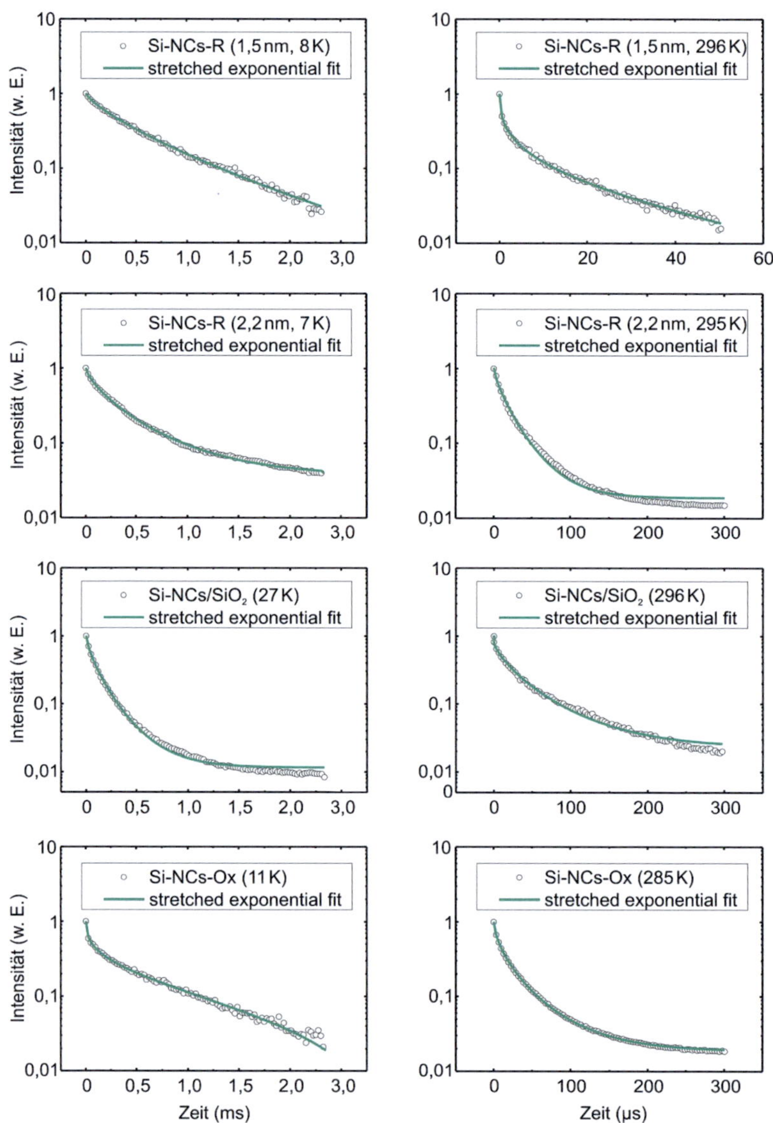

Abb. 8.3.1: Zerfallsdynamiken der vier untersuchten Probensysteme (kleine/große Si-NCs-R, Si-NCs/SiO$_2$ und Si-NCs-Ox) bei tiefen Temperaturen (linke Spalte) sowie bei Raumtemperatur (rechte Spalte). Man beachte die unterschiedlichen Zeitachsen.

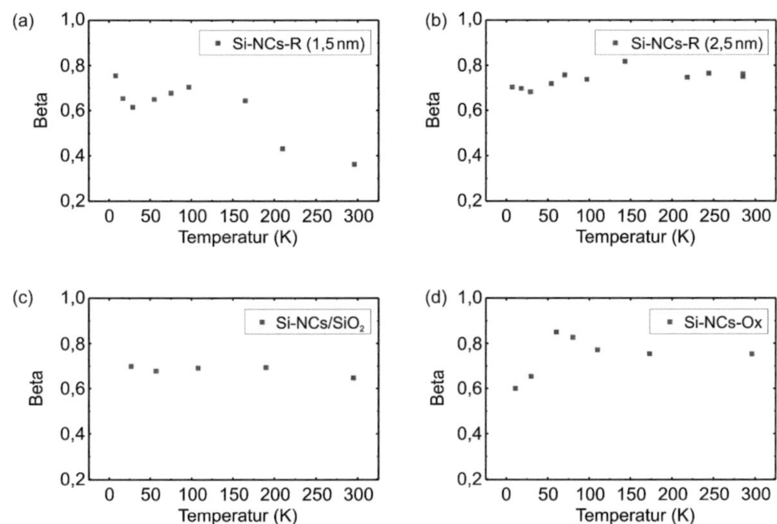

Abb. 8.3.2: Beta-Koeffizient der vier untersuchten Probensysteme, ermittelt durch Anpassen der experimentellen PL-Messdaten aus Abbildung 8.3.1 mit einer gestreckten Exponentialfunktion der Form $I(t) = A \cdot \exp(-(t/\tau)^\beta)$.

Interessanterweise weisen jedoch die PL-Transienten aller vier Modellsysteme ähnliche Zerfallskonstanten auf. Dies ist besonders überraschend, da vor allem Oberflächenoxidation, wie sie in Si-NCs-Ox und SiNCs/SiO$_2$ definitiv vorhanden ist, die Lumineszenzeigenschaften stark beeinflussen.[38,39] Eine mögliche Erklärung für das Nichtvorhandensein eines Unterschiedes, liefert Wolkin mit seinem in Ref. 173 beschriebenen Silanondefektmodell. Demnach beginnen Oberflächenzustände die Lumineszenzeigenschaften der Ladungsträger erst unterhalb eines kritischen Partikeldurchmessers zu beeinflussen. So ist es gut denkbar, dass die in dieser Studie untersuchten oxidierten Si-NCs einen größeren Durchmesser als die in Wolkins Publikation aufgeführten circa 2,5 nm besitzen und somit durch die Umgebung wenig beeinflusst werden. Gleichermaßen kann jedoch auch die, bereits in den FTIR-Spektren (Abbildung 8.2.2) gezeigte, geringe Oberflächenoxidation der funktionalisierten Nanopartikel ausreichen, dass alle hier untersuchten Partikel vergleichbare Lumineszenzlebensdauern aufweisen.

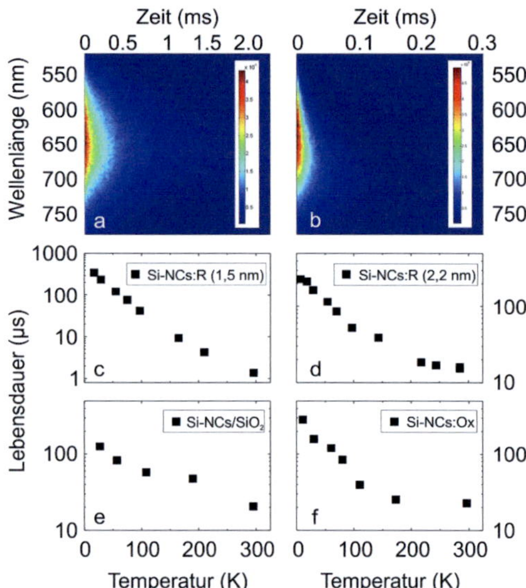

Abb. 8.3.3: Übersichtsdarstellung der Zerfallsdynamik für unterschiedliche Temperaturen und unterschiedliche dielektrische Umgebungen. (a)/(b) 2D-Falschfarbendarstellung des PL-Abfalls von großen Si-NCs-R bei 8 K bzw. 285 K. (c)/(d) PL-Lebendauern von kleinen und großen Si-NCs-R als Funktion der Temperatur. (e)/(f) PL-Lebendauern von SiNCs/SiO$_2$ und Si-NCs-Ox als Funktion der Temperatur.

In der Literatur existiert eine Vielzahl von theoretischen Modellen, die versuchen diese Temperaturabhängigkeit der Lumineszenzlebensdauern näher zu beschreiben. So postuliert beispielsweise Calcott ein Zweistufenmodell, in dem Exzitonenzustände in einen höherliegenden Singulettzustand mit radiativ erlaubten Übergängen und einen niedrigenergetischen Triplettzustand, von dem Übergänge in den Grundzustand verboten sind, aufspalten.[177] Die Besetzung der Niveaus mit angeregten Zuständen ist hierbei thermisch verteilt. Bei hohen Temperaturen wird der Lumineszenzabfall durch die kürzere Lebensdauer des thermisch besetzten Singulettzustand dominiert, wohingegen bei tiefen Temperaturen der niedrigere Triplettzustand maßgeblich für die PL-Lebensdauer ist. Bei der Diskussion der Lebensdauern ist es wichtig hervorzuheben, dass sich in obigem Modell die radiativen Lebensdauern der Singulett- und Triplettzustände um mindestens eine Größenordnung von den hier gemessenen Lebensdauern τ_{meas} unterscheiden.[175,176] Da τ_{meas} hier jedoch durch die radiativen *und* nicht-radiativen Kanäle bestimmt wird, ist es nötig diese Größe in τ_{R} und τ_{NR} aufzuteilen. Wird angenommen, dass bei tiefen Temperaturen alle Defektzustände thermisch deaktiviert sind und nur radiative Rekombination dominiert, lässt sich $\tau_{\mathrm{R}} = \tau_{\mathrm{meas}}(7\,\mathrm{K})$ setzen. Vernachlässigen wir die Abweichung von einem einfach exponentiellen Lumineszenzabfall, sind radiative, nicht-radiative Lebensdauern sowie die Quanteneffizienz durch folgende Gleichungen miteinander verknüpft:

$$\tau_{\mathrm{meas}}^{-1} = \tau_{\mathrm{NR}}^{-1} + \tau_{\mathrm{R}}^{-1} \tag{8.3.2}$$

$$\tau_{\mathrm{R}} = \frac{\tau_{\mathrm{meas}}}{\mathrm{QE}} \tag{8.3.3}$$

Mit einer einfachen 1/e-Abschätzung lassen sich die Lebensdauern für große Si-NCs-R zu $\tau_{\mathrm{meas}} = 14\,\mu\mathrm{s}$ sowie $\tau_{\mathrm{R}} = 240\,\mu\mathrm{s}$ bestimmen. Nach Gleichung 8.3.3 ergibt sich damit eine Quanteneffizienz von $\mathrm{QE} = 6\%$. Die Konsistenz dieser Berechnung kann durch Messen der Quanteneffizienz (QE) der Emitter bei Raumtemperatur getestet werden. Für Si-NCs-C10 in Hexan ergeben sich Quanteneffizienzwerte von $5-10\%$, die gut mit den obigen Werten übereinstimmen.

Diese Übereinstimmung mit den gemessenen Werten von QE ist überraschend und kann nicht durch Calcots Zweistufenmodell erklärt werden, welches ursprünglich für poröses Silizium aufgesetzt wurde und nichtradiative Prozesse nicht betrachtet. Aus diesem Grund muss für die hier untersuchten Partikel ein anderer Rekombinationsmechanismus, der die aktive Beteiligung von Oberflächenrekombination mit einschließt, gefunden werden. Ähnlich zu den hier beschriebenen Beobachtungen wird in Ref. 178 von zwei sich überlappenden PL-Bändern im roten und NIR Spektralbereich berichtet. Die Autoren ordnen diese Bänder einer Defekt- sowie einer Partikelemission zu. In eine ähnliche Richtung weist der Bericht von Godefroo[39], welcher eindeutig zeigt, dass die PL von nicht passivierten Silizium-Nanokristallen vollständig durch stark lokalisierte Defektzustände dominiert wird. Diese Zustände haben keinen Einfluss auf die Position des PL-Maximums und können lediglich mit zeit- und temperaturaufgelöster Spektroskopie unterschieden werden. Dies unterstützt die Annahme, dass Defektzustände, welche durch Oberflächendefekte oder durch Änderung der Kristallstruktur verursacht werden, die Lumineszenz von Partikeln dieser Größe dominieren.

Um den Einfluss von radiativen und nicht-radiativen Rekombinationsprozessen näher zu diskutieren, können aus Gleichung 8.3.2 sowie mit $\tau_R = \tau_{meas}|_{7K}$ ebenfalls die Zerfallskonstanten der nichtradiativen (NR) Kanäle als Funktion der Temperatur dargestellt werden. Wie in Abbildung 8.3.4 gezeigt, werden die nichtradiativen Zerfallskonstanten unterhalb der Grenztemperatur von $100\,K$ signifikant größer und überschreiten τ_{meas} bei tiefen Temperaturen um mehr als eine Größenordnung. Das thermisch aktivierte Einfangen der Photoanregungen an nicht-radiativen Defektzuständen ist unterdrückt und die Defekte sind somit „ausgefroren". Dieses Ausfrieren wiederrum führt zu signifikant längeren *gemessen* Lebensdauern, wie beispielsweise $\tau_{meas}|_{7K} = 230\,\mu s$ für große Si-NCs-R. Oberhalb der Grenztemperatur gilt $\tau_{NR} < \tau_R$ und die nichtradiative Rekombination dominiert. Die gemessen Lebensdauern τ_{meas} verkürzen sich dementsprechend und die Quanteneffizienz nimmt ab.

Ergänzend zu diesem Aspekt zeigt Abbildung 8.3.5 die Zerfallsdynamik der Si-NCs-R $(2,5\,nm)$ als Funktion von Wellenlänge und Temperatur. Bei Raumtemperatur ist bei den Partikeln unterschiedlicher Größe eine

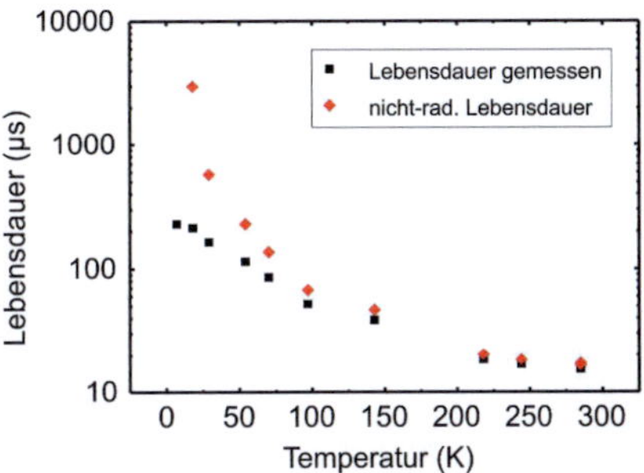

Abb. 8.3.4: Gemessene Lebensdauern der $2,5\,$nm großen Si-NCs-R im Vergleich zu den berechneten Werten von τ_{NR}.

signifikante Änderung der Lebensdauern als Funktion der Partikelgröße ersichtlich. Kleine Partikel, die bei $500\,$nm emittieren, weisen Lebensdauern auf, die um eine ganze Größenordnung geringer sind als die der bei $750\,$nm emittierenden Partikel. Mit abnehmender Temperatur nimmt dieser markante Unterschied stark ab und ist bei tiefen Temperaturen beinahe nicht mehr präsent. Für alle Partikelgrößen der polydispersen Probe sind bei tiefen Temperaturen sehr lange Lebensdauern von über $100\,\mu$s beobachtbar. In Abbildung 8.3.5b ist das Verhältnis der Lebensdauern bei unterschiedlichen Wellenlängen normiert auf die Lebensdauer bei $760\,$nm dargestellt. Bei Raumtemperatur ist ein ausgeprägter Unterschied zwischen den Lebensdauern der kleinen und großen Partikel offensichtlich. Der Unterschied beträgt eine Größenordnung und zeigt, dass besonders für kleine Partikel nicht-radiativen Prozesse eine dominierende Rolle spielen. Auch ein direkter Energietransfer von angeregten kleinen Nanokristallen auf benachbarte große Nanokristalle kann zusätzlich zu einer scheinbaren Verlängerung der Lebensdauern für große Partikel führen. Im Gegensatz dazu ist bei tiefen Temperaturen dieser Unterschied deutlich reduziert: Kleine Partikel zeigen im Vergleich zu Partikeln mit einem Emissionsmaximum bei $760\,$nm eine nur noch rund doppelt so schnelle Rekombination. Besonders das signifikante Verkürzen der Lebensdauern der kleinen Partikel für $T > 100 - 150°$C ist in guter Übereinstimmung mit den im Kapitel 8.4 beschriebenen Ergebnissen. Der drastische Unterschied zwischen den langen Lebensdauern der großen Partikel

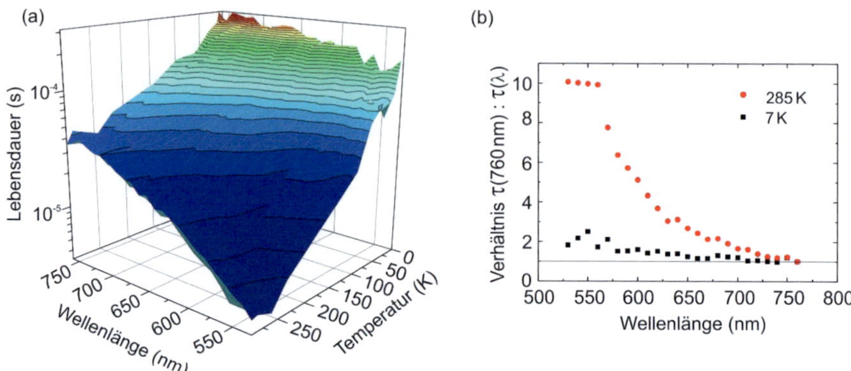

Abb. 8.3.5: Zusammenfassung der Temperatur- und Wellenlängenabhängigkeit der Photolumineszenzlebensdauern von polydispersen decyl-funktionalisierten Si-NCs. (a) 3D-Darstellung der Lebensdauern über der Emissionswellenlänge und der Temperatur. (b) Verhältnis von $\tau_{\mathrm{meas}}(760\,\mathrm{nm})$ zu $\tau_{\mathrm{meas}}(\lambda)$ bei 285 K sowie bei 7 K.

und den deutlich verkürzen Lebensdauern von kleinen Partikeln ist in Kapitel 5.2 gesondert diskutiert.

Zusammenfassend lässt sich konstatieren, dass Oberflächenzustände in allen hier untersuchten Proben die PL-Dynamik stark dominieren. Obwohl die lokale Umgebung der untersuchten Nanopartikel sehr unterschiedlich ist, zeigt sich ein sehr ähnliches Lebensdauerverhalten. Des Weiteren scheint bereits eine geringe Oberflächenoxidation, wie sie im Fall der alkylfunktionalisierten Silizium-Nanokristalle vorliegt, auszureichen, um die PL-Eigenschaften vollständig zu dominieren.

8.4 Bandlückenvergrößerung als Funktion der Temperatur

Ergänzend zu der oben beschriebenen Untersuchung des Temperatureinflusses auf die Lumineszenzlebensdauern, wird im Folgenden auf die spektrale Temperaturabhängigkeit der Photolumineszenz sowie deren Abhängigkeit von der Partikelgröße eingegangen. Diese zeigt abermals den bereits oben beschriebenen starken Einfluss von Defektzuständen auf das Lumineszenzverhalten der Partikel.

Für klassische Volumenhalbleiter kann die Veränderung der Bandlücke als Funktion von der Temperatur durch die empirische Formel von Varshni beschrieben werden[179]:

$$E_g(T) = E_g(T = 0\,K) - \frac{\alpha \cdot T^2}{T + \text{ß}} \qquad (8.4.1)$$

Dabei gilt für die Konstanten im Fall von Silizium: $\alpha = 7,02 \cdot 10^{-4}\,\text{eV/K}$ und $\beta = 1108\,\text{K}$.

Wie in Abbildung 8.4.1a gezeigt, folgen speziell die untersuchten 2,5 nm großen, decyl-funktionalisierten Partikel dieser Abschätzung erstaunlich genau. Weder bei hohen noch bei tiefen Temperaturen ist eine signifikante Abweichung von der theoretischen Vorhersage zu bemerken. Die spektrale Verschiebung der Emission durch Abkühlen der Probe von 295 K auf 10 K kann nach Gleichung 8.4.1 auf ungefähr 50 meV abgeschätzt werden. Im Gegensatz hierzu ist das Verhalten der kleinen Partikel ($< 1,5$ nm, Abbildung 8.4.1b) deutlich verändert. Starke Abweichungen der Messdaten von der theoretischen Vorhersage sind offensichtlich und lediglich bei sehr tiefen Temperaturen ist eine Übereinstimmung mit dem theoretischen Modell vorhanden. Die Verschiebung bei Raumtemperatur beträgt in diesem Fall mehr als das 4-fache des Wertes der großen Partikel und erreicht $0,21$ eV (man beachte die unterschiedliche y-Achse). Des Weiteren ist hier, wie aus den transienten Lumineszenzmessungen ebenfalls ersichtlich, eine starke Abweichung vom theoretischen Modell erst ab einer Temperatur von $> 100 - 150°C$ zu beobachten ist. Erst oberhalb dieser Temperatur wird der Einfluss von Defektzuständen deutlich und die Abweichung vom theoretischen Modell sichtbar. Die thermische Aktivierungsenergie der Defekte entspricht somit etwa 10 meV. Diese besondere Temperaturabhängigkeit vor allem der kleinen Nanopartikel kann durch lumineszierende Defektzustände erklärt werden.[38,39] Wie bereits oben eingeführt, erklärt Wolkin[38] dieses Phänomen mit partieller Oberflächenoxidation sowie Defektzuständen in der Bandlücke. Darüber hinaus ist auch der Einfluss der weniger stark kristallinen Struktur der kleinen Partikel denkbar.[61,110] Dies führt, wie schematisch in Abbildung 8.4.2a dargestellt, für Partikel unter einer bestimmten kritischen Größe zu einer defektbezogenen Lumineszenz. Die

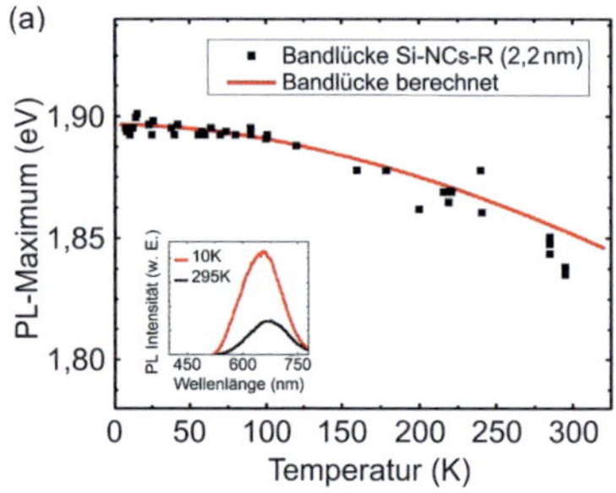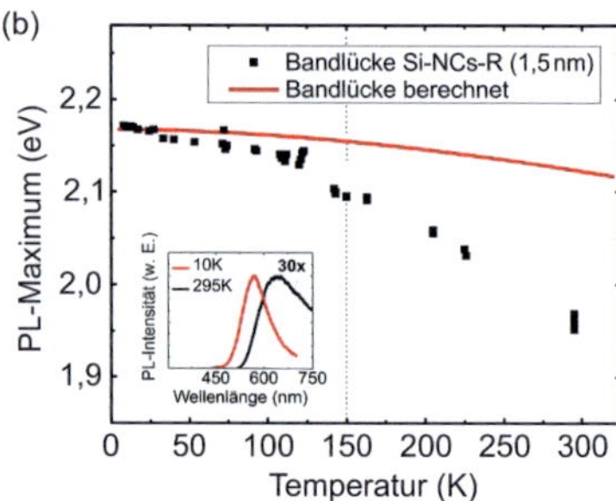

Abb. 8.4.1: Einfluss der Temperatur auf die Position des Emissionsmaximums von decyl-funktionalisierten Si-NCs (Si-NCs-R). (a) Verschiebung des Emissionsmaximums als Funktion der Temperatur für große Si-NCs-R $(2,5\,\text{nm})$. (b) Verschiebung des Emissionsmaximums als Funktion der Temperatur für kleine Si-NCs-R $(1,5\,\text{nm})$. Zur Veranschaulichung sind in beiden Fällen die PL-Spektren bei Raum- und Tieftemperatur als Inset gezeigt.

Defektzustände fangen die angeregten Landungsträger ein und dominieren mit ihrer Lichtemission die Lumineszenz der kleinen Silizium-Nanokristalle. Die PL ist somit im Vergleich zur reinen, defektfreien Emission deutlich in den roten Bereich des Spektrums verschoben. Verringert man die thermische Energie des Systems unter $10\,\text{meV}$, sind diese Zustände nicht mehr aktiv und die starke intrinsische und größenabhängige PL der kleinen Si-NCs-R dominiert mit einem Emissionsmaximum bei $570\,\text{nm}$ wieder das Spektrum (Abbildung 8.4.1b Inset). Wie auch im Fall der großen Nanopartikel sättigt die Emissionswellenlänge auch hier für tiefere Temperaturen und folgt der theoretischen Beschreibung und Gleichung 8.4.1.

In guter Übereinstimmung mit der obigen temperaturabhängigen Untersuchung zeigt die in Abbildung 8.4.2b dargestellte Änderung des PL-Maximums als Funktion der Partikelgröße den starken Einfluss der Defektemission. Vor allem im Fall kleiner Partikel ($< 1,5\,\text{nm}$) verursachen Oberflächendefekte sowie Änderungen der Kristallinität der Partikel eine Sättigung der Bandlückenverbreiterung. Die maximal bei Raumtemperatur erreichbare Bandlücke beträgt lediglich etwa $2\,\text{eV}$ und kann für kleine Partikel nicht mehr korrekt durch die ebenfalls in Abbildung 8.4.2b dargestellte Simulation aus Ref. 49 beschrie-

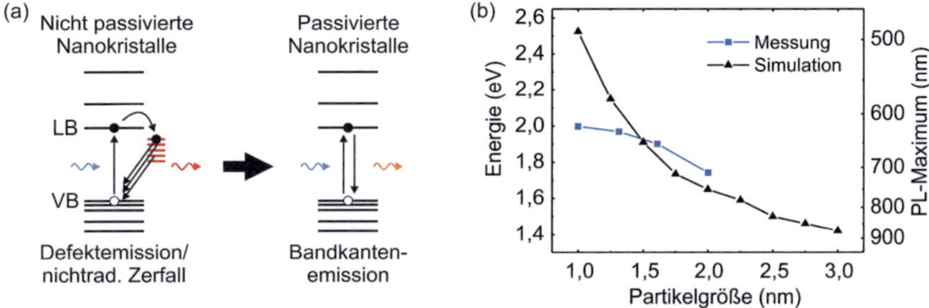

Abb. 8.4.2: Einfluss von Oberflächenzuständen sowie Bandlückenvariation als Funktion der Nanopartikelgröße. (a) Schematische Darstellung der Defektlumineszenz (in Anlehnung an Ref. 41). (b) Vergleich von experimentellen Daten (Kapitel 5.2) sowie Simulationsergebnisse zu sphärischen in SiO_2 eingeschlossenen Silizium-Nanokristallen. Datenpunkte der Simulation wurden aus Ref. 49 entnommen. Zur besseren Lesbarkeit sind die Datenpunkte mit Linien verbunden.

ben werden. Partikel mit großen Durchmessern folgen, wie auch bereits in Abbildung 8.4.1a gezeigt, dem theoretischen Verlauf verhältnismäßig gut. Die hier gezeigten Messdaten wurden im Rahmen der in Kapitel 5.2 beschriebenen Untersuchungen bestimmt und aus Gründen der Übersichtlichkeit auch bereits dort gezeigt.

8.5 Zusammenfassung

In diesem Kapitel wurde mit Hilfe einer detaillierten spektroskopischen Studie der Einfluss unterschiedlicher Oberflächenmodifikation auf die Nanopartikel-lumineszenz untersucht. Hierbei wurden Unterschiede bei Variation der dielektrischen Umgebung der Partikel sowie größenabhängige Effekte betrachtet. Bei Raumtemperatur wurden Lumineszenzlebensdauern von $1 - 20\,\mu s$ gemessen, wohingegen bei tiefer Temperatur Werte von über $100\,\mu s$ gemessen wurden. Letztere wurden den intrinsischen, defektfreien Lumineszenzlebensdauern zugeordnet. Überraschenderweise zeigen alle untersuchten Partikelsysteme, einschließlich der alkyl-funktionalisierten Partikel, ähnliche Lebensdauern. Dies lässt den Schluss zu, dass selbst sehr geringe Oberflächenoxidation sowie der potentielle Einfluss einer reduzierten Partikelkristallinität die Lumineszenzeigenschaften so stark beeinflussen, dass diese sich wie oxidierte oder sogar in SiO_2 eingeschlossene Silizium-Nanokristalle verhalten. Bei tiefen Temperaturen wurde des Weiteren eine drastische spektrale Verschiebung des Lumineszenzmaximums der kleinen funktionalisierten Nanopartikel offenkundig. Diese Verschiebung sättigt für Temperaturen unter $100 - 150\,K$ und bestätigt ihrerseits ebenfalls den Beginn der defektfreien intrinsischen Lumineszenz der Partikel. Im Fall der großen funktionalisierten Partikel besitzen Defektzustände weniger Einfluss auf die Lumineszenz und die spektrale Position der Lichtemission. In diesem Fall konnte die Verschiebung sehr gut mit der von Varshni vorgeschlagenen Formel[179] beschrieben werden.

9 Lasermanipulation und Ramanspektroskopie von Silizium-Nanokristallen

Dieses Kapitel befasst sich mit der spektroskopischen Untersuchung von Silizium-Nanokristallen mittels Ramanspektroskopie. In Kapitel 9.1 wird zunächst eine Einführung in die Grundlagen der Ramanspektroskopie gegeben sowie die Möglichkeiten erläutert, anhand von Ramanspektren die lokale Temperatur einer Probe zu bestimmen. Nach der Darstellung der Versuchsdurchführung wird in Kapitel 9.3 gezeigt, dass ein außergewöhnliches starkes Aufheizen der Nanokristalle durch Bestrahlung mit Laserlicht möglich ist. Die Auswirkungen des starken Aufheizens der Nanokristalle auf deren Morphologie wird in Kapitel 9.3.1 beschrieben. Mögliche Anwendungsfelder von direktem Laserschreiben werden aufgezeigt und diskutiert. In Kapitel 9.4 wird gezeigt, wie Ramanmessungen als zerstörungsfreies Werkzeug verwendet werden können, um den Grad der Partikelkristallinität zu bestimmen.

9.1 Grundlagen der Ramanspektroskopie

Durch seinen Artikel „A new type of secondary radiation" im Fachmagazin Nature aus dem Jahr 1928 erlangte der indischen Wissenschaftler Chandrasekhara Venkata Raman große Aufmerksamkeit. Raman gelang es die bereits 1923 von Adolf Smekal[180] theoretisch vorhergesagte inelatische Streuung von Licht an Materie experimentell nachzuweisen[181] und wurde für seine Errungenschaft zwei Jahre später mit dem Nobelpreis für Physik geehrt. Heutzutage hat sich die Ramanspektroskopie zu einem sehr bedeutsamen nicht destruktiven Analysewerkzeug entwickelt. Im Vergleich zu Ramans ersten Experimenten, in denen er einfaches Sonnenlicht als Anregungsquelle verwendete, ist heute mithilfe von Lasern und Spezialoptiken eine detaillierte Charakterisie-

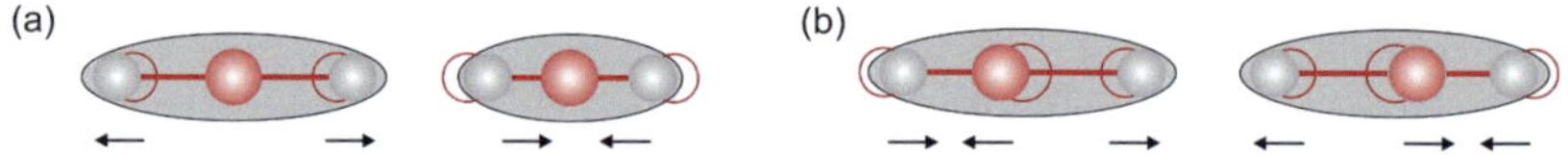

Abb. 9.1.1: Schematische Darstellung von Schwingungsmoden. (a) Raman-aktiv: Das Polarisierbarkeitselipsoid (grau) ändert sich während der Schwingung. (b) Raman-inaktiv: Die Polarisierbarkeit α ist im gestreckten und gestauchten Zustand gleich groß (nach Ref. 184).

rung von Materialien auf beispielsweise ihre chemische oder morphologische Zusammensetzung möglich. Die Anwendungen reichen hierbei von Qualitätskontrollen in der Pharmaindustrie bis hin zu Analyseverfahren in der Medizin- und Lebensmitteltechnik.[182,183] Die mathematische Darstellung der Ramanstreuung kann bereits durch einen einfachen klassischen Ansatz erfolgen. Einfallende elektromagnetische Strahlung erzeugt in Molekülen und Festkörpern eine harmonische Verschiebung der Elektronenverteilung in Bezug auf die Atomrümpfe. Diese Schwingungen werden ihrerseits wieder zur Quellen von elektromagnetischer Strahlung mit der gleichen Frequenz, wie gegeben durch das Anregungslicht. Zusammen mit der Definition des Dipolmoments $\mu = \alpha \cdot E$ und der periodischen Anregung durch das einfallende elektromagnetische Feld $E = E_0 \cdot \cos(\omega \cdot t)$ ergibt sich das induzierte Dipolmoment zu:

$$\mu_{\text{ind}} = \alpha \cdot E_0 \cdot \cos(2\pi\nu_0 t) \qquad (9.1.1)$$

Dabei ist α die Polarisierbarkeit und E_0 die Amplitude sowie ν_0 die Frequenz der einfallenden Strahlung. Ändert sich die Polarisierbarkeit nicht mit der Zeit, wird das einfallende Licht elastisch ($\nu = \nu_0$) gestreut. Dieser Fall wird allgemein als Rayleigh-Streuung bezeichnet.

Ändert sich jedoch die Polarisierbarkeit zeitlich, so ist das induzierte Dipolmoment nicht mehr allein eine Funktion der äußeren Anregung, sondern wird zusätzlich zeitlich durch die Schwingung mit ν_r moduliert. Dies ist beispielsweise bei einer symmetrischen Mode entlang der Längsachse eines dreiatomigen Moleküls, wie in Abbildung 9.1.1a dargestellt, der Fall. Im gestreckten Zustand ist dort eine Deformierung der Elektronenverteilung einfacher möglich als im gestauchten Fall, bei dem die Elektronen nahe an den

Atomrümpfen sitzen. Die Polarisierbarkeit ändert sich folglich während der Schwingung und α kann in eine Taylorreihe um die Gleichgewichtslage q_0 entwickelt werden:

$$\alpha(q) = \alpha_0 + \sum_n \left(\frac{\partial \alpha}{\partial q_n}\right)_{q=0} q_n + \ldots \tag{9.1.2}$$

q_n sind die Normalkoordinaten des Moleküls.

Bei kleinen Schwingungsamplituden ist eine Beschreibung durch lediglich die erste Ordnung der obigen Reihenentwicklung ausreichend und es gilt:

$$q_r = q_0 \cos\left(2\pi v_r t\right) \tag{9.1.3}$$

Gleichung 9.1.1 ergibt sich damit zu:

$$\vec{\mu}_{\text{ind}} = \left[\alpha_0 + \left(\frac{\partial \alpha}{\partial q_k}\right)_{q=0} q_0 \cos\left(2\pi v_r t\right)\right] \cdot \vec{E}_0 \cos\left(2\pi v_0 t\right) \tag{9.1.4}$$

Mit der trigonometrische Gleichheit

$$\cos(A) \cdot \cos(B) = \frac{1}{2}\left(\cos(A - B) + \cos(A + B)\right) \tag{9.1.5}$$

folgt damit:

$$\vec{\mu}_{\text{ind}} = \underbrace{\alpha_0 \vec{E}_0 \cos\left(2\pi v_0 t\right)}_{Rayleigh} +$$

$$\underbrace{\frac{1}{2} q_0 \vec{E}_0 \left(\frac{\partial \alpha}{\partial q_k}\right)_{q=0} \cos\left(2\pi (v_0 - v_r)t\right) +}_{Stokes}$$

$$\underbrace{\frac{1}{2} q_0 \vec{E}_0 \left(\frac{\partial \alpha}{\partial q_k}\right)_{q=0} \cos\left(2\pi (v_0 + v_r)t\right)}_{Anti-Stokes} \tag{9.1.6}$$

Hieraus wird deutlich, dass das elastisch gestreute Licht, im Fall einer Änderung der Polarisierbarkeit ($\frac{d\alpha}{dq} \neq 0$), durch zwei weitere inelastische

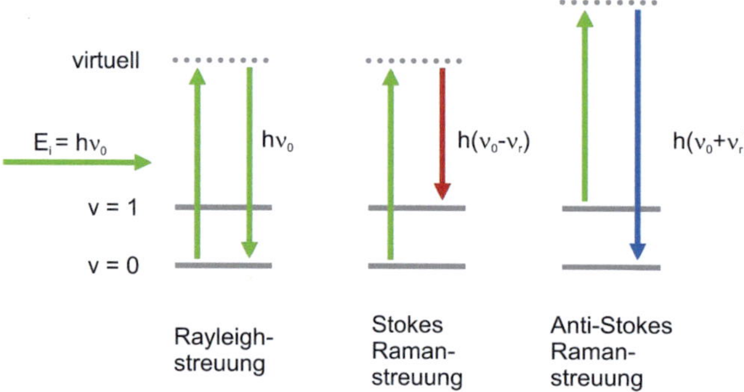

Abb. 9.1.2: Schematische Darstellung der elastischen Rayleigh-Streuung sowie der beiden inelastischen Stokes- und Anti-Stokes-Streuprozesse.

Terme mit den Frequenzen $\nu_S = \nu_0 - \nu_r$ und $\nu_{AS} = \nu_0 + \nu_r$ erweitert wird. Dies ist die rotverschobene Stokes- sowie blauverschobene Anti-Stokes-Streuung.

Die beiden inelastischen Streuprozesse sind im Gegensatz zur elastischen Rayleighstreuung erheblich unwahrscheinlicher, da in beiden Fällen ein Phonon am Streuprozess beteiligt ist. Abbildung 9.1.2 veranschaulicht diesen Effekt. Besonders deutlich wird dieser bei der Anti-Stokes-Streuung. Hier muss sich der Streuer bereits in einem thermisch angeregten Zustand $v = 1$ befinden, um die höherenergetischere Strahlung überhaupt erzeugen zu können. Da die Anzahl der Schwingungszuständen in Molekülen der Boltzmannverteilung folgt, sind die Streuintensitäten von Stokes- und Anti-Stokes-Streuung stark temperaturabhängig und damit ein Maß für die lokale Temperatur der Probe. Auf die Möglichkeit anhand des Ramansignals die Temperatur der Probe zu bestimmen wird in nun folgenden Kapitel 9.1.1 eingegangen.

9.1.1 Lokale Temperaturbestimmung mittels Ramanspektroskopie

Im Gegensatz zur klassischen Betrachtung ermöglicht eine quantenmechanische Beschreibung der Ramanstreuung eine exakte Berechnung der Streuintensitäten der Stokes- und Anti-Stokes-Streuung.[181] In harmonischer Näherung ergibt sich die Stokes-Streuintensität dabei zu:

$$I_S = C \cdot \frac{(v_0 - v_r)^4}{v_r} \frac{I_0 \cdot N}{1 - \exp\left(-\frac{h v_r}{k_B T}\right)} \qquad (9.1.7)$$

Hierbei beinhaltet die Konstante C den Depolarisationsgrad der Streuung, v_r ist die Frequenz, um die das gestreute Licht gegenüber der Ausgangsfrequenz v_0 verschoben ist. h ist das Plancksche Wirkungsquantum und $k_B T$ die Boltzmannenergie verursacht durch die Temperatur T. Mit der Anzahl der Streuelemente N und der Eingangsintensität I_0 ist das gestreute Licht direkt proportional zur Konzentration der streuenden Elemente sowie zur Anregungsintensität.

In Analogie ergibt sich für die Anti-Stokes-Streuamplitude mit der dort auftretenden Frequenzerhöhung des gestreuten Lichts um v_r:

$$I_{AS} = C \cdot \frac{(v_0 + v_r)^4}{v_r} \frac{I_0 \cdot N}{\exp\left(\frac{h v_r}{k_B T}\right) - 1} \qquad (9.1.8)$$

Aus dem Verhältnis der beiden Streuintensitäten

$$\frac{I_{AS}}{I_S} = \gamma \cdot \frac{(v_0 + v_r)^4}{(v_0 - v_r)^4} \exp\left(-\frac{h v_r}{k_B T}\right) \qquad (9.1.9)$$

lässt sich nun direkt auf die lokale Temperatur der untersuchten Probe schließen. Die Temperatur hängt dabei lediglich vom Verhältnis I_{AS}/I_S, v_0, v_r sowie den Konstanten h und k_B ab. γ ist ein Kalibrationsfaktor, der experimentell bestimmt wird (Kapitel 9.2).

Zusätzlich zu der Änderung der Streuintensitäten von Stokes- und Anti-Stokes-Linie führt eine Temperaturänderung außerdem zu einer Änderung der spektralen Position der materialspezifischen Ramanlinien sowie einer thermischen Verbreiterung derselben.[185,186] Ausgehend von diesem Ansatz wurden von Balkanski[187,188] ein Modell entwickelt, welches drei- und vier-Phononenprozesse miteinschließt und somit speziell auch für höhere Temperatur seine Anwendung findet. Bei letzteren verliert Gleichung 9.1.9, die nur auf

Ein-Phononen-Prozessen aufbaut, ihre Gültigkeit und stellt lediglich eine Näherung für die lokale Temperatur dar. Die temperaturinduzierte Verschiebung $\tilde{\nu}$ der Ramanspektren sowie der temperaturabhängige Wert der Halbwertbreite der Ramanlinien (FWHM, von engl. „full width at half maximum") ergeben sich demnach zu:

$$\tilde{\nu}(T) = \tilde{\nu}_0 + C \cdot \left(1 + \frac{2}{e^x - 1}\right) + D \cdot \left(1 + \frac{3}{e^y - 1} + \frac{3}{(e^y - 1)^2}\right) \quad (9.1.10)$$

$$\text{FWHM}(T) = A \cdot \left(1 + \frac{2}{e^x - 1}\right) + B \cdot \left(1 + \frac{3}{e^y - 1} + \frac{3}{(e^y - 1)^2}\right) \quad (9.1.11)$$

Die Parameter x und y beinhalten die Temperaturabhängigkeit und sind gegeben durch:

$$x = \frac{h\tilde{\nu}_{T=0\,\mathrm{K}}}{2k_B T} \quad (9.1.12)$$

$$y = \frac{h\tilde{\nu}_{T=0\,\mathrm{K}}}{3k_B T} \quad (9.1.13)$$

$\tilde{\nu}_{T=0\,\mathrm{K}}$ ist die LO-Phononfrequenz für Silizium bei $T = 0\,\mathrm{K}$ und beträgt $\tilde{\nu}_{T=0\,\mathrm{K}} = 525\,\mathrm{cm}^{-1}$.[185] Die Parameter A, B, C, D und $\tilde{\nu}_0$ wurden für kristallines Silizium bestimmt und ergeben sich zu: $A = 1,295\,\mathrm{cm}^{-1}$, $B = 0,105\,\mathrm{cm}^{-1}$, $C = -2,96\,\mathrm{cm}^{-1}$, $D = -0,174\,\mathrm{cm}^{-1}$ sowie $\nu_0 = 528\,\mathrm{cm}^{-1}$.[187]

Wichtig ist hierbei anzumerken, dass Änderungen der Größe der Partikel ebenfalls einen Einfluss auf FWHM und die Position des Maximums der Ramanlinie zeigen. Dies muss beachtet werden, sobald mit Partikeln unterschiedlicher Größe gearbeitet wird.[188,189]

Zusammenfassend wurden in diesem Kapitel drei unterschiedliche Verfahren zur lokalen Temperaturbestimmung von ramanaktiven Materialien aufgezeigt. Bei tiefen Temperaturen ist Gleichung 9.1.9 anzuwenden, wohingegen bei hohen Temperaturen Gleichung 9.1.10 und Gleichung 9.1.11 zu zuverlässigeren Ergebnissen führen. Die mit Gleichung 9.1.10 und 9.1.11 gezeigten Ansätze benötigen zwar hochaufgelöste Spektren, es kann jedoch in diesem Fall auf eine zeitintensive Aufnahme der Anti-Stokes-Streuung verzichtet werden. Die drei beschriebenen Ansätze werden bei der in Kapitel 9.3 beschriebenen Diskussion der Messdaten stets gegenübergestellt und diskutiert.

9.2 Messaufbau für Ramanspektroskopie und Probenpräparation

Als Anregungsquelle für die Ramanstreuexperimente dieser Arbeit wird ein frequenzverdoppelter Nd:YAG-Laser verwendet. Dieser emittiert Licht bei 532 nm und arbeitet im Dauerstrichbetrieb. Wie in Abbildung 9.2.1 zu sehen, kann die Intensität des Lasers (gemessen auf Probenniveau) dabei mit einem Filterrad zwischen wenigen $10\,\mathrm{W/cm^2}$ und $1576\,\mathrm{kW/cm^2}$ variiert werden. Nach Passieren des Filterrads wird der Anregungsstrahl durch einen Strahlaufweiter aufgeweitet und über einen 50:50-Strahlteiler und auf ein $63\times$ Mikroskopobjektiv (Planapochromat NA 0.9, Fa. Carl Zeiss) auf die Probe gelenkt. Das von der Probe gestreute Licht wird anschließend mit demselben Objektiv eingesammelt und durch einen Kerbfilter (532 nm Stop Line single-notch filter, Fa. Semrock) auf das Spektrometer (Acton Spectra Pro 2500i, Fa. Princeton Instruments) sowie anschließend auf eine EMCCD-Kamera (iXon, Fa. Andor Technology) geschickt. Neben einem Standardgitter mit 300 Linien/mm wird für die in Abschnitt 9.3.1 gezeigten hochaufgelösten Spektren ein 1200 Linien/mm Gitter verwendet. Die bereits oben erwähnte Kalibration von Gleichung 9.1.9 wird mit Hilfe eines Siliziumwafers und eines heizbaren Probenhalters (Biocell, Fa. JPK) durchgeführt. Dabei wird die Siliziumreferenz auf eine wohldefinierte Temperatur gebracht. Ein Temperaturbereich von 20°C bis 63°C ist dabei zugänglich. Eine detaillierte Beschreibung der Temperaturkalibrierung ist in Ref. 190 zu finden.

Die zu untersuchenden Nanopartikel wurden für alle Experimente auf ein $0,2\,\mathrm{mm}$ dünnes Glassubstrat mehrfach aus Lösung aufgetropft bis sich ein optisch dichter Film ausbildete.

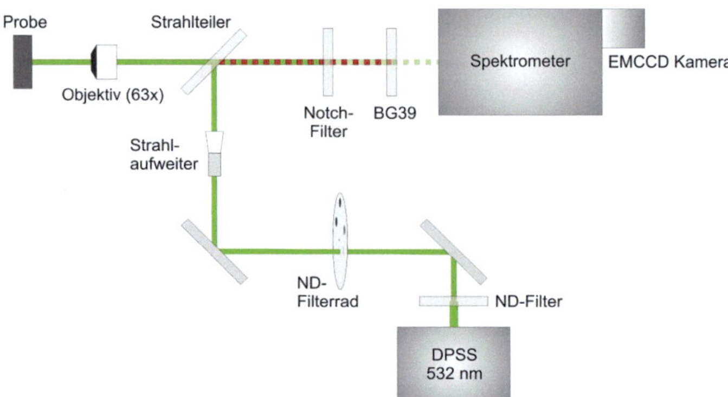

Abb. 9.2.1: Schematische Darstellung des Versuchsaufbaus zur Ramanspektroskopie sowie für das direkte Laserschreiben. In Kapitel 10 wird ebenfalls auf diesen Aufbau zurückgegriffen, jedoch zusätzlich durch die Möglichkeit einer NIR-Anregung erweitert.

9.3 Laserinduziertes lokales Aufheizen von Silizium-Nanokristallen

Stellvertretend für die Vielzahl der in dieser Studie untersuchten Nanopartikelproben ist in Abbildung 9.3.1a und der dazugehörigen eingebetteten Grafik ein typisches Ramanspektrum der Silizium-Nanokristalle gezeigt. Es zeigt den Ramanfingerabdruck von Allylbenzol-funktionalisierten Silizium-Nanokristallen und zeichnet sich durch eine ausgeprägte Ramanlinie bei $515\,\mathrm{cm}^{-1}$ aus. Darüber hinaus weist das Spektrum bei kleinen Wellenzahlen eine zusätzliche Streuintensität auf. Die Hauptemission wird dabei den Silizium-Nanokristallen zugeordnet und ist im Vergleich zu Silizium als Volumenmaterial $(522\,\mathrm{cm}^{-1})$[191] durch das auftretende Quantenconfinement der Nanopartikel um $7\,\mathrm{cm}^{-1}$ blauverschoben.[189,192] Die hochenergetische Schulter kann durch Beiträge kleinerer, amorpher Partikel erklärt werden.[61] Diese liegen bei $310\,\mathrm{cm}^{-1}$, $380\,\mathrm{cm}^{-1}$ und $480\,\mathrm{cm}^{-1}$ und entsprechen den longitudinal-akustischen (LA), longitudinal optischen (LO) und transversal optischen (TO) Moden von amorphem Silizium.[188] Der Einfluss des Liganden Allylbenzol auf das Ramanspektrum ist vernachlässigbar und lediglich ein schwaches Signal um $620\,\mathrm{cm}^{-1}$ ist in den Spektren ersichtlich. Die anderen Ramanlinien des Liganden liegen bei $160\,\text{cm}^{-1}$, $750\,\text{cm}^{-1}$ und $820\,\text{cm}^{-1}$ und beeinträchtigen die Spektren nicht.[190]

Für eine bessere Darstellung und Diskussion der Ramanmerkmale wurde die teilweise in das Ramanspektrum hineinragende Photolumineszenz (PL) aus den Spektren herausgerechnet. Hierzu wurde eine Gaußfunktion an die PL-Ausläufer jenseits von $\pm600\,\text{cm}^{-1}$, ab der keine Ramanaktivität beobachtet wird, angepasst.[190] Der Intensitätsabfall bei $-370\,\text{cm}^{-1}$ und $230\,\text{cm}^{-1}$ in Abbildung 9.3.1 und 9.3.2 kommt durch diese Maßnahme zustande und kennzeichnet den Anfangsbereich des verwendeten Kerbfilters. Die in Abbildung 9.3.1a eingebettete Unterabbildung zeigt das Ramanspektrum vor Abzug der PL.

Zusätzlich zur Stokeslinie ist bereits bei niedrigen Anrechnungsenergien von $15{,}8\,\text{kW/cm}^2$ (Abbildung 9.3.1a) ebenfalls die entsprechend symmetrische Anti-Stokes-Emission sichtbar. Ausgehend vom Verhältnis der beiden Ramanlinien I_{AS}/I_S und Gleichung 9.1.9 lässt sich einfach die lokale Temperatur der Nanopartikel bestimmen. Sie liegt hier bei 40°C und entspricht einer leichten Erwärmung der Probe unter der Laserbestrahlung.

Wird nun, wie in Abbildung 9.3.1b gezeigt, die Laseranregung auf $1576\,\text{kW/cm}^2$ deutlich erhöht, ändert sich das resultierende Spektrum signifikant. Ein sehr starkes Stokes-Signal sowie ein ebenfalls sehr ausgeprägtes Anti-Stokes-Signal, welches beinahe seinem Stokes-Pendant ebenbürtig ist, sind vorhanden. Analog zu oben lässt ich auch hier wieder die Temperatur mit Hilfe von Gleichung 9.1.9 bestimmen. Sie erreicht 1550°C und entspricht einem extremen Aufheizen der Partikel unter der Laseranregung. Wichtig ist hierbei, dass dieser Wert der Temperatur als erste Näherung angenommen werden muss. So wurde Gleichung 9.1.9 zwar bis 63°C zuverlässig kalibriert, jedoch treten bei hohem thermischen Energieeintrag Phononenprozesse höherer Ordnung auf, die durch dem Gleichung 9.1.9 zugrundeliegenden Modell nicht mehr beschrieben werden. Aus diesem Grund werden in den folgenden Unterkapiteln die bereits im einleitenden Theorieteil erwähnten erweiterten Modelle zur Temperaturbestimmung Anwendung finden.

Neben dem extremen Erwärmen sowie den ausgeprägten Stokes- und Anti-Stokes-Linien in Abbildung 9.3.1b ist bei starker Laseranregung ein

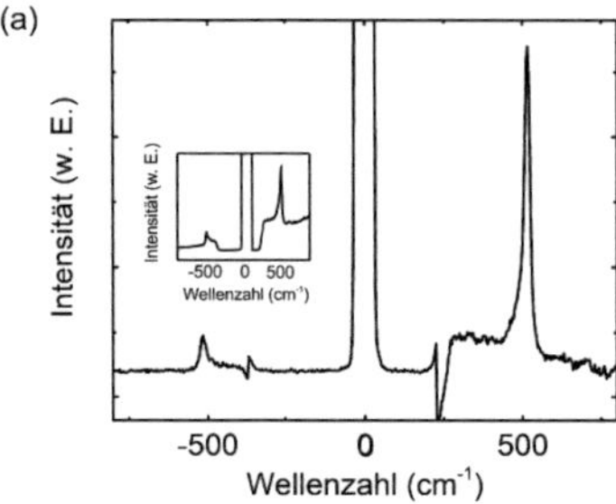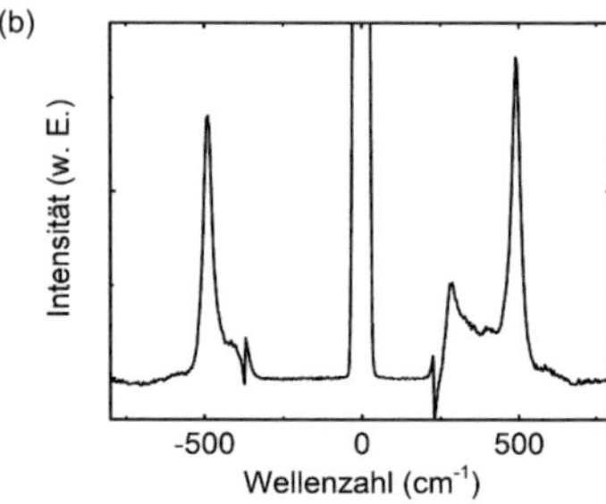

Abb. 9.3.1: Ramanspektren von Si-NCs bei unterschiedlichen Anregungsenergien von (a) $15,8\,\mathrm{kW/cm^2}$ und (b) $1576\,\mathrm{kW/cm^2}$. Das Inset von (a) zeigt das Ramanspektrum vor Abzug der PL (siehe Text).

weiteres spektrales Merkmal bei $280\,\mathrm{cm^{-1}}$ ersichtlich. Dieses zusätzliche Ramansignal kann durch höhere Anregungszustände der Partikel unter starker Laseranregung erklärt werden. Eine finale Zuordnung ist jedoch auf Grund des verwendeten Notchfilters schwierig, da dieser einen Teil des Signals abschneidet.

Gegenkontrolle zur obigen Temperaturbestimmung

Um den oben bestimmten Wert des extrem starken Aufheizens der Probe zu bestätigen, werden Gleichung 9.1.10 und 9.1.11, und damit Balkanskis Modell[188] zur Temperaturbestimmung, angewandt. Unter starker optischer Anregung (Abbildung 9.3.1b) befindet sich die Stokeslinie bei $490\,\mathrm{cm^{-1}}$ und ist durch eine spektrale Breite von $33\,\mathrm{cm^{-1}}$ gekennzeichnet. Mit Gleichung 9.1.10 und der Position der Stokes-Linie ergibt sich hiermit eine Temperatur von circa $1100\,^\circ\mathrm{C}$. Eine Vergleichsberechnung unter Zuhilfenahme von Gleichung 9.1.11 sowie der spektralen Breite des Streusignals ergibt $1110\,^\circ\mathrm{C}$ und bestätigt die vorangegangene Berechnung. Da neben der Temperatur auch der experimentelle Versuchsaufbau zu einer scheinbaren Verbreiterung der Ramanspektren führt, gilt es zu beachten, dass bei der zweiten Berechnung der Temperatur anstelle von $33\,\mathrm{cm^{-1}}$ eine effektive Halbwertsbreite von $26\,\mathrm{cm^{-1}}$ verwendet wurde. Als Referenz zur Bestimmung des hier einberechneten Offsets wurde ein Siliziumwafer vermessen, dessen Ramansignal im Vergleich zum Literaturwert von Silizium $(4-5\,\mathrm{cm}^{-1})$[185] eine spektrale Breite von $12\,\mathrm{cm}^{-1}$ aufweist. Der Messwert liegt also um $7\,\mathrm{cm}^{-1}$ oberhalb des Literaturwerts und rechtfertigt obige Annahme.

Beide Messungen bestätigen folglich die bereits eingangs bestimmte extreme Temperaturerhöhung durch die Laseranregung. Die bestimmten Temperaturen sind zwar niedriger als die durch Gleichung 9.1.9 bestimmten Werte, jedoch durch die bereits oben genannten Argumente vertrauenswürdiger. Des Weiteren ist die Temperatur niedriger als der Schmelzpunkt von Silizium, eine notwendige Bedingung für die Beobachtung des Ramaneffekts in Silizium.

Zusammenfassend lässt sich konstatieren, dass durch die optische Anregung eine extreme Aufheizung der Probe erreicht wird, die durch alle drei eingeführten theoretischen Modelle konsistent ermittelt werden kann. Gleichung 9.1.10 und Gleichung 9.1.11 ermöglichen hierbei besonders bei hohen Temperaturen einen präzise Temperaturbestimmung. Gleichung 9.1.9 ist ideal geeignet, um im kalibrierten Temperaturbereich bis 70°C sowie bis zu einigen hundert Grad Celsius die lokale Temperatur zuverlässig zu bestimmen.

9.3.1 Morphologie- und Strukturänderungen durch starkes Aufheizen

Die außergewöhnlich hohen laserinduzierten Temperaturen erlauben die folgenden Fragen: Verändern solch hohe Temperaturen auch die physikalischen und morphologischen Eigenschaften der Probe und der Nanopartikel an sich? Und: Hat das Aufheizen einen direkten Einfluss auf die Form und die Merkmale der Ramanspektren sobald die Probe abgekühlt und anschließend erneut mit geringer Laserintensität vermessen wird?

Um diese Fragen näher zu beleuchten, wurde der Einfluss der Laseranregungsstärke auf die Probe mit Hilfe einer Serie von Ramanspektren (Abbildung 9.3.2) näher untersucht. Neben Spektren die sowohl die Stokes- als auch die Anti-Stokes-Streuung abdecken (Abbildung 9.3.2a), wurden zusätzlich hochaufgelöste Spektren der Stokes-Seite aufgenommen. Diese Spektren sind in Abbildung 9.3.2b gezeigt und stammen von derselben Probe wie in

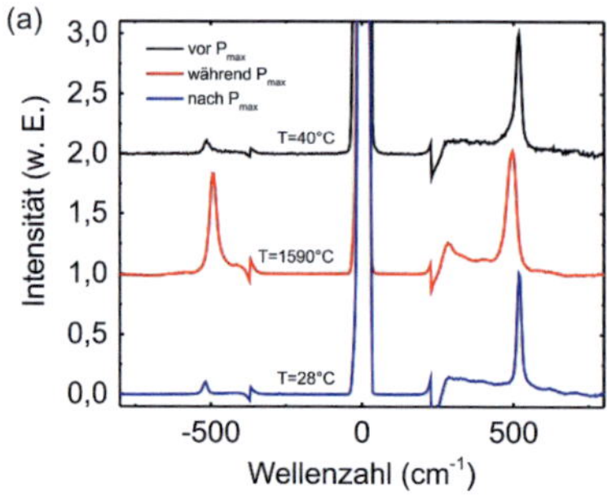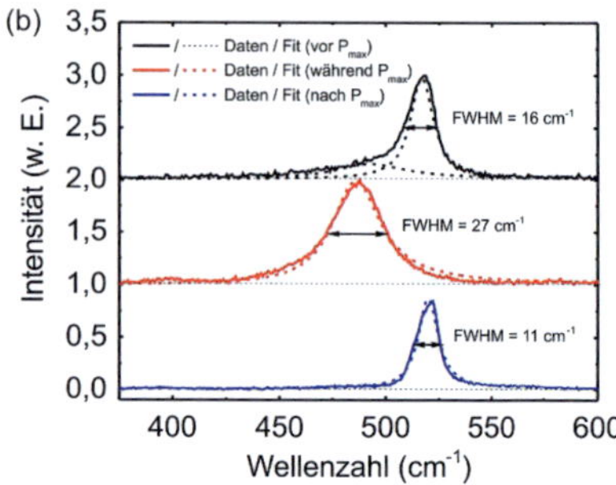

Abb. 9.3.2: Ramanspektren von Si-NCs bei unterschiedlichen Laseranregungsenergien (oben/mitte/unten: $15,8\,\mathrm{kW/cm^2}$/$1576\,\mathrm{kW/cm^2}$/$15,8\,\mathrm{kW/cm^2}$). (a) Überblickspektren und (b) hochaufgelöster Bereich wurden mit einem Gitter mit 300 Linien/mm bzw. 1200 Linien/mm aufgenommen. Die in (a) angegebenen Temperaturen wurden mit Gleichung 9.1.9 bestimmt. Die gestrichelten Linien in (b) ergeben sich durch Anpassen mit einer lorentzartigen Funktion (siehe Text). Horizontale gestrichelte Linien dienen zur Orientierung.

Abbildung 9.3.2a. Für die Messung wurde der Messbereich lediglich zu einer neuen, unberührten Probenstelle verschoben. Die erwähnte Messserie besteht aus drei Spektren, die im Folgenden entlang Abbildung 9.3.2a beschrieben werden. Messreihe eins (oben, schwarz) dient als Referenz für den ursprünglichen Zustand der Probe und wurde mit einer niedrigen Anregungsintensität von $15,8\,\mathrm{kW/cm^2}$ aufgenommen. Die Aufnahmedauer betrug 3300 s und nur eine leichte Erwärmung von ungefähr 40°C (Gleichung 9.1.9) ist beobachtbar. Messreihe zwei (Mitte, rot) zeigt die Spektren der, durch starke Laseranregung von $1576\,\mathrm{kW/cm^2}$, erhitzten Nanopartikel. Dieses Spektrenpaar (Aufnahmedauer 33 s) zeigt deutlich die durch das extreme Aufheizen entstehenden spektralen Veränderungen. Eine ausgeprägte Anti-Stokes-Linie, ähnlich des in Abbildung 9.3.1b gezeigten Spektrums, ist auch hier offenkundig. Des Weiteren lässt sich eine spektrale Verbreiterung zusammen mit einer spektralen Verschiebung des Signals zu höheren Energien beobachten. Auch in diesem Fall können wieder sehr hohe Temperaturen von ungefähr 1590°C (0,81, Gleichung 9.1.9) oder 1220°C ($486\,\mathrm{cm^{-1}}$, Gleichung 9.1.10) erreicht werden. Nach einer Abkühlphase von mehreren Minuten wurde Messserie drei (unten, blau) an gleicher Probenposition unter denselben Bedingungen wie Serie eins aufgenommen. Auch in diesem Fall lässt sich lediglich eine geringe Temperaturerhöhung auf 28°C (Gleichung 9.1.9) feststellen. Trotz der abermals niedrigen Temperatur lassen sich bereits hier deutliche Unterschiede im Vergleich zu Messreihe eins ausmachen, auf die wir nun unter Zuhilfenahme der hochaufgelösten Spektren (Abbildung 9.3.2b) näher eingehen wollen.

Neben der durch die starke Temperaturerhöhung verursachten spektralen Verbreiterung und Verschiebung der Spektren ist offensichtlich, dass sich die Ramanspektren vor und nach dem Laserannealing außerordentlich verändern. Wie aus der vergrößerten Aufnahme (Abbildung 9.3.2b) klar ersichtlich, zeichnet sich Messreihe eins besonders durch ein stark asymmetrisches Ramanprofil aus. Dieses beinhaltet zwei Lorentzanteile[1] bei $492\,cm^{-1}$ und $517\,cm^{-1}$. Die entsprechenden Halbwertsbreiten der beiden Anteile ergeben sich zu $40\,cm^{-1}$ beziehungsweise $13\,cm^{-1}$. Die Halbwertsbreite des gesamten Ramansignals, zentriert um $517\,cm^{-1}$, liegt bei $16\,cm^{-1}$. Die spektrale Asymmetrie und die beobachtete spektrale Verbreiterung lässt sich auch hier wieder gut durch eine Überlagerung eines amorphen und kristallinen Anteils der untersuchten Nanopartikel erklären.[47,98]

Wenden wir uns nun Messreihe drei zu, die nach dem Abkühlen der Probe eigentlich ein zu Messreihe eins vergleichbares Spektrum aufweisen sollte, ist offensichtlich, dass sowohl FWHM als auch die spektrale Position des Emissionsmaximums sich nach dem laserinduzierten Heizen stark verändern. Die Emissionsbreite verringert sich von $16\,cm^{-1}$ auf $11\,cm^{-1}$, die Position des Maximums befindet sich nun bei $520\,cm^{-1}$, während sie sich vor dem Aufheizen bei $517\,cm^{-1}$ befand. Des Weiteren ist, wie aus Abbildung 9.3.2b ersichtlich, die starke Asymmetrie des Ramanssignals beinahe vollständig verschwunden und die Daten lassen sich nun durch einen einzigen, spektral schmalen Lorentzanteil (FWHM: $11\,cm^{-1}$) bei $520\,cm^{-1}$ sehr gut anpassen. Diese Veränderungen sind besonders interessant, da die berechneten Temperaturen für Messreihe eins (vorher) und Messreihe drei (nachher) sehr ähnlich sind. Aus diesem Grund kann die Veränderung der drei oben beschriebenen Parameter von Messreihe drei nicht auf einen temperaturbedingten Einfluss zurückgeführt werden, sondern muss

---

[1]Nähere Informationen zur verwendeten Anpassfunktion finden sich in Kapitel A.1 im Anhang.

mit morphologischen und strukturellen Änderungen des Nanopartikelfilms einhergehen.

Um diese Vermutung weiter zu untermauern, können etwaige Änderungen der Partikelgröße vor und nach Aufheizen berechnet werden. Wie in Ref. 189 ausgeführt, reagiert die Position des Ramansignals besonders empfindlich auf die Größe der Nanopartikel. Diesem Ansatz folgend, lässt sich die Partikelgröße vor dem Aufheizen zu circa $3,7\,\mathrm{nm}$ ($517\,\mathrm{cm}^{-1}$) bestimmen. Nach dem laserinduzierten Heizen verschiebt sich die Position des Maximums zu $520\,\mathrm{cm}^{-1}$ und entspricht damit dem gemessenen Wert für Silizium als Volumenmaterial. Die Partikel sind nach dem Erhitzen folglich deutlich größer als zuvor und Quantenconfinement-Effekte haben somit keinen Einfluss auf das Ramansignal. Des Weiteren verändert sich ebenfalls die gemessene Halbwertsbreite der Emission und beträgt nun $11\,\mathrm{cm}^{-1}$. Dies entspricht ebenfalls dem gemessen Wert der Siliziumreferenz.

Eine Bestätigung der oben spektroskopisch beobachteten grundsätzlichen morphologischen Veränderung der Nanopartikel unter Laseranregung zeigt Abbildung 9.3.3 mit Hilfe einer Aufnahme der PL der Probe. Das gezeigte Logo wurde in eine dünne Nanopartikelschicht geschrieben und erbringt den „direkten" Nachweis für die tatsächlich auftretenden morphologischen Veränderungen der Probe nach der Laserbestrahlung. Die beschriebenen Bereiche zeigen eine signifikant geringere PL als der unberührte Rest der Probe, welcher noch immer eine starke nanopartikelbasierte PL aufweist. Die fehlende Lumineszenz der beschriebenen Bereiche kann großen Partikeln, die auf Grund ihrer Größe keine Lumineszenz mehr aufweisen, zugeordnet werden. Als Vergleich zeigt Abbildung 9.3.3b die Hellfeldaufnahme des beschriebenen Bereichs. Auch in diesem Abbildungsverfahren lässt sich das Logo klar durch einen veränderten Brechungsindex von der unbeschriebenen Umgebung unterscheiden und zeigt damit die strukturellen Änderungen durch das Laserschreiben. Zusammenfassend schließen wir, dass das beobachtete laserinduzierte Aufheizen der Nanopartikel zu einer Rekristallisierung der Partikel[193] und einer potentiellen Ausbildung von kristallinen Bereichen von mindestens $5\,\mathrm{nm}$ führt.

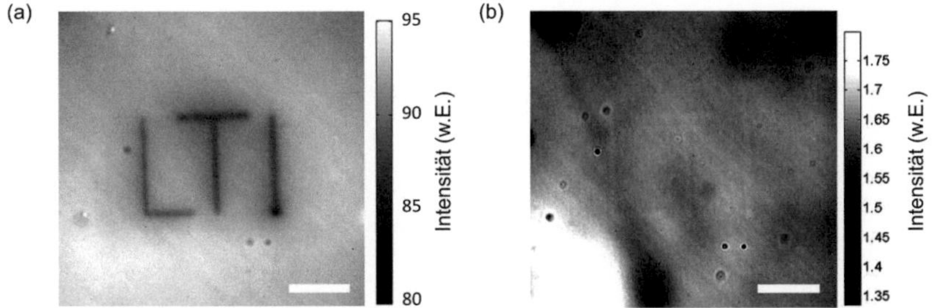

Abb. 9.3.3: Durch direktes Laserschreiben in eine 140 nm dicke Nanopartikelschicht geschriebenes Logo. (a) PL-Übersichtsaufnahme der Probe sowie (b) Hellfeldaufnahme desselben Bereichs. Maßstabsbalken: 25 µm, Laserintensität: 1576 kW/cm².

9.4 Ramanspektroskopie als Messmethode zur Bestimmung der Partikelkristallinität

Bei den umfangreichen morphologischen Untersuchungen von Silizium-Nanokristallen unterschiedlicher Größe mittels Transmissionselektronenmikroskopie (TEM)[61] wurde bereits im Kontext von Kapitel 5.2 erwähnt, dass mit abnehmendem Partikeldurchmesser ebenfalls die Kristallinität der Nanopartikel abnimmt. Neben dieser zwar direkten aber recht aufwendigen Untersuchungsmöglichkeit, lässt sich der Grad der Kristallinität der Partikel jedoch auch recht komfortabel und direkt mit Hilfe der Ramanspektroskopie messen.

Hierzu wurden exemplarisch zwei verschiedene Fraktionen, die nach dem in Kapitel 3.2 beschriebenen Separationsverfahren hergestellt wurden, auf Unterschiede in ihrem Ramanfingerabdruck untersucht. Das experimentelle Vorgehen zur Bestimmung der Ramanspektren entspricht dem in Kapitel 9.3 beschriebenen Vorgehen. Abbildung 9.4.1a und Abbildung 9.4.1b zeigen die Ramanspektren der beiden untersuchten Fraktionen. Ähnlich wie bei der in Kapitel 5.2 erwähnten TEM-Studie, zeigt sich bereits hier ein deutlicher Unterschied für den Fall der beiden gezeigten Partikelgrößen. Während Fraktion 2 ein, wenn auch leicht verbreitertes, Ramansignal aufweist, ist bei Fraktion 4 bereits eine signifikante spektrale Verbreiterung der Ramanlinie ersichtlich. Nach Abzug der PL, gezeigt in Abbildung 9.4.1b, ergibt sich

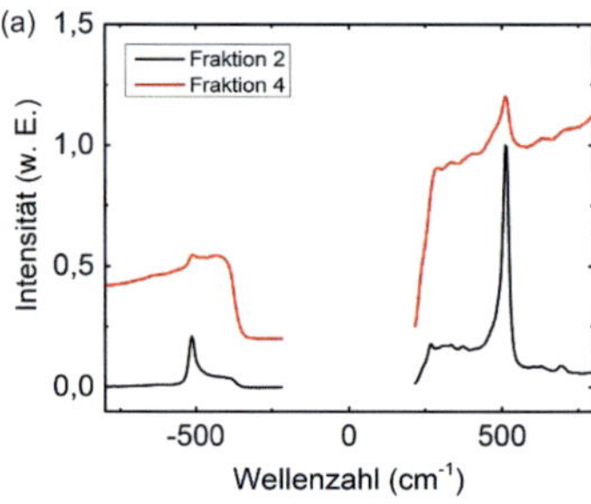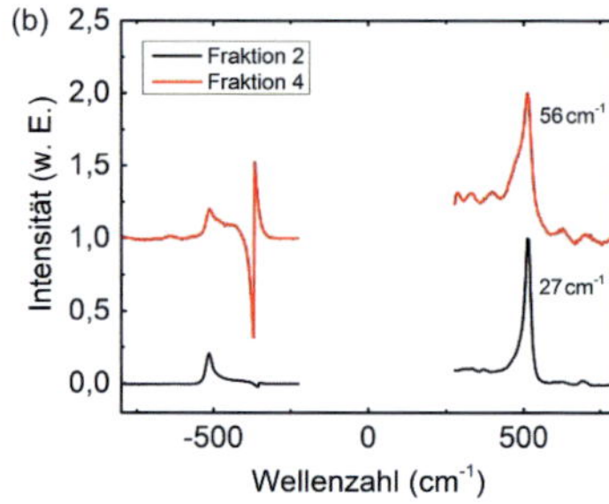

Abb. 9.4.1: Ramanspektren zweier unterschiedlicher Fraktionen im Vergleich (Partikelgröße von Fraktion 4 kleiner als von Fraktion 2). (a) Vor und (b) nach Abzug der überlagerten PL. Zur besseren Darstellung sind die Spektren gegeneinander vertikal verschoben.

für die $> 2,3\,\text{nm}$ großen Partikel aus Fraktion 2 eine FWHM von $25\,\text{cm}^{-1}$ bei $513\,\text{cm}^{-1}$, für die circa $1,9\,\text{nm}$ großen Partikel aus Fraktion 4 jedoch bereits eine Halbwertsbreite von $56\,\text{cm}^{-1}$ bei $511\,\text{cm}^{-1}$.[2] Analog zu oben kann diese Verbreiterung mit einem zunehmenden Anteil der amorphen Schwingungsmode bei $480\,\text{cm}^{-1}$erklärt werden.[190] Zwar lässt sich nicht eindeutig klären, ob die beobachtete Verbreiterung nur durch einzelne vollständig amorphe Partikel oder aber durch eine insgesamt verringerte Kristallinität aller Partikel zustande kommt, jedoch kann mit der hier gezeigten Methode einfach und zeitsparend eine konkrete Aussage über die gemittelte Kristallinität der Probe gemacht werden. Speziell für Kontrolluntersuchungen während der Synthese oder im Rahmen von neuen Syntheserouten bietet diese Möglichkeit gegenüber zeitintensiven TEM-Messungen einen großen Vorteil. Darüber hinaus ist auch die direkte Untersuchung von Flüssigkeiten denkbar, die anschließend noch für weitere Experimente verwendet werden können.

---

[2]Die Partikelgrößen wurden unter Kenntnis der PL-Maxima der Fraktionen entsprechend Abbildung 8.4.2 abgeschätzt.

9.5 Zusammenfassung

Intensive Laserbestrahlung von Nanopartikelschichten führt zu außerordentlich hohen lokalen Temperaturen der Nanopartikel. Das extreme Aufheizen der Nanopartikel lässt sich mit Hilfe der Ramanspektroskopie eindeutig spektroskopisch nachweisen und nachverfolgen. In der Diskussion der hier dargestellten Ergebnisse wurden drei verschiedene theoretische Ansätze gezeigt, die es ermöglichen die lokale Temperatur der Partikel unabhängig voneinander zu bestimmen. Es wurde dabei eine sehr gute Übereinstimmung der Modelle untereinander festgestellt. Als Folge des starken Aufheizens treten irreversible strukturelle Änderungen der Nanopartikelschichten auf. Mit Hilfe einer systematischen Studie konnte gezeigt werden, dass sich die Nanopartikelschichten nachhaltig verändern und nach intensiver Laserbestrahlung eine erhöhte Kristallinität aufweisen. Die spektroskopischen Eigenschaften stimmen dabei mit Werten von Silizium als Volumenmaterial gut überein. Eine Anwendung der Technik des direkten Laserschreibens zur Erzeugung von potentiell elektrisch leitfähigen Strukturen muss noch gezeigt werden, jedoch sind direkt aus der Flüssigphase hergestellte Leiterbahnen aus Nanopartikeltinten durchaus denkbar.

Abgeschlossen wurde das Kapitel durch die Vorstellung einer ramanbasierten Sonde zur Partikelkristallinität. Es konnte gezeigt werden, dass mit Hilfe der Ramanspektroskopie eine klare und zeitsparende Aussage über die Partikelkristallinität gemacht werden kann. Speziell für Kontrolluntersuchungen während der Synthese oder im Rahmen von neuen Syntheserouten bietet diese Möglichkeit gegenüber zeitintensiven TEM-Messungen einen großen Vorteil.

10 Silizium-Nanokristalle für biomedizinische Anwendungen

Biomedizinische Bildgebungsverfahren[14–17] sowie die photothermische Therapie mit Hilfe von Quantenpunkten[194] stehen im Mittelpunkt dieses Kapitels. Nach einer Einordnung der Experimente in den aktuellen Stand der biologischen Fluoreszenzbildgebung sowie in die hier verwendete experimentelle Herangehensweise, werden zwei Anwendungsgebiete von Silizium-Nanokristallen für biomedizinische Anwendungen diskutiert. In Kapitel 10.3 wird die Möglichkeit beschrieben, nahinfrarot (NIR) emittierende Silizium-Nanokristalle für medizinische Bildgebungsverfahren zu verwenden. Auf ein zweites Anwendungsfeld, Nanopartikel mit NIR-Laserlicht gezielt thermisch Aufzuheizen, wird in Kapitel 10.4 eingegangen.[1]

10.1 Einführung und Stand der Wissenschaft

Neben dem ebenfalls in dieser Arbeit beschriebenen großen Feld der Optoelektronik (Kapitel 7) finden Quantenpunkte auch in Lumineszenzbildgebungsverfahren Anwendung.[14–17] Auf Grund ihrer einfachen spektralen Durchstimmbarkeit (Kapitel 2.1.3) sowie der hohen Quantenausbeute[18,19,115,196,197] sind speziell funktionalisierte Nanopartikel besonders für die Bildgebung in biologischen Proben geeignet. Untersuchungen an Zellproben (in-vitro) sowie Studien direkt am Lebewesen (in-vivo) wurden hierbei bereits gezeigt.[195,198–200]

Besonders die Eigenschaft der Partikel im sogenannten biologischen Fenster (Abbildung 10.1.1) zwischen 650 und 1350 nm Licht zu emittieren macht

---

[1] *Teile der hier vorgestellten Ergebnisse sind in Ref. 195 veröffentlicht. Mit freundlicher Genehmigung von Small (Copyright 2011 WILEY-VCH Verlag GmbH & Co. KGaA).*

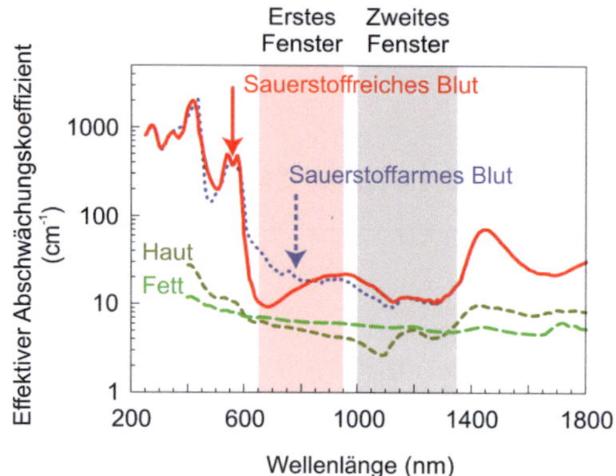

Abb. 10.1.1: Die biologischen Fenster im NIR-Spektralbereich. Zwischen $650-950\,\text{nm}$ sowie $1000-1300\,\text{nm}$ weisen Blut, Haut- und Fettgewebe eine minimale Lichtabsorption auf (nach Ref. 203, Copyright 2009 Nature Publishing Group).

Quantenpunkte besonders wertvoll.[201,202] In diesem Wellenlängenbereich weisen Blut, Haut- und Fettgewebe eine sehr geringe Lichtabsorption auf und ermöglichen es so gezielt Körperorgane oder bestimmte Bereiche im Lebewesen optisch zu markieren. Klassische organische Farbstoffe weisen zwar im sichtbaren Spektralbereich eine hohe Effizienz auf, sind jedoch im NIR-Wellenlängenbereich weniger gute Emitter. Die Anwendbarkeit von Quantenpunkten in biologischen Proben wurde bereits früh erkannt und deren Potential ebenfalls mit ersten Untersuchungen hierzu belegt.[198–200,204] In den dort beschriebenen Studien werden jedoch CdSe und andere Core-Shell-Nanopartikel der II-VI-Verbindungshalbleiter verwendet, welche jedoch für biologische Anwendungen auf Grund der Toxizität des Elements Cadmium grundsätzlich wenig geeignet sind.

Eine Alternative bieten auch hier Silizium-Nanokristalle:[14–17] Im Gegensatz zu den II-VI-Partikelsystemen[126,127] ist Silizium als Element nicht toxisch und selbst als Nanopartikel scheint Silizium nach ersten Untersuchungen keine erhöhte Toxizität aufzuweisen.[20–22] Auch im Fall von Silizium kann eine breite spektrale Durchstimmbarkeit[18,195] sowie eine hohe Quanteneffizienz im NIR-Spektralbereich realisiert werden.[18,19]

Wie im Fall jeder Nanopartikelanwendung, müssen die Partikel auch in die-

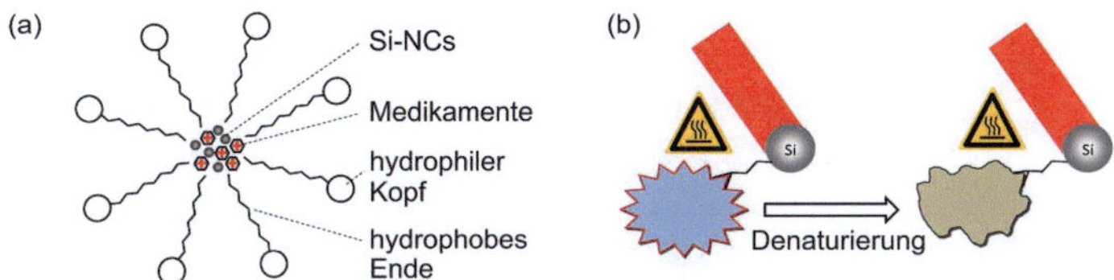

Abb. 10.1.2: Schematische Darstellung der biologischen Anwendungsmethoden von Silizium-Nanokristallen. (a) Silizium-Nanokristalle eingeschlossen in Solid-Lipid Nanopartikel (SLNs). (b) Tumorsensitive Silizium-Nanokristalle, die kranke Zellen gezielt durch lokales Aufheizen der Partikel zerstören.

sem Fall speziell funktionalisiert werden, um im wässrigen Milieu der biologischen Proben Löslichkeit zu gewährleisten und ihre Anwendbarkeit aufrecht zu erhalten. Die Löslichkeit kann hierbei über zweierlei Wege erreicht werden: Zum einen ist eine direkte Funktionalisierung der Partikel mit wasserlöslichen Liganden möglich. Hierzu können beispielsweise Charbonsäuren[205] oder auch große Molekülbeschichtungen wie Dextranmoleküle dienen.[74] Zum anderen lassen sich die aktiven Nanopartikel in Mizellen[206] oder Solid-Lipid-Nanoparticles (SLNs)[206,207] einschließen. Diese sind in wässriger Lösung stabil und speziell funktionalisiert, um einen Transport auch durch die Zellmembran hindurch ermöglichen.[206] Die Trägersysteme bei Mizellen bestehen aus Molekülen mit hydrophilen sowie hydrophoben Enden, wie dies in Abbildung 10.1.2a dargestellt ist. SLNs beinhalten einen festen einige 10 nm großen Kern beispielsweise aus Stearinsäure, in den die zu transportierenden Substanzen (andere Nanopartikel oder Medikamente) eingeschlossen werden. Die SLNs ($\sim$ 100 nm, vgl. Ref. 195) wiederum werden durch organische Moleküle funktionalisiert, um Wasserlöslichkeit sowie Biokompatibilität zu vermitteln. Beide Systeme bilden eine Art Kapsel, in der sich sowohl die Nanopartikel als auch potentiell zusätzliche Medikamente in biologischen Proben transportieren lassen. Die in Abbildung 10.1.2a gezeigte schematische Darstellung illustriert den Transportmechanismus der Nanopartikel im biologischen Milieu. Die in das Transportvesikel eingelagerten Nanopartikel und Me-

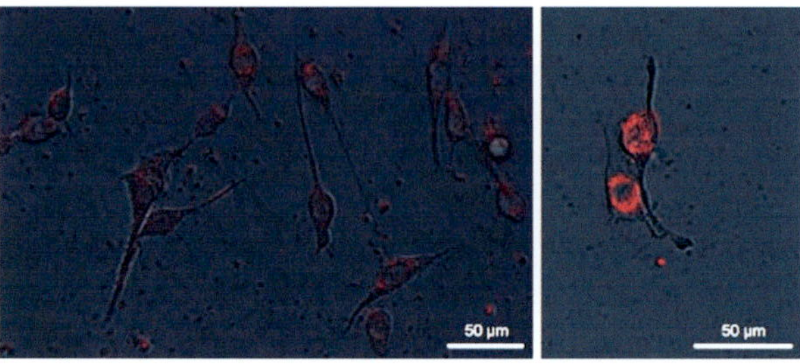

Abb. 10.1.3: Konfokales Fluoreszenzmikroskopiebild von menschlichen Brustkrebszellen mit eingelagerten SLNs. Die SLNs beinhalten wiederum NIR-emittierende Silizium-Nanokristalle (entnommen aus Ref. 195).

dikamente werden effektiv vor äußerlichen Einflüssen (Wasser, Licht, pH- und Salzwerten) geschützt und können so für spezielle Anwendungen bis über die Hirnschranke im menschlichen Körper transportiert werden.[208,209] Die transportierten Nanopartikel dienen als Lumineszenzmarker, durch die die Position der Medikamente in der biologischen Probe ermittelt wird (Abbildung 10.1.3). Des Weiteren kann das Vesikel, im Fall einer nur durch Van-der-Waals-Kräfte zusammengehaltenen Mizelle, durch gezieltes Aufheizen der Nanopartikel aufgespalten werden, wodurch die transportierten Inhaltsstoffe freigesetzt werden (siehe auch Kapitel 10.4). Neben der Funktion als Biomarker und Werkzeug, um gezielt das Transportvesikel zu öffnen und dessen therapeutischen Inhalt freizusetzen, können die Partikel selbst auch speziell funktionalisiert sein. Die Partikel können so beispielsweise an Tumorzellen oder spezielle Zellrezeptoren anzudocken.[210] Durch NIR-Aufheizen der Nanopartikel über die Fiebertemperatur von 42°C können die schädlichen Zellen schließlich durch thermisch induzierte Denaturierung der Zellproteine zerstört werden. Das Prinzip der photothermischen Therapie ist in Abbildung 10.1.2b gezeigt und in Kapitel 10.4 näher beschrieben.

In den folgenden Kapiteln werden nach einer kurzen Beschreibung des experimentellen Messaufbaus die Ergebnisse der photophysikalischen Untersuchung der Silizium-Nanokristalle auf eine Zwei-Photonenlumineszenz beschrieben. Diese fanden speziell in Zusammenhang mit biologischen Zelluntersuchungen Eingang in eine Publikation[195], auf die mehrfach zur

Illustrierung referenziert wird. Des Weiteren wird analog zu Kapitel 9.3 diskutiert, ob Silizium-Nanokristalle sich durch eine NIR-Anregung gezielt Aufzuheizen lassen und sich damit für den Einsatz als lokale Heizquelle in der photothermischen Therapie nutzen lassen.

10.2 Probendefinition und experimenteller Messaufbau

Die hier spektroskopisch untersuchten Proben wurden nach der bereits in Kapitel 3 beschriebenen Festkörpersynthese hergestellt. Eine detaillierte Synthesebeschreibung der hier untersuchten Paritkel findet sich in Ref. 195. In den beiden Unterkapiteln 10.3 und 10.4 werden zwei unterschiedliche Partikelsysteme betrachtet. In Kapitel 10.3 werden NIR-emittierende, mit Octadecyl funktionalisierte, Partikel auf ihre Zwei-Photonenlumineszenz sowie ihre Lumineszenzlebensdauern hin untersucht. Die Nanopartikel sind dabei in SLNs eingebettet, die wiederum mit Polyethylenglycol (PEG) funktionalisiert sind, um eine Zellaufnahme zu ermöglichen.[195] In Kapitel 10.4 werden NIR-emittierende, mit Allylbenzol funktionalisierte, Partikel auf ihre lokale Temperatur unter Laseranregung untersucht.

In Abbildung 10.2.1 ist schematisch der hier verwendete experimentelle Versuchsaufbau gezeigt. Dieser wurde bereits für die in Kapitel 9 beschriebenen Ramanexperimente verwendet, hier jedoch um einen NIR emittierenden Titan-Saphir-Laser (Coherent Mira Ti:Sa) erweitert. Letzterer emittiert kurze Lichtpulse von 120 fs bei einer Wellenlänge von 810 nm. Die Anregungsleistung kann mit Hilfe eines Filterrads variiert werden. Für die in Kapitel 10.3 beschriebene Zwei-Photonenanregung wird ein Kurzpassfilter verwendet, welcher sämtliches Licht über 785 nm vor dem Spektrometer herausfiltert. Bei den Versuchen zur lokalen Erwärmung der Nanopartikel durch NIR-Anregung (Kapitel 10.4) wird stattdessen, wie auch in Kapitel 9, ein Kerbfilter verwendet. Dieser filtert das Ramananregungslicht bei 532 nm vor dem Spektrometer heraus. Für die in Abbildung 10.3.2 dargestellten zeitaufgelösten Photolumineszenzmessungen wird der bereits in Kapitel 8 beschriebene experimentelle Versuchsaufbau verwendet.

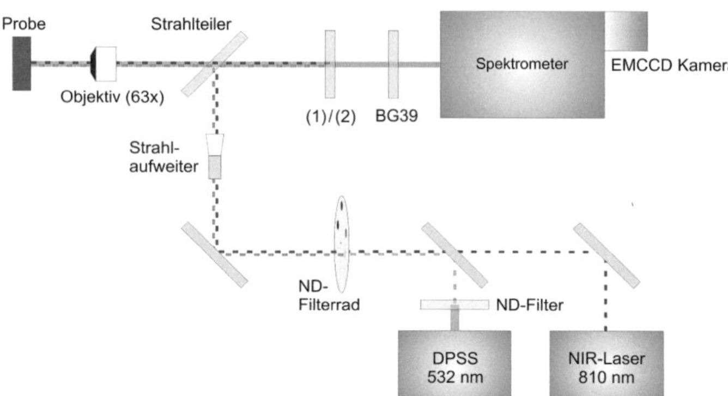

Abb. 10.2.1: Schematische Darstellung des Versuchsaufbaus zur Anregung der Zwei-Photonenlumineszenz sowie des NIR-induzierten Heizens von Silizium-Nanokristallen. Neben dem nahinfraroten Ti:Sa-Festkörperlaser bei 810 nm wird zur Temperaturbestimmung mittels Ramanspektroskopie ein diodengepumpter Festkörperlaser (DPSS) bei 532 nm verwendet. (1)/(2) sind die im Text beschriebenen Kerb- und Kurzpassfilter.

10.3 Zwei-Photonen-Anregung im NIR

Die unter NIR-Anregung ($\lambda_{exz} = 810\,\text{nm}$, $P_{exz} = 6\,\text{mW}$, $\text{FWHM}_{Puls} = 338\,\text{nm}$) angeregte Lumineszenz der Nanokristalle ist in Abbildung 10.3.1 dargestellt. Im Vergleich zum Spektrum unter UV-Anregung (Inset) zeigt sich ein übereinstimmender Verlauf des Spektrums. Auf Grund des verwendeten Kurzpasssperrfilters lässt sich die Zwei-Photonenlumineszenz nur bis circa 785 nm beobachten und fällt zu höheren Wellenlängen ab. Unabhängig von dieser spektroskopischen Randbedingung, bietet jedoch die Zwei-Photonenanregung zwei entscheidende Vorteile gegenüber der klassischen Lumineszenz: Zum einen können Nanopartikel mit NIR-Licht durch das, in Abbildung 10.1.1 gezeigte, biologische Fenster selbst unter mehreren Zentimetern biologischen Gewebes zur Lumineszenz angeregt werden.[203] Zum anderen ist es möglich durch eine NIR-Anregung die normalerweise unter UV-Anregung stets präsente Autofluoreszenz[198] des umgebenden biologischen Gewebes zu vermeiden. Dies führt zu einer besseren Bildgebung durch einen höheren Kontrast zwischen den Nanopartikeln und dem umliegenden Gewebe.

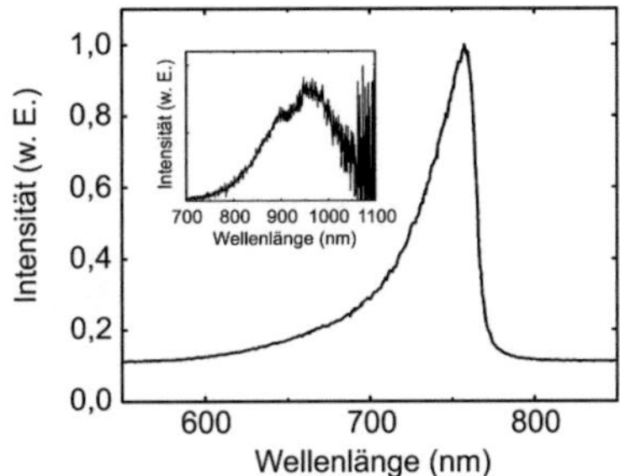

Abb. 10.3.1: Zwei-Photonenlumineszenz von, mit Ocatadecyl funktionalisierten, Silizium-Nanokristallen. Anregungswellenlänge beträgt 810 nm. Die Verwendung eines Kurzpassfilters verhindert die Aufnahme des vollen Spektrums. Inset: Lumineszenz der Nanopartikel unter UV-Anregung. Das Maximum der Emission liegt bei circa 955 nm.

10.3.1 Lumineszenzlebensdauern von NIR-emittierenden Partikeln

Neben der oben beschriebenen Zwei-Photonenanregung der Silizium-Nanokristalle ist es ebenfalls möglich die unterschiedlichen Lumineszenzlebensdauern von Nanopartikeln und umgebendem biologischem Material gezielt für eine autofluoreszenzfreie Bildgebung von biologischen Proben einzusetzen.

Bei diesem zeitaufgelösten Verfahren wird das allgemein sehr schnell abklingende Autofluoreszenzsignal[198] der Probe mit Hilfe einer gepulsten Anregung sowie einer spektral und zeitlich aufgelösten Detektion (engl. „gated acquisition") von der Lumineszenz der Nanopartikel getrennt. Die eigentliche Detektion der Nanopartikellumineszenz findet in diesem Fall erst nach dem Abklingen der Autofluoreszenz des biologischen Materials statt und erlaubt es damit fast ausschließlich die Nanopartikelemission aufzunehmen. Wichtig ist hierbei hervorzuheben, dass dieses Verfahren speziell auf den besonders langen Lumineszenzlebensdauern der Silizium-Nanokristalle beruht. Bei Nanopartikelsystemen mit direkter Bandlücke und damit verbundenen kurzen Lebensdauern (z.B. CdSe: 3–35 ns[211]) ist das Verfahren nicht anwendbar.

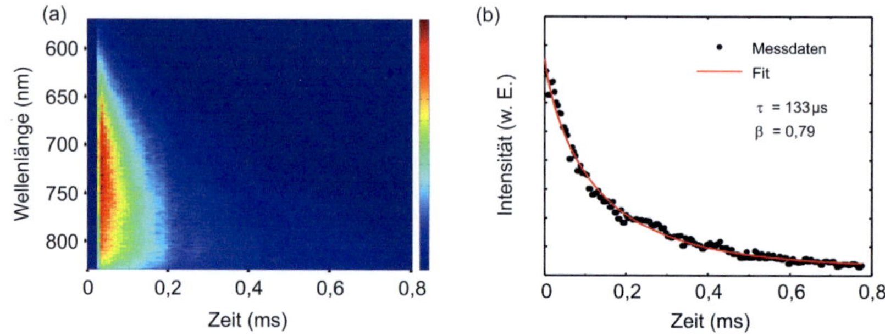

Abb. 10.3.2: Lumineszenzlebensdauern von mit Octadecyl funktionalisierten Silizium-Nanokristallen. (a) Zeitaufgelöstes PL-Spektrum. (b) Lumineszenzabfall bei 780 nm, angepasst mit einer gestreckten Exponentialfunktion der Form $I(t) = A + B \cdot \exp(-t/\tau)^{\beta}$.

Aus dieser Motivation heraus ist in Abbildung 10.3.2 der typische Abfall der Lumineszenz der Silizium-Nanokristalle über der Zeit gezeigt. Die Intensität des Photolumineszenzsignals ist hierbei sowohl als farbige Übersichtsgraphik dargestellt als auch bei einer definierten Wellenlänge von 780 nm. Bei Wellenlängen von über 800 nm nimmt die Intensität auf Grund der abnehmenden Quanteneffizienz des Si-Detektors ab, beeinflusst jedoch die Messungen der Lebensdauern nicht. Der in Abbildung 10.3.2b gezeigte der Lumineszenzabfall bei 780 nm lässt sich mit einer gestreckten Exponentialfunktion[49,69,174] der Form $I(t) = A + B \cdot \exp(-t/\tau)^{\beta}$ gut anpassen und es ergeben sich Lebensdauern von $\tau = 133\,\mu s$ bei 780 nm. Der Dispersionskoeffizient β beträgt 0,79. Im Vergleich zu den typischerweise sehr kurzen Lebensdauern des Autofluoreszenzsignals des umgebenden Materials ($2 - 5\,ns$)[198] sind die Lebensdauern der Nanopartikel damit um mehr als vier Größenordnungen länger. Eine einfache Unterdrückung dieses Störsignals durch eine zeitlich selektive Aufnahme der Nanopartikelemission ist somit möglich und auf eine aufwendige NIR-Anregung sowie lange Integrationsdauern kann so verzichtet werden.

10.4 Gezieltes NIR-Heizen von Silizium-Nanokristallen

Wie bereits eingangs in Kapitel 10.1 erwähnt, können Silizium-Nanokristalle auch im Bereich der photothermischen Therapie eingesetzt werden. Diese soll es ermöglichen Nanopartikel direkt an krankhafte Zellen oder Zellfunktionen zu binden und durch ein starkes lokales Aufheizen der Nanopartikel über die „Fiebertemperatur" Proteine und damit krankhaften Zellen zu zerstören. Durch gezieltes lokales Aufheizen von Siliziumnanostrukturen lassen sich so beispielsweise Krebszellen unschädlich machen.[194] Um dieses große Potential der siliziumbasierten Nanopartikel zu heben, jedoch nicht möglichen gesundheitsschädlichen Gefahren durch das das große Aspektverhältnis von beispielsweise Nanodrähten ausgesetzt zu sein, wird im Folgenden das lokale Aufheizen von potentiell nicht toxischen[21,22] Silizium-Nanokristallen unter NIR-Anregung untersucht.

Eine weitere denkbare Anwendung der photothermischen Therapie ist das gezielte Einbringen von Medikamenten in einen Organismus. Hierbei spielt das gezielte Aufspalten von Mizellen (Abbildung 10.1.2) und anderen Transportvesikeln eine Rolle. Im speziellen Fall von Mizellen, die lediglich durch die schwache Van-der-Waals-Wechselwirkung ($\sim k_B T$) zwischen den, die Mizelle konstituierenden, Molekülen zusammengehalten werden, kann ein ortsgenaues Auflösen des Vesikels durch ein gezieltes Erhitzen der transportierten Nanopartikel erreicht werden. Auch hierzu ist lediglich eine geringe Temperaturerhöhung der Nanopartikel durch optisch eingebrachte Energie nötig.

10.4.1 Temperaturkalibrierung und experimentelles Vorgehen

Die Untersuchung der potentiellen Erwärmung der Partikel wird analog zu dem in Kapitel 9.3 beschriebenen Vorgehen durchgeführt. Mit Allylbenzol funktionalisierte Silizium-Nanokristalle werden so lange aus Lösung auf ein dünnes Glassubstrat aufgetropft, bis sich eine optisch dichte Schicht ausbildet. Diese wird anschließend spektroskopiert.

In einem Pump-Abfrage-Experiment, welches schematisch in Abbildung 10.2.1 dargestellt ist, regt ein bei 532 nm emittierender grüner Laser die

Nanopartikelprobe zu Ramanstreuung an. Das gemessene Verhältnis der Stokes- und Anti-Stokes-Ramanstreuintensitäten wird mit Gleichung 9.1.9 aus Kapitel 9.1 einer Temperatur zugeordnet. Als Funktion des ein- oder ausgeschalteten NIR-Lasers, wird anhand des Ramansignals beobachtet, ob eine Änderung der gemessenen Temperatur stattfindet und wie stark diese gegebenenfalls ausfällt. Die Laseranregung bei 532 nm dient hierbei lediglich als Sonde für die gezielte Temperaturuntersuchung und wird in der tatsächlichen biologischen Anwendung weggelassen.

Um besonders kleine Temperaturänderungen zuverlässig messen zu können, ist es nötig den Aufbau geeignet zu kalibrieren. Mit Hilfe eines Siliziumwafers sowie der bereits in Kapitel 9 beschriebenen temperaturregelbaren BioCell® lässt sich anhand einer Referenzmessung das Verhältnis der beiden Ramanstreuintensitäten sehr gut kalibrieren. Diese Kalibrierung ist in Ref. 190 ausführlich beschrieben und ist lediglich mit Abbildung A.3.5 im Anhang aufgeführt. Hierbei ist anzumerken, dass gerade in dem hier kritischen Bereich von 20 - 70°C diese Kalibrierung besonders zuverlässige Werte liefert. Sie ist folglich optimal auf die hier nötigen Bedürfnisse zugeschnitten.

Um möglichst nur den Einfluss des Heizlasers auf die Temperatur der Probe zu messen, wird der grüne Abfragelaser im Vergleich zu Kapitel 9.3.1 mit Hilfe eines OD 2 Filters deutlich abgeschwächt. Die Leistung des Abfragelasers beträgt mit $15,8\,kW/cm^2$ nur noch 17% der durchschnittlichen Leistung des NIR-Heizlaser ($90\,kW/cm^2$). Bei allen Experimenten wurden, bedingt durch die geringe verwendete grüne Anregungsleistung, verhältnismäßig lange Belichtungszeiten von $5 \times 300\,s$ gewählt.

10.4.2 Spektroskopische Auswertung

Die Ergebnisse der Messungen sind in Abbildung 10.4.1 gezeigt. Dargestellt sind die Temperaturwerte unter NIR-Anregung (rot) sowie der Referenzmessung mit lediglich dem grünen Abfragelaser (grün). Für eine systematische Untersuchung wurden insgesamt sieben Messpunkte von zwei unterschiedlichen Nanopartikelproben aufgenommen. Diese sollen die Zuverlässigkeit und Reproduzierbarkeit der Messdaten stützen. Pro Messpunkt wur-

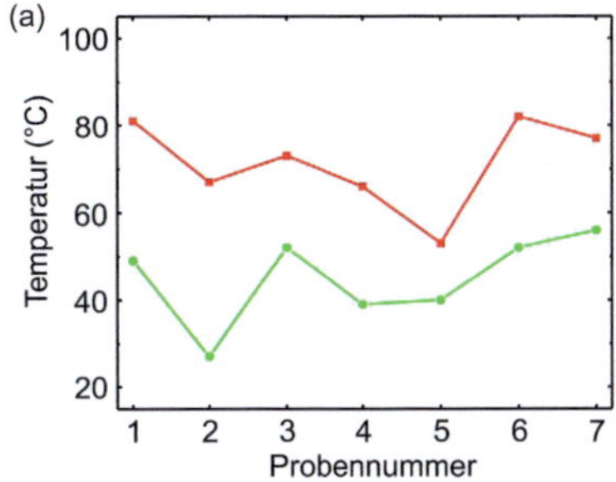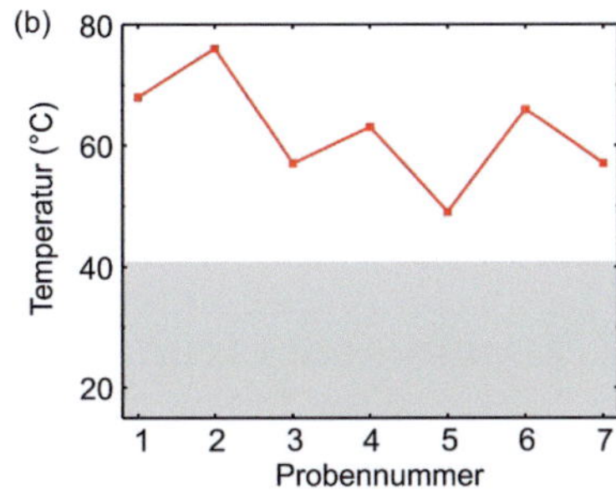

Abb. 10.4.1: Aufheizen von Nanokristallen durch NIR-Laseranregung. (a) Mit/ohne NIR-Laser (rot/grün). (b) Temperaturerhöhung durch NIR-Laser ausgehend von einer Körpertemperatur von 36°C. Die biologisch kritische Temperatur von 42°C ist in grau dargestellt.

den jeweils zwei Messungen unter identischen Versuchsbedingungen durchgeführt. Die erste Messung ist hierbei stets eine „Dunkelmessung", bei der die durch den Abfragelaser verursachte Temperaturerhöhung gemessen wird. Zusammen mit der zweiten Messung, Heiz- und Abfragelaser sind aktiv, lässt sich die absolute Temperaturerhöhung durch die zusätzliche NIR-Aufheizung bestimmen. Letztere ist in Abbildung 10.4.1 in rot dargestellt. In beiden Fällen kann eine deutliche und reproduzierbare Temperaturerhöhung gezeigt werden. Die Schwankungen der unterschiedlichen Temperaturwerte ist jeweils in beiden Messungen zusehen und damit auf die Messposition auf der Probe beziehungsweise die Konzentration der Partikel zurückzuführen.[190] Die lokale Temperatur der Nanopartikel durch Anregung mit dem NIR-Laser beträgt im Durchschnitt 74°C. Der grüne Ramanabfragelaser führt ebenfalls zu einer leichten Temperaturerhöhung von Raumtemperatur auf circa 48°C. Entscheidend hierbei ist, dass in allen Messungen die gemessene Temperaturerhöhung durch die NIR-Anregung deutlich über der Referenzmessung liegt und es so zu einer effektiven Aufheizung der Nanopartikel kommt. Wird die durch den grünen Abfragelaser induzierte Temperaturerhöhung von den in rot darstellten Messdaten abgezogen, so ergibt sich alleine durch die NIR-Anregungsquelle eine mittlere Temperaturerhöhung der Probe von 26°C. Diese ist zusammen mit der Körpertemperatur von 36°C in Abbildung 10.4.1b dargestellt. Die gemessene Temperaturerhöhung genügt folglich bereits, um die Probentemperatur alleine durch die NIR-Anregung auf Werte oberhalb der biologisch kritischen Temperatur zu heben und bestätigt das große Potential der Silizium-Nanokristalle im Bereich der biomedizinischen Anwendung.

10.5 Zusammenfassung

In diesem Kapitel wurde eine Einführung in die biologische Lumineszenz-bildgebung mit Hilfe von NIR-emittierenden Silizium-Nanokristallen gegeben. Bestehende Konzepte der Partikelfunktionalisierung sowie der Partikelaufnahme durch Zellen wurden dabei erläutert. Es konnte eine Zwei-Photonenanregung ($\lambda_{\mathrm{exz}} = 810\,\mathrm{nm}$) von, mit Octadecen funktionalisierten, Nanopartikeln gezeigt werden, welche eine Anwendung im Bereich der Lumineszenzbildgebung biologischer Proben finden kann.[195] Darüber hinaus wurden die Lumineszenzlebensdauern der NIR-emittierenden Partikel mit Hilfe von zeitaufgelöster Photolumineszenzspektroskopie bestimmt und ebenfalls mögliche Anwendungen in Lumineszenzbildgebungverfahrens diskutiert. In einem letzten Kapitel konnte mit Hilfe des Kapitel 9 eingeführten Verfahrens zur lokalen Temperaturbestimmung von Silizium-Nanokristallen ein NIR-induziertes lokales Aufheizen von Silizium-Nanokristallen gezeigt werden. Ein signifikantes und reproduzierbares Aufheizen der Partikel unter NIR-Anregung wurde beobachtet und dessen mögliche Anwendungen in der photothermischen Therapie diskutiert.

11 Zusammenfassung und Ausblick

Die vorliegende Arbeit umfasst eine eingehende Untersuchung der optischen, elektrischen und optoelektronischen Eigenschaften von Silizium-Nanokristallen. Im Rahmen dieser Arbeit konnte dabei eine Vielzahl spektroskopischer sowie anwendungsrelevanter Erkenntnisse über die lichtemittierenden Nanopartikel gewonnen werden.

Hierzu stand in einem ersten Schritt die spektroskopische Untersuchung von Silizium-Nanokristallen im Mittelpunkt. Es wurde gezeigt wie mit Hilfe von Absorptions- und Exzitationsmessungen die Konzentration von Nanopartikellösungen relativ zu einer Referenzlösung ermittelt werden kann. Dieses Werkzeug fand insbesondere bei der Herstellung der siliziumbasierten Leuchtdioden Anwendung. Des Weiteren wurden größenseparierte Nanokristalle mittels zeitaufgelöster Spektroskopie gezielt als Funktion ihrer Größe charakterisiert. Es konnte dabei eine gute Übereinstimmung mit Messungen zur Lumineszenzquanteneffizienz gezeigt werden, welche ebenfalls den starken Einfluss von Defekten und die dadurch signifikant reduzierte Quanteneffizienz von kleinen Nanokristallen bestätigt. Die im Zusammenhang mit dieser Arbeit routinemäßig eingesetzte Größenseparierung führte zudem zu neuartigen blau emittierenden Spezies, welche mit zeitaufgelöster Spektroskopie sowie klassischer Anregungsspektroskopie charakterisiert wurden. Aus den analysierten Messdaten wurde geschlossen, dass nicht etwa eine Defektlumineszenz der Silizium-Nanokristalle, sondern vermutlich clusterartige siliziumbasierte Emitter für die blaue Emission verantwortlich sind.

In einem sich anschließenden Großkapitel wurde über die Herstellung und die detaillierte Untersuchung von neuartigen siliziumbasierten Leuchtdioden (SiLEDs) berichtet. Nach einer Einführung in quantenpunktbasierte Leuchtdioden wurde eine detaillierte Studie zu SiLEDs basierend auf größenseparierten Nanokristallen vorgestellt. Im Rahmen dieser Untersuchungen konnte gezeigt werden, dass sich mit größenseparierten Nanokristallen besonders effiziente Bauteile realisieren lassen und der Bau homogen leuchtender SiLEDs mit erstaunlich geringen Einsatzspannungen von bis zu 2 V möglich ist. Die Emissionswellenlänge der SiLEDs lässt sich dabei in einfacher Weise durch die Größe der Nanopartikel einstellen. Im Rahmen dieser Arbeit wurde eine Durchstimmbarkeit vom tiefroten Spektralbereich bis hin zu einer orange-gelben Emissionsfarbe (620 nm) realisiert. Im Vergleich zu „polydispersen", nicht auf größenseparierten Nanokristallen basierenden, SiLEDs konnte gezeigt werden, dass sich die Betriebslebensdauer der Bauteile signifikant von circa 15 h auf bis über 40 h erhöhen lässt. Zusätzlich bietet der Einsatz von größenseparierten Nanopartikeln die Möglichkeit, die durch die unterschiedlichen Partikelgrößen verursachte spektrale Verschiebung des Emissionsmaximums der SiLEDs signifikant zu verringern. Im Gegensatz zu einer Verschiebung von mehr als 30 nm im Fall der polydispersen SiLEDs konnte damit eine reduzierte Verschiebung um lediglich 13 nm erreicht werden. Durch feinere Auftrennungsschritte oder den Einsatz weiterführender Größenaufrennungsverfahren[61] ist es möglich, diese Verschiebung noch weiter zu verkleinern.

Um die Degradationsmechanismen und die damit verbundenen limitierten Lebensdauern der SiLEDs näher zu untersuchen, wurde in einer weiteren umfangreichen Studie die Morphologie der SiLED-Schichtstruktur vor und nach Betrieb betrachtet. In diesem Kontext wurden SiLEDs basierend auf polydispersen sowie quasi monodispersen Nanokristallproben untersucht, um eine Erklärung für die im Fall von polydispersen SiLEDs signifikant verkürzten Lebensdauern zu finden. Für die Experimente wurden mittels eines Focused-Ion-Beam-Systems dünne Querschnittsproben aus den SiLEDs freigestellt und mit Hilfe der Transmissionselektronenmikroskopie auf ihre nanoskopische Morphologie hin untersucht. Besonders elementaufgelöste Analysen ergaben hierbei wertvolle Informationen über die strukturellen und morphologischen Unterschiede nach Betrieb der LEDs. Unter starker elektrischer Beanspruchung konnte eine stark ausgeprägte Migration der Nanopartikel innerhalb des Schichtsystems festgestellt werden, welche in ultimo zu fatalen Bauteildefekten führt. Unter normalen Betriebsbedingungen wurde keine signifikante Änderung der Morphologie beobachtet und der schnelle initiale Abfall der Elektroluminszenz der Bauteile kann auf chemische Veränderungen der Nanopartikel zurückgeführt werden. Letztere führen zu weniger effizient lichtemittierenden Nanokristallen oder zu einem einfachen defektbezogenen „Ausschalten" einzelner Nanopartikel. Dies lässt den Schluss zu, dass zum jetzigen Zeitpunkt nicht die verwendeten organischen Materialien, sondern die Quantenpunkte im Wesentlichen für die Degradation der Bauteile verantwortlich sind. Im Fall von SiLEDs basierend auf polydispersen Nanokristallproben konnten drei wesentliche Degradationmechanismen ausgemacht werden, welche eine schnelle Defektbildung und Degradation der Bauteile hervorruft und zu kurzen Bauteillebensdauern führt. Diese sind: Eine erschwerte Prozessierung der Nanokristalle als homogene Schicht, durch große Partikel verursachte Perkolationspfade in der Emitterschicht sowie eine Diffusion von sehr kleinen, nicht durch die Transmissionselektronenmikroskopie auflösbaren, Partikeln, welche zu Inhomogenitäten in der Lochblockschicht TPBi führen. Letztere bilden vermutlich ebenso Perkolationspfade, entlang derer ein Stromtransport präferentiell stattfindet und welche letztlich einen Defekt des Bauteils nach sich ziehen. Besonders der Einsatz von möglichst monodispersen mit Allylbenzol funktionalisierten Nanokristallen scheint somit für eine effiziente, homogene und langzeitstabile Lichtemission unabdingbar.

Um den Ladungsträgertransport in den optoelektronischen Bauteilen näher zu untersuchen, wurde eine elektrischen Charakterisierung der Silizium-Nanokristalle durchgeführt. Es konnte dabei eine erste Abschätzung der Mobilität und der Leitfähigkeit getätigt werden. Die Messungen erwiesen sich auf Grund des eingesetzten Liganden Allylbenzol als Herausforderung, da lediglich ein sehr geringer Ladungstransport durch die Nanopartikelschichten stattfindet. Besonders mit zeitaufgelösten Fotostrommessungen konnte anhand eines stark dispersiven Ladungsträgertransports der signifikante Einfluss von Defektzuständen nachgewiesen werden.

Da selbst in funktionalisierten Nanokristallen Oberflächendefekte eine große Rolle spielen, wurde in einer umfangreichen temperatur- und zeitaufgelösten spektroskopischen Studie der Einfluss der lokalen dielektrischen Umgebung der Nanokristalle auf die Lumineszenz der Partikel untersucht. Dabei stellte sich heraus, dass selbst bei funktionalisierten Nanokristallen bereits eine geringe Oberflächenoxidation die Emissionseigenschaften der Nanokristalle fast vollständig dominiert. Bei kleinen Partikeln tritt die intrinsische, durch das Quantenconfinement definierte, Lumineszenz erst bei tiefen Temperaturen von unter $100 - 150\,\text{K}$ wieder auf. Größere Partikel scheinen in Übereinstimmung mit Literaturberichten weniger von den Defekten beeinflusst zu sein.[38]

Abgerundet wird diese Arbeit mit den beiden anwendungsorientierten Kapiteln zur gezielten Lasermanipulation und Ramanspektroskopie von Silizium-Nanokristallen sowie zu biomedizinischen Anwendungen von Silizium-Nanokristallen. Mit Hilfe der Ramanspektroskopie können besonders Änderungen der Kristallinität der Nanopartikel nachgewiesen werden. In einer detaillierten Studie konnte gezeigt werden, dass sich die Nanopartikel durch intensive Laserbestrahlung gezielt vom amorphen Zustand hin zu einer vollkommen kristallinen Phase überführen lassen. Erstaunlich hohe Temperaturen von über $1000\,°\text{C}$ wurden aus den Ramanspektren ermittelt und führen vermutlich zu einem lokalen Aufschmelzen der Nanopartikel und einer Ausbildung größerer kristalliner Bereiche. Diese drastischen Änderungen konnten ebenfalls durch Hellfeldmikroskopie sowie anhand einer reduzierten Lumineszenz der beschriebenen Bereiche bestätigt werden. Durch das direkte Laserschreiben lassen sich folglich definiert Bereiche mit höherer Kristallinität sowie potentiell zusammenhängender Struktur schreiben. Diese Tatsache ist insbesondere für die Realisierung von druckbarer siliziumbasierter Elektronik extrem vielversprechend.

Im nahinfraroten Spektralbereich emittierende Silizium-Nanokristalle lassen gezielt für biomedizinische Bildgebungsverfahren sowie zu therapeutischen Zwecken einsetzen. Es konnte gezeigt werden, dass mit Hilfe einer NIR-Anregung eine Zweiphotonenabsorption in Silizium-Nanokristallen möglich ist, welche ebenfalls zu einer NIR-Lichtemission führt. Anregung und anschließende Lumineszenz können somit gezielt durch biologisches Gewebe stattfinden und ermöglichen es im Fall von speziell biofunktionalisierten Partikeln bestimmte Bereiche in biologischen Proben darzustellen. Im Zusammenhang mit den ebenfalls in dieser Studie beobachteten langen Lumineszenzlebensdauern der Partikel, ist es darüber hinaus möglich die bei der Bildgebung störende Autofluoreszenz von biologischem Gewebe herauszufiltern. In Anlehnung an die im Rahmen der Ramanstudie beobachtete extreme Aufheizung der Silizium-Nanokristalle konnte mit einer NIR-Anregung ebenfalls eine Temperaturerhöhung über die biologisch kritische „Fiebertemperatur" erreicht werden. Eine Anwendung von Silizium-Nanokristallen im Bereich der photothermischen Therapie ist somit durchaus denkbar.

In Zukunft könnten es insbesondere neuartige Funktionalisierungskonzepte ermöglichen, die optischen Eigenschaften der Silizium-Nanokristalle gezielt zu kontrollieren und so beispielsweise eine größere spektrale Durchstimmbarkeit der Nanokristalllumineszenz durch eine bessere Oberflächenpassivierung zu erreichen. Sollte es möglich sein, Nanokristalle elektronisch zu funktionalisieren, diese elektrostatisch zu stabilisieren oder gar durch ein Sinterverfahren oder einen gezielten Ligandenaustausch eng miteinander zu verbinden, sollte mit Hilfe von FET- und TOF-Messungen eine erneute elektrische Charakterisierung in Betracht gezogen werden. Wertvolle Informationen über Defektdichte und Mobilität einer schwermetallfreien Alternative zu II-VI-Halbleiternanokristallen könnten so gewonnen werden. Darüber hinaus könnten neue, speziell für optoelektronische Anwendungen optimierte Ligandensysteme zu einem besseren Ladungstransport in den Silizium-Leuchtdioden führen. Spannungsverluste in den Bauteilen würden so minimiert und längere Bauteillebensdauern und potentiell höhere Effizienzen der Leuchtdioden wären realisierbar.

Zusammenfassend lässt sich konstatieren, dass Silizium-Nanokristalle in einer Vielzahl von Bereichen ein großes Anwendungspotential besitzen und sich von Bereichen wie der Biomedizin bis hin zur Optoelektronik vielfach einsetzen lassen. Speziell größenseparierte, mit Allylbenzol funktionalisierte Nanokristalle eignen sich auf Grund ihrer hohen Quantenausbeute sowie der gut durchführbaren Flüssigprozessierung für den letztgenannten Bereich besonders gut. Anhand der zahlreichen, in dieser Arbeit aufgezeigten Anwendungsgebiete sowie der gewonnenen vielseitigen Einblicke in die Physik der Silizium-Nanokristalle, ist es zu erwarten, dass es speziell in Verbindung mit neuartigen Syntheserouten sowie neuen elektronisch und optisch aktiven

Ligandenkonzepten möglich sein wird, diese Felder weiter auszubauen und einen neuen „Nanokristallstandard" zu etablieren.

Literaturverzeichnis

[1] V. L. Colvin, M. C. Schlamp, and A. P. Alivisatos, "Light-emitting diodes made from cadmium selenide nanocrystals and a semiconducting polymer", *Nature*, vol. 370, pp. 354–357, Aug. 1994.

[2] N. Tessler, V. Medvedev, M. Kazes, S. Kan, and U. Banin, "Efficient Near-Infrared Polymer Nanocrystal Light-Emitting Diodes", *Science*, vol. 295, pp. 1506 –1508, Feb. 2002.

[3] Q. Sun, Y. A. Wang, L. S. Li, D. Wang, T. Zhu, J. Xu, C. Yang, and Y. Li, "Bright, multicoloured light-emitting diodes based on quantum dots", *Nat Photon*, vol. 1, pp. 717–722, Dec. 2007.

[4] J. M. Caruge, J. E. Halpert, V. Wood, V. Bulovic, and M. G. Bawendi, "Colloidal quantum-dot light-emitting diodes with metal-oxide charge transport layers", *Nat Photon*, vol. 2, pp. 247–250, Apr. 2008.

[5] K.-S. Cho, E. K. Lee, W.-J. Joo, E. Jang, T.-H. Kim, S. J. Lee, S.-J. Kwon, J. Y. Han, B.-K. Kim, B. L. Choi, and J. M. Kim, "High-performance crosslinked colloidal quantum-dot light-emitting diodes", *Nat Photon*, vol. 3, pp. 341–345, June 2009.

[6] K.-Y. Cheng, R. Anthony, U. R. Kortshagen, and R. J. Holmes, "Hybrid Silicon Nanocrystal-Organic Light-Emitting Devices for Infrared Electroluminescence", *Nano Lett.*, vol. 10, pp. 1154–1157, Apr. 2010.

[7] D. P. Puzzo, E. J. Henderson, M. G. Helander, Z. Wang, G. A. Ozin, and Z. Lu, "Visible Colloidal Nanocrystal Silicon Light-Emitting Diode", *Nano Lett.*, vol. 11 (4), pp. 1585–1590, Mar. 2011.

[8] K.-Y. Cheng, R. Anthony, U. R. Kortshagen, and R. J. Holmes, "High-Efficiency Silicon Nanocrystal Light-Emitting Devices", *Nano Lett.*, vol. 11 (5), pp. 1952–1956, Apr. 2011.

[9] R. J. Anthony, K.-Y. Cheng, Z. C. Holman, R. J. Holmes, and U. R. Kortshagen, "An All-Gas-Phase Approach for the Fabrication of Silicon Nanocrystal Light-Emitting Devices", *Nano Lett.*, vol. 12 (6), pp. 2362–2825, Apr. 2012.

[10] J. Kwak, W. K. Bae, D. Lee, I. Park, J. Lim, M. Park, H. Cho, H. Woo, D. Y. Yoon, K. Char, S. Lee, and C. Lee, "Bright and Efficient Full-Color Colloidal Quantum Dot Light-Emitting Diodes Using an Inverted Device Structure", *Nano Lett.*, vol. 12 (5), pp. 2362–2366, Apr. 2012.

[11] H. Bourvon, S. Le Calvez, H. Kanaan, S. Meunier-Della-Gatta, C. Philippot, and P. Reiss, "Langmuir-Schaeffer Monolayers of Colloidal Nanocrystals for Cost-Efficient Quantum Dot Light-Emitting Diodes", *Adv. Mater.*, vol. 24, no. 32, pp. 4414–4418, 2012.

[12] L. Sun, J. J. Choi, D. Stachnik, A. C. Bartnik, B.-R. Hyun, G. G. Malliaras, T. Hanrath, and F. W. Wise, "Bright infrared quantum-dot light-emitting diodes through inter-dot spacing control", *Nat Nano*, vol. 7, pp. 369–373, June 2012.

[13] E. H. Sargent, "Colloidal quantum dot solar cells", *Nat Photon*, vol. 6, pp. 133–135, Mar. 2012.

[14] J.-H. Park, L. Gu, G. von Maltzahn, E. Ruoslahti, S. N. Bhatia, and M. J. Sailor, "Biodegradable luminescent porous silicon nanoparticles for in vivo applications", *Nat Mater*, vol. 8, pp. 331–336, Apr. 2009.

[15] L. Gu, L. E. Ruff, Z. Qin, M. Corr, S. M. Hedrick, and M. J. Sailor, "Multivalent Porous Silicon Nanoparticles Enhance the Immune Activation Potency of Agonistic CD40 Antibody", *Adv. Mater.*, vol. 24, no. 29, pp. 3981–3987, 2012.

[16] Y. Yan, G. K. Such, A. P. R. Johnston, J. P. Best, and F. Caruso, "Engineering Particles for Therapeutic Delivery: Prospects and Challenges", *ACS Nano*, pp. 3663–3669, Apr. 2012.

[17] J. A. Barreto, W. O'Malley, M. Kubeil, B. Graham, H. Stephan, and L. Spiccia, "Nanomaterials: Applications in Cancer Imaging and Therapy", *Advanced Materials*, vol. 23, no. 12, pp. H18–H40, 2011.

[18] M. L. Mastronardi, F. Maier-Flaig, D. Faulkner, E. J. Henderson, C. Kübel, U. Lemmer, and G. A. Ozin, "Size-Dependent Absolute Quantum Yields for Size-Separated Colloidally-Stable Silicon Nanocrystals", *Nano Lett.*, vol. 12 (1), pp. 337–342, Dec. 2012.

[19] D. Jurbergs, E. Rogojina, L. Mangolini, and U. Kortshagen, "Silicon nanocrystals with ensemble quantum yields exceeding 60%", *Applied Physics Letters*, vol. 88, no. 23, pp. 233116–233119, 2006.

[20] Q. Wang, Y. Bao, X. Zhang, P. R. Coxon, U. A. Jayasooriya, and Y. Chao, "Uptake and Toxicity Studies of Poly-Acrylic Acid Functionalized Silicon Nanoparticles in Cultured Mammalian Cells", *Advanced Healthcare Materials*, vol. 1, no. 2, pp. 189–198, 2012.

[21] L. M. Bimbo, M. Sarparanta, H. A. Santos, A. J. Airaksinen, E. Mäkilä, T. Laaksonen, L. Peltonen, V.-P. Lehto, J. Hirvonen, and J. Salonen, "Biocompatibility of Thermally Hydrocarbonized Porous Silicon Nanoparticles and their Biodistribution in Rats", *ACS Nano*, vol. 4, pp. 3023–3032, May 2010.

[22] N. Alsharif, C. Berger, S. Varanasi, Y. Chao, B. Horrocks, and H. Datta, "Alkyl-Capped Silicon Nanocrystals Lack Cytotoxicity and have Enhanced Intracellular Accumulation in Malignant Cells via Cholesterol-Dependent Endocytosis", *small*, vol. 5, no. 2, pp. 221–228, 2009.

[23] E. A. I. and O. A. A. *JETP Letters*, vol. 34, pp. 345–349, 1981.

[24] E. A. I. and O. A. A., "Size quantization of the electron energy spectrum in a microscopic semiconductor crystal", *JETP Letters*, vol. 40, pp. 337–340, 1984.

[25] L. E. Brus, "A simple model for the ionization potential, electron affinity, and aqueous redox potentials of small semiconductor crystallites", *J. Chem. Phys.*, vol. 79, pp. 5566–5571, Dec. 1983.

[26] L. E. Brus, "Electron-electron and electron-hole interactions in small semiconductor crystallites: The size dependence of the lowest excited electronic state", *J. Chem. Phys.*, vol. 80, pp. 4403–4409, May 1984.

[27] L. Brus, "Electronic wave functions in semiconductor clusters: experiment and theory", *J. Phys. Chem.*, vol. 90, pp. 2555–2560, June 1986.

[28] M. A. Reed, J. N. Randall, R. J. Aggarwal, R. J. Matyi, T. M. Moore, and A. E. Wetsel, "Observation of discrete electronic states in a zero-dimensional semiconductor nanostructure", *Phys. Rev. Lett.*, vol. 60, pp. 535–537, Feb. 1988.

[29] C. B. Murray, D. J. Norris, and M. G. Bawendi, "Synthesis and characterization of nearly monodisperse CdE (E = sulfur, selenium, tellurium) semiconductor nanocrystallites", *J. Am. Chem. Soc.*, vol. 115, pp. 8706–8715, Sept. 1993.

[30] V. Klimov, *Nanocrystal Quantum Dots*. CRC PressINC, 2010.

[31] L. Qu and X. Peng, "Control of Photoluminescence Properties of CdSe Nanocrystals in Growth", *Journal of the American Chemical Society*, vol. 124, no. 9, pp. 2049–2055, 2002.

[32] H. S. Mansur, "Quantum dots and nanocomposites", *WIREs Nanomed Nanobiotechnol*, vol. 2, no. 2, pp. 113–129, 2010.

[33] B. V. Zeghbroeck, "Principles of Semiconductor Devices". http://ecee.colorado.edu/ bart/book/, 2001.

[34] A. G. Cullis, L. T. Canham, and P. D. J. Calcott, "The structural and luminescence properties of porous silicon", *Journal of Applied Physics*, vol. 82, no. 3, pp. 909–965, 1997.

[35] C. Kittel, *Introduction to Solid State Physics*. Wiley, 1986.

[36] W. Demtröder, *Experimentalphysik Bd. 3 - Atome, Moleküle und Festkörper*. Springer, 2005.

[37] S. Coe-Sullivan, "Quantum Dots for Display and Lighting". http://www.sid.org/Chapters/Americas/TexasChapter.aspx, 10 2011.

[38] M. V. Wolkin, J. Jorne, P. M. Fauchet, G. Allan, and C. Delerue, "Electronic States and Luminescence in Porous Silicon Quantum Dots: The Role of Oxygen", *Phys. Rev. Lett.*, vol. 82, pp. 197–200, Jan. 1999.

[39] S. Godefroo, M. Hayne, M. Jivanescu, A. Stesmans, M. Zacharias, O. I. Lebedev, G. V. Tendeloo, and V. V. Moshchalkov, "Classification and control of the origin of photoluminescence from Si nanocrystals", *Nat Nano*, vol. 3, pp. 174–178, Mar. 2008.

[40] K. Dohnalova, K. Kusova, and I. Pelant, "Time-resolved photoluminescence spectroscopy of the initial oxidation stage of small silicon nanocrystals", *Applied Physics Letters*, vol. 94, no. 21, p. 211903, 2009.

[41] J. Lim, W. K. Bae, J. Kwak, S. Lee, C. Lee, and K. Char, "Perspective on synthesis, device structures, and printing processes for quantum dot displays", *Opt. Mater. Express*, vol. 2, pp. 594–628, May 2012.

[42] J. P. Proot, C. Delerue, and G. Allan, "Electronic structure and optical properties of silicon crystallites: Application to porous silicon", *Appl. Phys. Lett.*, vol. 61, pp. 1948–1950, Oct. 1992.

[43] C. Delerue, G. Allan, and M. Lannoo, "Theoretical aspects of the luminescence of porous silicon", *Phys. Rev. B*, vol. 48, pp. 11024–11036, Oct. 1993.

[44] T. van Buuren, L. N. Dinh, L. L. Chase, W. J. Siekhaus, and L. J. Terminello, "Changes in the Electronic Properties of Si Nanocrystals as a Function of Particle Size", *Phys. Rev. Lett.*, vol. 80, pp. 3803–3806, Apr. 1998.

[45] G. Ledoux, O. Guillois, D. Porterat, C. Reynaud, F. Huisken, B. Kohn, and V. Paillard, "Photoluminescence properties of silicon nanocrystals as a function of their size", *Phys. Rev. B*, vol. 62, pp. 15942–15944, Dec. 2000.

[46] K. Sattler, *Handbook of Thin Films Materials - Volume5: Nanomaterials and Magnetic Thin Films - The energy gap of clusters nanoparticles, and quantum dots.* 2002.

[47] I. Balberg, "Electrical transport mechanisms in three dimensional ensembles of silicon quantum dots", *J. Appl. Phys.*, vol. 110, p. 061301, Sept. 2011.

[48] V. Burdov, "Electron and hole spectra of silicon quantum dots", vol. 94, no. 2, pp. 411–418, 2002.

[49] R. L. V. A. Belyakov, V. A. Burdov and v. . . p. . A. Meldrum, "Silicon Nanocrystals: Fundamental Theory and Implications for Stimulated Emission", *Advances in Optical Technologies*, vol. 2008, p. 2, Article ID 27950 2008.

[50] B. W. and R. W., "Grundlagen der organischen Halbleiter", *Physik Journal*, vol. 5, pp. 33–38, 2008.

[51] Wikimedia-Commons, "Benzol Representationen". *http://commons.wikimedia.org*, 2009.

[52] H. C. GmbH, "Clevios P VP AI 4083". *http://clevios.com*, 2013.

[53] T. M. Brown, J. S. Kim, R. H. Friend, F. Cacialli, R. Daik, and W. J. Feast, "Built-in field electroabsorption spectroscopy of polymer light-emitting diodes incorporating a doped poly(3,4-ethylene

dioxythiophene) hole injection layer", *Appl. Phys. Lett.*, vol. 75, pp. 1679–1681, Sept. 1999.

[54] M. Bajpai, K. Kumari, R. Srivastava, M. Kamalasanan, R. Tiwari, and S. Chand, "Electric field and temperature dependence of hole mobility in electroluminescent PDY 132 polymer thin films", *Solid State Communications*, vol. 150, pp. 581–584, Apr. 2010.

[55] G. Sarasqueta, K. R. Choudhury, J. Subbiah, and F. So, "Organic and Inorganic Blocking Layers for Solution-Processed Colloidal PbSe Nanocrystal Infrared Photodetectors", *Advanced Functional Materials*, vol. 21, no. 1, pp. 167–171, 2011.

[56] A. D. S. Inc., "ADS254BE (poly-TPD)". *http://www.adsdyes.com*, 2013.

[57] Chemicalbook.com, "1,3,5-Tris(1-phenyl-1H-benzimidazol-2-yl)benzene". *http://www.chemicalbook.com*, 2013.

[58] S. I. T. GmbH, "1,3,5-Tris(1-phenyl-1H-benzimidazol-2-yl)benzene". *http://www.sensient-tech.com*, 2013.

[59] M.-Y. Lai, C.-H. Chen, W.-S. Huang, J. Lin, T.-H. Ke, L.-Y. Chen, M.-H. Tsai, and C.-C. Wu, "Benzimidazole/Amine-Based Compounds Capable of Ambipolar Transport for Application in Single-Layer Blue-Emitting OLEDs and as Hosts for Phosphorescent Emitters", *Angewandte Chemie International Edition*, vol. 47, no. 3, pp. 581–585, 2008.

[60] Z. Gao, C. S. Lee, I. Bello, S. T. Lee, R.-M. Chen, T.-Y. Luh, J. Shi, and C. W. Tang, "Bright-blue electroluminescence from a silyl-substituted ter-(phenylene–vinylene) derivative", *Appl. Phys. Lett.*, vol. 74, pp. 865–867, Feb. 1999.

[61] M. L. Mastronardi, F. Hennrich, E. J. Henderson, F. Maier-Flaig, C. Blum, J. Reichenbach, U. Lemmer, C. Kübel, D. Wang, M. M.

Kappes, and G. A. Ozin, "Preparation of Monodisperse Silicon Nanocrystals Using Density Gradient Ultracentrifugation", *Journal of the American Chemical Society*, vol. 133, no. 31, pp. 11928–11931, 2011.

[62] F. Maier-Flaig, E. J. Henderson, S. Valouch, S. Klinkhammer, C. Kübel, G. A. Ozin, and U. Lemmer, "Photophysics of organically-capped silicon nanocrystals - A closer look into silicon nanocrystal luminescence using low temperature transient spectroscopy", *Chemical Physics*, vol. 405, pp. 175–180, Sept. 2012.

[63] K. Dohnalová, A. Fucikova, C. P. Umesh, J. Humpolickova, J. M. J. Paulusse, J. Valenta, H. Zuilhof, M. Hof, and T. Gregorkiewicz, "Microscopic Origin of the Fast Blue-Green Luminescence of Chemically Synthesized Non-oxidized Silicon Quantum Dots", *Small*, vol. 8, no. 20, pp. 3185–3191, 2012.

[64] J. R. Heath, "A Liquid-Solution-Phase Synthesis of Crystalline Silicon", *Science*, vol. 258, no. 5085, pp. 1131–1133, 1992.

[65] D. Neiner, H. W. Chiu, and S. M. Kauzlarich, "Low-Temperature Solution Route to Macroscopic Amounts of Hydrogen Terminated Silicon Nanoparticles", *J. Am. Chem. Soc.*, vol. 128, pp. 11016–11017, Aug. 2006.

[66] R. J. Anthony, D. J. Rowe, M. Stein, J. Yang, and U. Kortshagen, "Routes to Achieving High Quantum Yield Luminescence from Gas-Phase-Produced Silicon Nanocrystals", *Advanced Functional Materials*, pp. 4042–4046, 2011.

[67] F. Hua, M. T. Swihart, and E. Ruckenstein, "Efficient Surface Grafting of Luminescent Silicon Quantum Dots by Photoinitiated Hydrosilylation", *Langmuir*, vol. 21, pp. 6054–6062, June 2005.

[68] X. Li, Y. He, S. S. Talukdar, and M. T. Swihart, "Process for Preparing Macroscopic Quantities of Brightly Photoluminescent Silicon Na-

noparticles with Emission Spanning the Visible Spectrum", *Langmuir*, vol. 19, no. 20, pp. 8490–8496, 2003.

[69] J. Linnros, N. Lalic, A. Galeckas, and V. Grivickas, "Analysis of the stretched exponential photoluminescence decay from nanometer-sized silicon crystals in SiO_2", *Journal of Applied Physics*, vol. 86, no. 11, pp. 6128–6134, 1999.

[70] K. S. Zhuravlev, A. M. Gilinsky, and A. Y. Kobitsky, "Mechanism of photoluminescence of Si nanocrystals fabricated in a SiO_2 matrix", *Applied Physics Letters*, vol. 73, no. 20, pp. 2962–2964, 1998.

[71] M. Perálvarez, J. Barreto, J. Carreras, A. Morales, D. Navarro-Urrios, Y. Lebour, C. Domínguez, and B. Garrido, "Si-nanocrystal-based LEDs fabricated by ion implantation and plasma-enhanced chemical vapour deposition", *Nanotechnology*, vol. 20, no. 40, pp. 405201–405211, 2009.

[72] C. M. Hessel, E. J. Henderson, and J. G. C. Veinot, "Hydrogen Silsesquioxane: A Molecular Precursor for Nanocrystalline Si-SiO_2 Composites and Freestanding Hydride-Surface-Terminated Silicon Nanoparticles", *Chemistry of Materials*, vol. 18, pp. 6139–6146, Dec. 2006.

[73] C. M. Hessel, E. J. Henderson, and J. G. C. Veinot, "An Investigation of the Formation and Growth of Oxide-Embedded Silicon Nanocrystals in Hydrogen Silsesquioxane-Derived Nanocomposites", *The Journal of Physical Chemistry C*, vol. 111, pp. 6956–6961, May 2007.

[74] E. J. Henderson, J. A. Kelly, and J. G. C. Veinot, "influence of HSiO1.5 sol-gel polymer structure and composition on the size and luminescent properties of silicon nanocrystals", *Chemistry of Materials*, vol. 21, pp. 5426–5434, Nov. 2009.

[75] C. M. Hessel, E. J. Henderson, J. A. Kelly, R. G. Cavell, T. Sham, and J. G. C. Veinot, "Origin of Luminescence from Silicon Nanocrystals:

a Near Edge X-ray Absorption Fine Structure (NEXAFS) and X-ray Excited Optical Luminescence (XEOL) Study of Oxide-Embedded and Free-Standing Systems", *The Journal of Physical Chemistry C*, vol. 112, no. 37, pp. 14247–14254, 2008.

[76] F. Maier-Flaig, J. Rinck, M. Stephan, T. Bocksrocker, M. Bruns, C. Kübel, A. K. Powell, G. A. Ozin, and U. Lemmer, "Multicolor Silicon Light-Emitting Diodes (SiLEDs)", *Nano Lett.*, vol. 13, pp. 475–480, Jan. 2013.

[77] K. M. Krueger, A. M. Al-Somali, J. C. Falkner, and V. L. Colvin, "Characterization of Nanocrystalline CdSe by Size Exclusion Chromatography", *Anal. Chem.*, vol. 77, pp. 3511–3515, Apr. 2005.

[78] L. Bai, X. Ma, J. Liu, X. Sun, D. Zhao, and D. G. Evans, "Rapid Separation and Purification of Nanoparticles in Organic Density Gradients", *J. Am. Chem. Soc.*, vol. 132, pp. 2333–2337, Feb. 2010.

[79] M. Anand, L. A. Odom, and C. B. Roberts, "Finely Controlled Size-Selective Precipitation and Separation of CdSe/ZnS Semiconductor Nanocrystals Using CO_2-Gas-Expanded Liquids", *Langmuir*, vol. 23, pp. 7338–7343, May 2007.

[80] J. Heitmann, F. Müller, M. Zacharias, and U. Gösele, "Silicon Nanocrystals: Size Matters", *Adv. Mater.*, vol. 17, no. 7, pp. 795–803, 2005.

[81] X. Li, Y. He, and M. T. Swihart, "Surface Functionalization of Silicon Nanoparticles Produced by Laser-Driven Pyrolysis of Silane followed by HF-HNO_3 Etching", *Langmuir*, vol. 20, pp. 4720–4727, Apr. 2004.

[82] S.-M. Liu, Yang, S. Sato, and K. Kimura, "Enhanced Photoluminescence from Si Nano-organosols by Functionalization with Alkenes and Their Size Evolution", *Chem. Mater.*, vol. 18, pp. 637–642, Jan. 2006.

[83] M. S. Arnold, A. A. Green, J. F. Hulvat, S. I. Stupp, and M. C. Hersam, "Sorting carbon nanotubes by electronic structure using density differentiation", *Nat Nano*, vol. 1, pp. 60–65, Oct. 2006.

[84] S. B. Klinkhammer, *Durchstimmbare organische Halbleiterlaser.* Doktorarbeit, Karlsruher Insititut für Technologie (KIT), 2011.

[85] V. G. Landau, L. D.; Levich, "Dragging of a liquid by a moving plate", *Acta Physicochim. USSR*, vol. 17, pp. 42–54, 1942.

[86] M. L. Mastronardi, F. Maier-Flaig, D. Faulkner, E. J. Henderson, C. Kübel, U. Lemmer, and G. A. Ozin, "Size-Dependent Absolute Quantum Yields for Size-Separated Colloidally-Stable Silicon Nanocrystals", *Nano Lett.*, vol. 12, no. 1, pp. 337–342, 2012.

[87] M. J. Anc, N. L. Pickett, N. C. Gresty, J. A. Harris, and K. C. Mishra, "Progress in Non-Cd Quantum Dot Development for Lighting Applications", *ECS Journal of Solid State Science and Technology*, vol. 2, no. 2, pp. R3071–R3082, 2013.

[88] D. Kovalev, J. Diener, H. Heckler, G. Polisski, N. Künzner, and F. Koch, "Optical absorption cross sections of Si nanocrystals", *Phys. Rev. B*, vol. 61, pp. 4485–, Feb. 2000.

[89] M. Li and J. Li, "Size effects on the band-gap of semiconductor compounds", *Materials Letters*, vol. 60, pp. 2526–2529, Sept. 2006.

[90] L. Cademartiri, E. Montanari, G. Calestani, A. Migliori, A. Guagliardi, and G. A. Ozin, "Size-Dependent Extinction Coefficients of PbS Quantum Dots", *Journal of the American Chemical Society*, vol. 128, pp. 10337–10346, Aug. 2006.

[91] A. Goldstein, "The melting of silicon nanocrystals: Submicron thin-film structures derived from nanocrystal precursors", vol. 62, no. 1, pp. 33–37–, 1996.

[92] V. L. Colvin, A. P. Alivisatos, and J. G. Tobin, "Valence-band photoemission from a quantum-dot system", *Phys. Rev. Lett.*, vol. 66, pp. 2786–2789, May 1991.

[93] O. E. Semonin, J. C. Johnson, J. M. Luther, A. G. Midgett, A. J. Nozik, and M. C. Beard, "Absolute Photoluminescence Quantum Yields of IR-26 Dye, PbS, and PbSe Quantum Dots", *J. Phys. Chem. Lett.*, vol. 1, pp. 2445–2450, July 2010.

[94] L. Mangolini, D. Jurbergs, E. Rogojina, and U. Kortshagen, "Plasma synthesis and liquid-phase surface passivation of brightly luminescent Si nanocrystals", *Journal of Luminescence*, vol. 121, pp. 327–334, Dec. 2006.

[95] J. C. de Mello, H. F. Wittmann, and R. H. Friend, "An improved experimental determination of external photoluminescence quantum efficiency", *Advanced Materials*, vol. 9, no. 3, pp. 230–232, 1997.

[96] P. Guyot-Sionnest, B. Wehrenberg, and D. Yu, "Intraband relaxation in CdSe nanocrystals and the strong influence of the surface ligands", *J. Chem. Phys.*, vol. 123, pp. 074709–7, Aug. 2005.

[97] N. Shirahata, T. Hasegawa, Y. Sakka, and T. Tsuruoka, "Size-Tunable UV-Luminescent Silicon Nanocrystals", *Small*, vol. 6, no. 8, pp. 915–921, 2010.

[98] R. Anthony and U. Kortshagen, "Photoluminescence quantum yields of amorphous and crystalline silicon nanoparticles", *Phys. Rev. B*, vol. 80, p. 115407, Sep 2009.

[99] S. Rao, J. Sutin, R. Clegg, E. Gratton, M. H. Nayfeh, S. Habbal, A. Tsolakidis, and R. M. Martin, "Excited states of tetrahedral single-core Si_{29} nanoparticles", *Phys. Rev. B*, vol. 69, pp. 205319–205326, May 2004.

[100] R. A. Bley, S. M. Kauzlarich, J. E. Davis, and H. W. H. Lee, "Characterization of Silicon Nanoparticles Prepared from Porous Silicon", *Chem. Mater.*, vol. 8, no. 8, pp. 1881–1888, 1996.

[101] J. Zou, R. K. Baldwin, K. A. Pettigrew, and S. M. Kauzlarich, "Solution Synthesis of Ultrastable Luminescent Siloxane-Coated Silicon Nanoparticles", *Nano Lett.*, vol. 4, pp. 1181–1186, July 2004.

[102] R. M. Sankaran, D. Holunga, R. C. Flagan, and K. P. Giapis, "Synthesis of Blue Luminescent Si Nanoparticles Using Atmospheric-Pressure Microdischarges", *Nano Lett.*, vol. 5, pp. 537–541, Mar. 2005.

[103] Y. Chao, A. Houlton, B. R. Horrocks, M. R. C. Hunt, N. R. J. Poolton, J. Yang, and L. Siller, "Optical luminescence from alkyl-passivated Si nanocrystals under vacuum ultraviolet excitation: Origin and temperature dependence of the blue and orange emissions", *Applied Physics Letters*, vol. 88, no. 26, p. 263119, 2006.

[104] A. Heintz, M. Fink, and B. Mitchell, "Mechanochemical Synthesis of Blue Luminescent Alkyl/Alkenyl-Passivated Silicon Nanoparticles", *Advanced Materials*, vol. 19, no. 22, pp. 3984–3988, 2007.

[105] X. Zhang, D. Neiner, S. Wang, A. Y. Louie, and S. M. Kauzlarich, "A new solution route to hydrogen-terminated silicon nanoparticles: synthesis, functionalization and water stability", *Nanotechnology*, vol. 18, no. 9, p. 095601, 2007.

[106] F. M. Dickinson, T. A. Alsop, N. Al-Sharif, C. E. M. Berger, H. K. Datta, L. Siller, Y. Chao, E. M. Tuite, A. Houlton, and B. R. Horrocks, "Dispersions of alkyl-capped silicon nanocrystals in aqueous media: photoluminescence and ageing", *Analyst*, vol. 133, no. 11, pp. 1573–1580, 2008.

[107] A. Shiohara, S. Hanada, S. Prabakar, K. Fujioka, T. H. Lim, K. Yamamoto, P. T. Northcote, and R. D. Tilley, "Chemical Reactions on Sur-

face Molecules Attached to Silicon Quantum Dots", *J. Am. Chem. Soc.*, vol. 132, no. 1, pp. 248–253, 2009.

[108] A. Gupta, M. T. Swihart, and H. Wiggers, "Luminescent Colloidal Dispersion of Silicon Quantum Dots from Microwave Plasma Synthesis: Exploring the Photoluminescence Behavior Across the Visible Spectrum", *Advanced Functional Materials*, vol. 19, no. 5, pp. 696–703, 2009.

[109] J. R. Siekierzycka, M. Rosso-Vasic, H. Zuilhof, and A. M. Brouwer, "Photophysics of n-Butyl-Capped Silicon Nanoparticles", *J. Phys. Chem. C*, vol. 115, no. 43, pp. 20888–20895, 2011.

[110] N. Shirahata, "Colloidal Si nanocrystals: a controlled organic-inorganic interface and its implications of color-tuning and chemical design toward sophisticated architectures", *Phys. Chem. Chem. Phys.*, vol. 13, no. 16, pp. 7284–7294, 2011.

[111] M. J. L. Portolées, F. R. Nieto, D. B. Soria, J. I. Amalvy, P. J. Peruzzo, D. O. Mártire, M. Kotler, O. Holub, and M. C. Gonzalez, "Photophysical Properties of Blue-Emitting Silicon Nanoparticles", *The Journal of Physical Chemistry C*, vol. 113, no. 31, pp. 13694–13702, 2009.

[112] F. A. Reboredo and G. Galli, "Theory of Alkyl-Terminated Silicon Quantum Dots", *The Journal of Physical Chemistry B*, vol. 109, no. 3, pp. 1072–1078, 2005.

[113] F. Maier-Flaig, C. Kübel, J. Rinck, T. Bocksrocker, T. Scherer, R. Prang, A. K. Powell, G. A. Ozin, and U. Lemmer, "Looking Inside a Working SiLED", *Nano Lett.*, vol. 13, no. 8, pp. 3539–3545, 2013.

[114] QD-Vision Inc., "Full Color Quantum Dot LED (QLED) Displays Move Closer to Reality, as QD Vision Achieves Significant Efficiency and Performance Improvements". *http://www.qdvision.com/content1462*, 2013.

[115] S. Kim, T. Kim, M. Kang, S. K. Kwak, T. W. Yoo, L. S. Park, I. Yang, S. Hwang, J. E. Lee, S. K. Kim, and S.-W. Kim, "Highly Luminescent InP/GaP/ZnS Nanocrystals and Their Application to White Light-Emitting Diodes", *J. Am. Chem. Soc.*, vol. 134, pp. 3804–3809, Feb. 2012.

[116] QD-Vision Inc., "QD Vision - Quantum Light™". *http://www.qdvision.com/quantum-light-platform*, 2013.

[117] Nanosys Inc., "Nanosys Inc. - QDEF™". *www.nanosysinc.com*, 2013.

[118] L. Qian, Y. Zheng, J. Xue, and P. H. Holloway, "Stable and efficient quantum-dot light-emitting diodes based on solution-processed multilayer structures", *Nat Photon*, vol. 5, no. 9, pp. 543–548, 2011.

[119] V. Wood, M. J. Panzer, J.-M. Caruge, J. E. Halpert, M. G. Bawendi, and V. Bulovic, "Air-Stable Operation of Transparent, Colloidal Quantum Dot Based LEDs with a Unipolar Device Architecture", *Nano Lett.*, vol. 10, pp. 24–29, Dec. 2009.

[120] T.-H. Kim, K.-S. Cho, E. K. Lee, S. J. Lee, J. Chae, J. W. Kim, D. H. Kim, J.-Y. Kwon, G. Amaratunga, S. Y. Lee, B. L. Choi, Y. Kuk, J. M. Kim, and K. Kim, "Full-colour quantum dot displays fabricated by transfer printing", *Nat Photon*, vol. 5, pp. 176–182, Mar. 2011.

[121] S. Coe-Sullivan, Z. Zhou, Y. Niu, J. Perkins, M. Stevenson, C. Breen, P. T. Kazlas, and J. S. Steckel, "12.2: Invited Paper: Quantum Dot Light Emitting Diodes for Near-to-eye and Direct View Display Applications", *SID Symposium Digest of Technical Papers*, vol. 42, no. 1, pp. 135–138, 2011.

[122] QD-Vision Inc., "QD Vision Inc. - Quantum Dot Technology for Lighting and Displays". *http://www.qdvision.com*, 2013.

[123] H. M. Haverinen, R. A. Myllylä, and G. E. Jabbour, "Inkjet printing of light emitting quantum dots", *Applied Physics Letters*, vol. 94, p. 073108, 2009.

[124] A. Kumar and G. M. Whitesides, "Features of gold having micrometer to centimeter dimensions can be formed through a combination of stamping with an elastomeric stamp and an alkanethiol "ink" followed by chemical etching", *Applied Physics Letters*, vol. 63, no. 14, pp. 2002–2004, 1993.

[125] K. W. Song, R. Costi, and V. Bulovic, "Electrophoretic Deposition of CdSe/ZnS Quantum Dots for Light-Emitting Devices", *Adv. Mater.*, pp. 1420–1423, 2012.

[126] A. M. Derfus, W. C. W. Chan, and S. N. Bhatia, "Probing the Cytotoxicity of Semiconductor Quantum Dots", *Nano Lett.*, vol. 4, pp. 11–18, Dec. 2003.

[127] A. Hoshino, S. Hanada, and K. Yamamoto, "Toxicity of nanocrystal quantum dots: the relevance of surface modifications", 2011-03-29.

[128] Europäische Union, "Richtlinie 2011-65-EU des Europäischen Parlaments und des Rates", *Amtsblatt der Europäischen Union*, vol. 174, pp. 88–110, 2011.

[129] Y. Pan-Bartneck, *Assessing the toxicity of gold nanoparticles in vitro and in vivo.* Doktorarbeit, RWTH Aachen, 2010.

[130] K. D. Hirschman, L. Tsybeskov, S. P. Duttagupta, and P. M. Fauchet, "Silicon-based visible light-emitting devices integrated into microelectronic circuits", *Nature*, vol. 384, pp. 338–341, Nov. 1996.

[131] R. J. Walters, G. I. Bourianoff, and H. A. Atwater, "Field-effect electroluminescence in silicon nanocrystals", *Nat Mater*, vol. 4, pp. 143–146, Feb. 2005.

[132] S. Prezioso, A. Anopchenko, Z. Gaburro, L. Pavesi, G. Pucker, L. Vanzetti, and P. Bellutti, "Electrical conduction and electroluminescence in nanocrystalline silicon-based light emitting devices", *J. Appl. Phys.*, vol. 104, pp. 063103–8, Sept. 2008.

[133] B. D. Rezgui, F. Gourbilleau, D. Maestre, O. Palais, A. Sibai, M. Lemiti, and G. Bremond, "Charge photo-carrier transport from silicon nanocrystals embedded in SiO_2-based multilayer structures", *J. Appl. Phys.*, vol. 112, pp. 024324–5, July 2012.

[134] N. Patel, S. Cina, and J. Burroughes, "High-efficiency organic light-emitting diodes", *Selected Topics in Quantum Electronics, IEEE Journal of*, vol. 8, no. 2, pp. 346–361, 2002.

[135] P. O. Anikeeva, C. F. Madigan, J. E. Halpert, M. G. Bawendi, and V. Bulovic, "Electronic and excitonic processes in light-emitting devices based on organic materials and colloidal quantum dots", *Phys. Rev. B*, vol. 78, p. 085434, Aug. 2008.

[136] C. C. Wu, C. I. Wu, J. C. Sturm, and A. Kahn, "Surface modification of indium tin oxide by plasma treatment: An effective method to improve the efficiency, brightness, and reliability of organic light emitting devices", *Appl. Phys. Lett.*, vol. 70, pp. 1348–1350, Mar. 1997.

[137] C.-C. Tu, L. Tang, J. Huang, A. Voutsas, and L. Y. Lin, "Visible electroluminescence from hybrid colloidal silicon quantum dot-organic light-emitting diodes", *Applied Physics Letters*, vol. 98, p. 213102, 2011.

[138] M. L. Mastronardi, E. J. Henderson, D. P. Puzzo, Y. Chang, Z. B. Wang, M. G. Helander, J. Jeong, N. P. Kherani, Z. Lu, and G. A. Ozin, "Silicon Nanocrystal OLEDs: Effect of Organic Capping Group on Performance", *Small*, pp. n/a–n/a, 2012.

[139] A. R. Q. Laumans, *Silizium-Nanokristalle als Emitter in organischen Hybridleuchtdioden*. Bachelorarbeit, Karlsruher Institut für Technologie (KIT), 2011.

[140] J. Jasieniak, M. Califano, and S. E. Watkins, "Size-Dependent Valence and Conduction Band-Edge Energies of Semiconductor Nanocrystals", *ACS Nano*, vol. 5, pp. 5888–5902, July 2011.

[141] S. Schmidbauer, A. Hohenleutner, and B. König, "Chemical Degradation in Organic Light-Emitting Devices: Mechanisms and Implications for the Design of New Materials", *Adv. Mater.*, pp. 2114–2129, 2013.

[142] D. Gallardo, C. Bertoni, S. Dunn, N. Gaponik, and A. Eychmüller, "Cathodic and Anodic Material Diffusion in Polymer/Semiconductor-Nanocrystal Composite Devices", *Adv. Mater.*, vol. 19, no. 20, pp. 3364–3367, 2007.

[143] M. Gao, B. Richter, S. Kirstein, and H. Möwald, "Electroluminescence Studies on Self-Assembled Films of PPV and CdSe Nanoparticles", *J. Phys. Chem. B*, vol. 102, pp. 4096–4103, May 1998.

[144] B. H. Cumpston and K. F. Jensen, "Electromigration of aluminum cathodes in polymer-based electroluminescent devices", *Appl. Phys. Lett.*, vol. 69, pp. 3941–3943, Dec. 1996.

[145] B. H. Cumpston, I. D. Parker, and K. F. Jensen, "In situ characterization of the oxidative degradation of a polymeric light emitting device", *J. Appl. Phys.*, vol. 81, pp. 3716–3720, Apr. 1997.

[146] E. Gautier, A. Lorin, J.-M. Nunzi, A. Schalchli, J.-J. Benattar, and D. Vital, "Electrode interface effects on indium–tin–oxide polymer/metal light emitting diodes", *Appl. Phys. Lett.*, vol. 69, pp. 1071–1073, Aug. 1996.

[147] M. Punke, S. Valouch, S. W. Kettlitz, N. Christ, C. Gartner, M. Gerken, and U. Lemmer, "Dynamic characterization of organic bulk heterojunction photodetectors", *Applied Physics Letters*, vol. 91, no. 7, p. 071118, 2007.

[148] M. Ishii, I. F. Crowe, M. P. Halsall, A. P. Knights, R. M. Gwilliam, and B. Hamilton, "Investigation of the thermal charge "trapping-detrapping" in silicon nanocrystals: Correlation of the optical properties with complex impedance spectra", *Appl. Phys. Lett.*, vol. 101, pp. 242108–3, Dec. 2012.

[149] M. Ando, Y. Ohsawa, H. Naito, and Y. Kanemitsu, "Photoconduction of (silicon nanocrystals)(organic polysilane) composites", *Journal of Organometallic Chemistry*, vol. 685, pp. 243–248, Nov. 2003.

[150] M. Ando, T. Kobayashi, H. Naito, T. Nagase, and Y. Kanemitsu, "Transient photocurrent of (silicon nanocrystals)-(organic polysilane) composites - detection of surface states of silicon nanocrystals", *Thin Solid Films*, vol. 499, no. 1, pp. 119 – 122, 2006.

[151] Y. Gao, M. Aerts, C. S. S. Sandeep, E. Talgorn, T. J. Savenije, S. Kinge, L. D. A. Siebbeles, and A. J. Houtepen, "Photoconductivity of PbSe Quantum-Dot Solids: Dependence on Ligand Anchor Group and Length", *ACS Nano*, pp. 9606–9614, Oct. 2012.

[152] P. Manousiadis, S. Gardelis, and A. G. Nassiopoulou, "Lateral electrical transport and photocurrent in single and multilayers of two-dimensional arrays of Si nanocrystals", *J. Appl. Phys.*, vol. 112, pp. 043704–6, Aug. 2012.

[153] Z. B. Wang, M. G. Helander, M. T. Greiner, J. Qiu, and Z. H. Lu, "Carrier mobility of organic semiconductors based on current-voltage characteristics", *Journal of Applied Physics*, vol. 107, pp. 034506–4, Feb. 2010.

[154] P. F. Casper, *Monopolare Bauelemente zur elektrischen Charakterisierung von Siliziumnanokristallen*. Bachelorarbeit, Karlsruher Institut für Technologie (KIT), 2012.

[155] Y. Liu, M. Gibbs, J. Puthussery, S. Gaik, R. Ihly, H. W. Hillhouse, and M. Law, "Dependence of Carrier Mobility on Nanocrystal Size and Ligand Length in PbSe Nanocrystal Solids", *Nano Lett.*, vol. 10, pp. 1960–1969, Apr. 2010.

[156] D. V. Talapin and C. B. Murray, "PbSe Nanocrystal Solids for n- and p-Channel Thin Film Field-Effect Transistors", *Science*, vol. 310, no. 5745, pp. 86–89, 2005.

[157] J.-H. Choi, A. T. Fafarman, S. J. Oh, D.-K. Ko, D. K. Kim, B. T. Diroll, S. Muramoto, J. G. Gillen, C. B. Murray, and C. R. Kagan, "Bandlike Transport in Strongly Coupled and Doped Quantum Dot Solids: A Route to High-Performance Thin-Film Electronics", *Nano Lett.*, vol. 12, pp. 2631–2638, Apr. 2012.

[158] Y. Liu, J. Tolentino, M. Gibbs, R. Ihly, C. L. Perkins, Y. Liu, N. Crawford, J. C. Hemminger, and M. Law, "PbSe Quantum Dot Field-Effect Transistors with Air-Stable Electron Mobilities above $7\,\mathrm{cm^2\,V^{-1}\,s^{-1}}$", *Nano Lett.*, pp. 1578–1587, Mar. 2013.

[159] X. Y. Chen, W. Z. Shen, and Y. L. He, "Enhancement of electron mobility in nanocrystalline silicon/crystalline silicon heterostructures", *J. Appl. Phys.*, vol. 97, pp. 024305–5, Jan. 2005.

[160] I.-C. Cheng and S. Wagner, "Hole and electron field-effect mobilities in nanocrystalline silicon deposited at $150\,^{\circ}\mathrm{C}$", *Appl. Phys. Lett.*, vol. 80, pp. 440–442, Jan. 2002.

[161] H. Lepage, A. Kaminski-Cachopo, A. Poncet, and G. le Carval, "Simulation of Electronic Transport in Silicon Nanocrystal Solids", *J. Phys. Chem. C*, vol. 116, pp. 10873–10880, Apr. 2012.

[162] K. Liu, X. Liu, Q. Zeng, Y. Zhang, L. Tu, T. Liu, X. Kong, Y. Wang, F. Cao, S. A. G. Lambrechts, M. C. G. Aalders, and H. Zhang, "Covalently Assembled NIR Nanoplatform for Simultaneous Fluorescence Imaging and Photodynamic Therapy of Cancer Cells", *ACS Nano*, vol. 6, pp. 4054–4062, Apr. 2012.

[163] K. R. Choudhury, Y. Sahoo, T. Y. Ohulchanskyy, and P. N. Prasad, "Efficient photoconductive devices at infrared wavelengths using quantum dot-polymer nanocomposites", *Applied Physics Letters*, vol. 87, no. 7, p. 073110, 2005.

[164] R. Dietmueller, A. R. Stegner, R. Lechner, S. Niesar, R. N. Pereira, M. S. Brandt, A. Ebbers, M. Trocha, H. Wiggers, and M. Stutzmann,

"Light-induced charge transfer in hybrid composites of organic semiconductors and silicon nanocrystals", *Applied Physics Letters*, vol. 94, no. 11, p. 113301, 2009.

[165] S. Niesar, R. N. Pereira, A. R. Stegner, N. Erhard, M. Hoeb, A. Baumer, H. Wiggers, M. S. Brandt, and M. Stutzmann, "Low-Cost Post-Growth Treatments of Crystalline Silicon Nanoparticles Improving Surface and Electronic Properties", *Adv. Funct. Mater.*, pp. 1190–1198, 2012.

[166] R. N. Pereira, S. Niesar, W. B. You, A. F. da Cunha, N. Erhard, A. R. Stegner, H. Wiggers, M. Willinger, M. Stutzmann, and M. S. Brandt, "Solution-Processed Networks of Silicon Nanocrystals: The Role of Internanocrystal Medium on Semiconducting Behavior", *J. Phys. Chem. C*, vol. 115, no. 41, pp. 20120–20127, 2011.

[167] S. Niesar, A. R. Stegner, R. N. Pereira, M. Hoeb, H. Wiggers, M. S. Brandt, and M. Stutzmann, "Defect reduction in silicon nanoparticles by low-temperature vacuum annealing", *Applied Physics Letters*, vol. 96, pp. 193112–3, May 2010.

[168] E. Simanek, "The temperature dependence of the electrical resistivity of granular metals", *Solid State Communications*, vol. 40, pp. 1021–1023, Dec. 1981.

[169] M. A. Rafiq, Y. Tsuchiya, H. Mizuta, S. Oda, S. Uno, Z. A. K. Durrani, and W. Milne, "Charge injection and trapping in silicon nanocrystals", *Applied Physics Letters*, vol. 87, no. 18, pp. 182101–182101–3, 2005.

[170] L. V. Titova, T. L. Cocker, D. G. Cooke, X. Wang, A. Meldrum, and F. A. Hegmann, "Ultrafast percolative transport dynamics in silicon nanocrystal films", *Phys. Rev. B*, vol. 83, p. 085403, Feb. 2011.

[171] M. A. Lampert and P. Mark, *Current Injection in Solids*. Academic Press, 1970.

[172] S. W. Kettlitz, *Transiente Untersuchung an organischen Fotodioden*. Diplomarbeit, Universität Karlsruhe (TH), 2008.

[173] J. A. Kelly, E. J. Henderson, R. J. Clark, C. M. Hessel, R. G. Cavell, and J. G. C. Veinot, "X-ray Absorption Spectroscopy of Functionalized Silicon Nanocrystals", *The Journal of Physical Chemistry C*, vol. 114, pp. 22519–22525, Dec. 2010.

[174] O. Guillois, N. Herlin-Boime, C. Reynaud, G. Ledoux, and F. Huisken, "Photoluminescence decay dynamics of noninteracting silicon nanocrystals", *Journal of Applied Physics*, vol. 95, no. 7, pp. 3677–3682, 2004.

[175] M. Dovrat, Y. Goshen, J. Jedrzejewski, I. Balberg, and A. Sa'ar, "Radiative versus nonradiative decay processes in silicon nanocrystals probed by time-resolved photoluminescence spectroscopy", *Phys. Rev. B*, vol. 69, p. 155311, Apr. 2004.

[176] B. Goller, S. Polisski, H. Wiggers, and D. Kovalev, "Freestanding spherical silicon nanocrystals: A model system for studying confined excitons", *Applied Physics Letters*, vol. 97, no. 4, p. 041110, 2010.

[177] P. D. J. Calcott, K. J. Nash, L. T. Canham, M. J. Kane, and D. Brumhead, "Identification of radiative transitions in highly porous silicon", *Journal of Physics: Condensed Matter*, vol. 5, no. 7, p. L91, 1993.

[178] Y. Kanemitsu, S. Okamoto, M. Otobe, and S. Oda, "Photoluminescence mechanism in surface-oxidized silicon nanocrystals", *Phys. Rev. B*, vol. 55, p. R7375, Mar. 1997.

[179] Y. P. Varshni, "Temperature dependence of the energy gap in semiconductors", *Physica*, vol. 34, no. 1, pp. 149 – 154, 1967.

[180] A. Smekal, "Zur Quantentheorie der Dispersion", *Naturwissenschaften*, vol. 11, no. 43, pp. 873–875, 1923.

[181] D. Long, *Raman spectroscopy*. London: McGraw-Hill, 1977.

[182] T. Vankeirsbilck, A. Vercauteren, W. Baeyens, G. Van der Weken, F. Verpoort, G. Vergote, and J. Remon, "Applications of Raman

spectroscopy in pharmaceutical analysis", *TrAC trends in analytical chemistry*, vol. 21, no. 12, pp. 869–877, 2002.

[183] M. Vogel, "Schottische Qualität", *Physik Journal*, vol. 10, no. 12, p. 18, 2011.

[184] "Polarisierbarkeit und Polarisierbarkeitsänderung bei dreiatomigen linearen Molekülen". *http://www.chemgapedia.de*, 2013.

[185] T. R. Hart, R. L. Aggarwal, and B. Lax, "Temperature Dependence of Raman Scattering in Silicon", *Phys. Rev. B*, vol. 1, pp. 638–642, Jan 1970.

[186] R. Tsu and J. G. Hernandez, "Temperature dependence of silicon Raman lines", *Applied Physics Letters*, vol. 41, no. 11, pp. 1016–1018, 1982.

[187] M. Balkanski, R. Wallis, and E. Haro, "Anharmonic effects in light scattering due to optical phonons in silicon", *Physical review. B, Condensed matter*, vol. 28, no. 4, pp. 1928–1934, 1983.

[188] G. Viera, S. Huet, and L. Boufendi, "Crystal size and temperature measurements in nanostructured silicon using Raman spectroscopy", *Journal of Applied Physics*, vol. 90, no. 8, pp. 4175–4183, 2001.

[189] J. Zi, H. Buscher, C. Falter, W. Ludwig, K. Zhang, and X. Xie, "Raman shifts in Si nanocrystals", *Appl. Phys. Lett.*, vol. 69, pp. 200–202, July 1996.

[190] F. Herberger, *Ramanspektroskopie an Siliziumnanokristallen*. Masterarbeit, Karlsruher Institut für Technologie (KIT), 2012.

[191] RRUFF-Project. *http://rruff.info/silicon*, 2013.

[192] P. M. Fauchet and I. H. Campbell, "Raman spectroscopy of low-dimensional semiconductors", *Critical Reviews in Solid State and Materials Sciences*, vol. 14, pp. 79–101, Jan. 1988.

[193] G. Viera, S. Huet, and L. Boufendi, "Crystal size and temperature measurements in nanostructured silicon using Raman spectroscopy", *J. Appl. Phys.*, vol. 90, pp. 4175–4183, Oct. 2001.

[194] Y. Su, X. Wei, F. Peng, Y. Zhong, Y. Lu, S. Su, T. Xu, S.-T. Lee, and Y. He, "Gold Nanoparticles-Decorated Silicon Nanowires as Highly Efficient Near-Infrared Hyperthermia Agents for Cancer Cells Destruction", *Nano Lett.*, vol. 12(4), no. 0, pp. 1845–1850, 2012.

[195] E. J. Henderson, A. J. Shuhendler, P. Prasad, V. Baumann, F. Maier-Flaig, D. O. Faulkner, U. Lemmer, X. Y. Wu, and G. A. Ozin, "Colloidally Stable Silicon Nanocrystals with Near-Infrared Photoluminescence for Biological Fluorescence Imaging", *Small*, vol. 7, pp. 2507–2516, 2011.

[196] J. Lim, W. K. Bae, D. Lee, M. K. Nam, J. Jung, C. Lee, K. Char, and S. Lee, "InP@ZnSeS, Core@Composition Gradient Shell Quantum Dots with Enhanced Stability", *Chem. Mater.*, vol. 23, pp. 4459–4463, Sept. 2011.

[197] A. B. Greytak, P. M. Allen, W. Liu, J. Zhao, E. R. Young, Z. Popovic, B. J. Walker, D. G. Nocera, and M. G. Bawendi, "Alternating layer addition approach to CdSe/CdS core/shell quantum dots with near-unity quantum yield and high on-time fractions", *Chem. Sci.*, vol. 3, no. 6, pp. 2028–2034, 2012.

[198] X. Gao, Y. Cui, R. M. Levenson, L. W. K. Chung, and S. Nie, "In vivo cancer targeting and imaging with semiconductor quantum dots", *Nat Biotech*, vol. 22, pp. 969–976, Aug. 2004.

[199] I. L. Medintz, H. T. Uyeda, E. R. Goldman, and H. Mattoussi, "Quantum dot bioconjugates for imaging, labelling and sensing", *Nat Mater*, vol. 4, pp. 435–446, June 2005.

[200] X. Michalet, F. F. Pinaud, L. A. Bentolila, J. M. Tsay, S. Doose, J. J. Li, G. Sundaresan, A. M. Wu, S. S. Gambhir, and S. Weiss, "Quantum Dots

for Live Cells, in Vivo Imaging, and Diagnostics", *Science*, vol. 307, pp. 538–544, Jan. 2005.

[201] R. Weissleder, "A clearer vision for in vivo imaging", *Nat Biotech*, vol. 19, pp. 316–317, Apr. 2001.

[202] J. V. Frangioni, "In vivo near-infrared fluorescence imaging", *Current Opinion in Chemical Biology*, vol. 7, pp. 626–634, Oct. 2003.

[203] A. M. Smith, M. C. Mancini, and S. Nie, "Bioimaging: Second window for in vivo imaging", *Nat Nano*, vol. 4, pp. 710–711, Nov. 2009.

[204] W. C. W. Chan and S. Nie, "Quantum Dot Bioconjugates for Ultrasensitive Nonisotopic Detection", *Science*, vol. 281, pp. 2016–2018, Sept. 1998.

[205] Z. F. Li and E. Ruckenstein, "Water-Soluble Poly(acrylic acid) Grafted Luminescent Silicon Nanoparticles and Their Use as Fluorescent Biological Staining Labels", *Nano Letters*, vol. 4, no. 8, pp. 1463–1467, 2004.

[206] F. Erogbogbo, K.-T. Yong, I. Roy, G. Xu, P. N. Prasad, and M. T. Swihart, "Biocompatible Luminescent Silicon Quantum Dots for Imaging of Cancer Cells", *ACS Nano*, vol. 2, pp. 873–878, May 2008.

[207] F. Erogbogbo, K.-T. Yong, R. Hu, W.-C. Law, H. Ding, C.-W. Chang, P. N. Prasad, and M. T. Swihart, "Biocompatible Magnetofluorescent Probes: Luminescent Silicon Quantum Dots Coupled with Superparamagnetic Iron(III) Oxide", *ACS Nano*, vol. 4, pp. 5131–5138, Aug. 2010.

[208] P. Blasi, S. Giovagnoli, A. Schoubben, M. Ricci, and C. Rossi, "Solid lipid nanoparticles for targeted brain drug delivery", *Advanced Drug Delivery Reviews*, vol. 59, pp. 454–477, July 2007.

[209] I. P. Kaur, R. Bhandari, S. Bhandari, and V. Kakkar, "Potential of solid lipid nanoparticles in brain targeting", *Journal of Controlled Release*, vol. 127, pp. 97–109, Apr. 2008.

[210] E. Garcia-Garcia, K. Andrieux, S. Gil, and P. Couvreur, "Colloidal carriers and blood-brain barrier (BBB) translocation: A way to deliver drugs to the brain?", *International Journal of Pharmaceutics*, vol. 298, pp. 274–292, July 2005.

[211] M. Dahan, T. Laurence, F. Pinaud, D. S. Chemla, A. P. Alivisatos, M. Sauer, and S. Weiss, "Time-gated biological imaging by use of colloidal quantum dots", *Opt. Lett.*, vol. 26, pp. 825–827, Jun 2001.

[212] A. M. Smith and S. Nie, "Semiconductor Nanocrystals: Structure, Properties, and Band Gap Engineering", *Acc. Chem. Res.*, vol. 43, pp. 190–200, Oct. 2009.

A Anhang

A.1 Mathematische Funktion zum Anpassen der Ramanspektren

Für die Anpassung der in Kapitel 9.3.1 beschriebenen Ramanspektren wurde folgende Funktion verwendet:

$$I_{\text{scat}}(\omega) = C \cdot \frac{\omega^4}{(\omega_0^2 - \omega^2)^2 + \omega^2\gamma^2} \tag{A.1.1}$$

Dabei ist γ die Halbwertsbreite der lorentzartigen Funktion, ω_0 definiert die Position des Maximums und C ist eine Konstante.

Zur Herleitung von Gleichung A.1.1 kann auf die Lösung $x(\omega)$ eines gedämpften und getriebenen harmonischen Oszillators zurückgegriffen werden. Die Bewegunggleichung für diesen lautet:

$$m\ddot{x} + m\gamma\dot{x} + m\omega_0^2 x = e \cdot E_0 \cdot \exp(i\omega t) \tag{A.1.2}$$

Mit dem Ansatz, dass $x(\omega)$ die gleiche Frequenzabhängigkeit wie die äußere Anregung $E(\omega, t)$ besitzt, ergibt sich als Lösung der Bewegungsgleichung:

$$x(\omega) = \frac{e \cdot E_0}{m} \cdot \frac{1}{(\omega_0^2 - \omega^2) + i\omega\gamma} \cdot \exp(i\omega t) \tag{A.1.3}$$

$$|x(\omega)|^2 = \left(\frac{e \cdot E_0}{m}\right)^2 \cdot \frac{1}{(\omega_0^2 - \omega^2)^2 + \omega^2\gamma^2} \tag{A.1.4}$$

Mit der Definition der gestreuten optischen Leistung $P_{scat} = \frac{\omega^4}{(12\pi\varepsilon_0 c^3)} \cdot |p|^2$ sowie des Dipolmoments $p = e \cdot x$ folgt:

$$P_{scat} = \frac{\omega^4}{(12\pi\varepsilon_0 c^3)} \cdot |p|^2 = \frac{(e \cdot E_0)^2}{12\pi\varepsilon_0 c^3 m^2} \cdot \frac{\omega^4}{(\omega_0^2 - \omega^2)^2 + \omega^2\gamma^2}$$

und damit die mit Gleichung A.1.1 definierte Fitfunktion. Oftmals wird auch die physikalische Lorentzfunktion $f(\omega) \sim \frac{\gamma}{(\omega-\omega_0)^2+\gamma^2}$ oder deren Quadrat als Fitfunktion für Ramanspektren verwendet, diese repräsentiert jedoch lediglich die Lösung eines Lorentzoszillators ohne äußeren Quellterm (äußere Anregung).

A.2 SiLED-Herstellungsparameter

Prozessschritt	Durchführung	Parameter	Menge/Dicke
Substratvorbereitung	Zuschneiden der strukturierten Substrate	25×25 cm	
Reinigen	Aceton im Ultraschallbad	15 min	
	Isopropanol im Ultraschallbad	15 min	
	Sauerstoffplasma	2 min @ 100 W	
Flüssigprozessierung	PEDOT:PSS (VPAI 4083:H_2O = 1:1)	500RPM (3s) Stufe 5	200 µl
	(gefiltert mit PVDF-Filter (hydrophil))	4000RPM (55s) Stufe 5	
Ausheizen	belackte Substrate im Vakuumofen	130°C 30 min	
Flüssigprozessierung	poly-TPD (8,5 mg/ml in Chlorbenzol)	1500RPM (55s) Stufe 5	160 µl
		4000RPM (2s) Stufe 4	
	Toluol (trocken)	1500RPM (40s) Stufe 5	160 µl
	Nanokristalle (aus Toluol)	1000RPM (50s) Stufe 3	160 µl
		4000RPM (2s) Stufe 3	
Aufdampfen	TPBi	Rate: 1 A/s (200°C)	30 nm
	LiF/Al	Rate: 0,2 - 0,8 A/s / 2 - 4 A/s	0.7 nm / 200 nm
Verkapseln	UHU endfest plus 300	Aushärten für ca. 12 h unter N_2.	

Tab. A.2.1: Prozessierungsparameter der SiLEDs ausgehend von bereits lithographisch strukturierten ITO-Substraten. Die Nanokristalllösungen wurden während des Ausheizens von PEDOT:PSS mit einem 450nm PTFE-Filter (hydrophob) in $1,5$ ml-Fläschchen gefiltert. Eine Reserve von 100 µl vor Filtern wurde stets eingeplant. Alle Flüssigprozessierungsschritte wurden per Spincoating (Delta 6RC TT, Fa. SUSS MicroTec) am LTI durchgeführt.

A.3 Zusätzliche Abbildungen

Abbildungen zu Kapitel 2

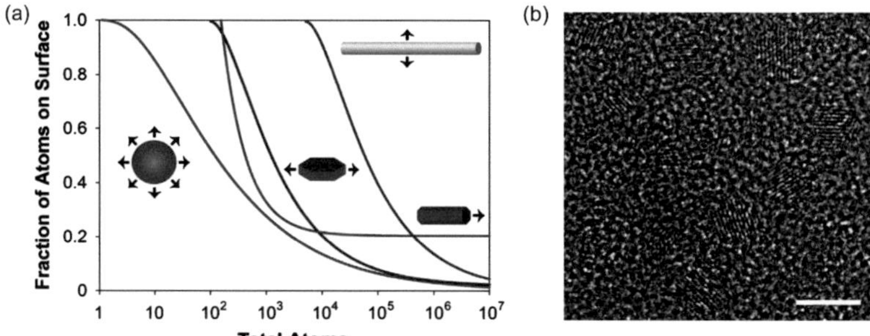

Abb. A.3.1: Zur Einführung in die Nanopartikelthematik von Kapitel 2. (a) Anteil der Atome an der Oberfläche von Nanostrukturen unterschiedlicher Geometrie (aus Ref. 212). (b) Hochauflösende Transmissionselektronenmikroskopieaufnahme (HRTEM) der, nach dem in Kapitel 3 beschriebenen Verfahren hergestellten und in Kapitel 8 untersuchten, Siliziumnanopartikel. Maßstabsbalken: 5 nm

Abbildungen zu Kapitel 5

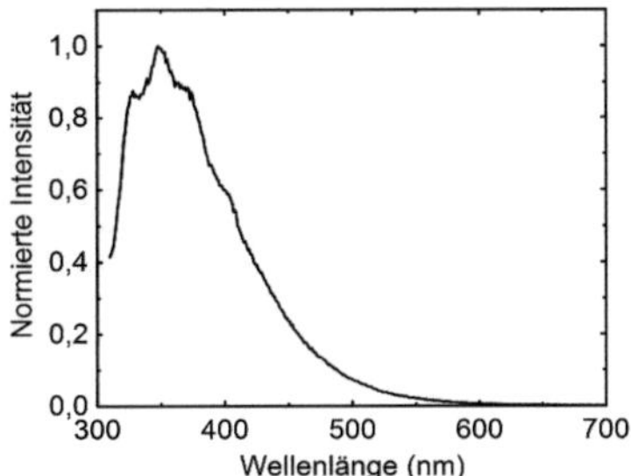

Abb. A.3.2: Beispiel für die bereits in Kapitel 5.3 und Abbildung 5.3.2 gezeigte PL der blauen Emitter. Bei der gezeigten Probe ist eine deutlich strukturierte Emission zu beobachten.

Abbildungen zu Kapitel 6

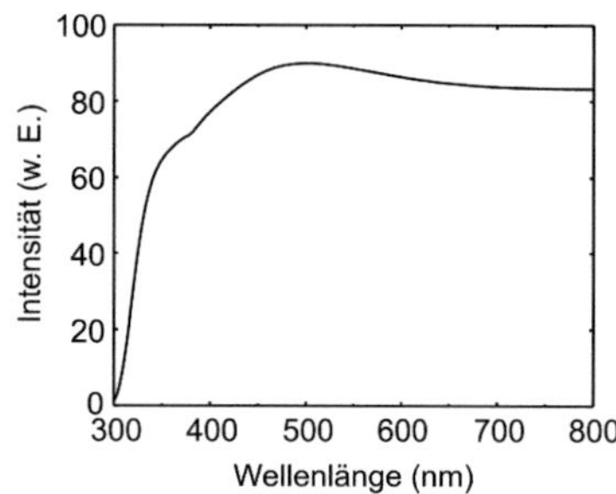

Abb. A.3.3: Transmissionsspektrum von ITO-beschichtetem Glas.

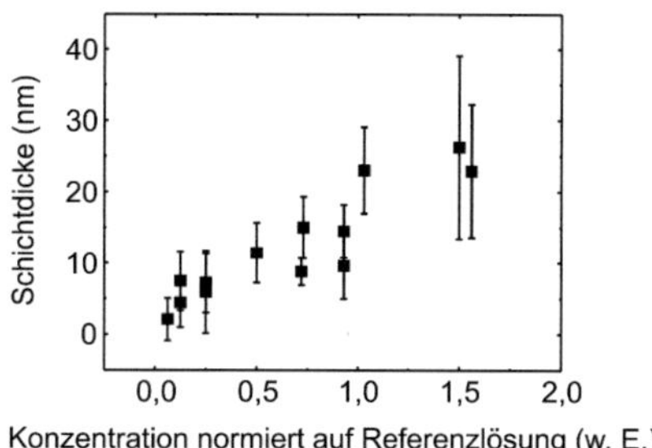

Abb. A.3.4: Nanokristallschichtdicken als Funktion der relativen Konzentration der Nanokristalllösungen.

Abbildungen zu Kapitel 9

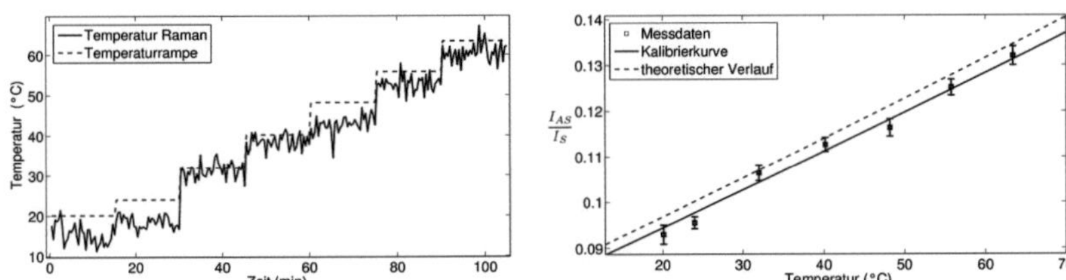

Abb. A.3.5: Temperaturkalibrierung im Zuge der Ramanexperimente (Auszug aus Ref. 190).
(a) Ergebnisse der Messreihe zur Temperaturkalibrierung. Die aus den Ramanspektrum ermittelten Temperaturen (blau) sowie nominelle Temperaturrampe der
BioCell (rot). (b) Verhältnis von I_{AS}/I_S als Funktion der Temperatur. Nach Gleichung 9.1.9 berechnete theoretische Werte für I_{AS}/I_S für die gegeben Temperaturen (rote Kurve). Messwerte mit Standardabweichung (blaue Punkte) sowie Tem-
peraturkalibrierkurve (blaue Kurve), aus der der Kalibrationsfaktor γ bestimmt
werden kann.

Publikationsliste

Referierte Artikel in internationalen Zeitschriften

- **F. Maier-Flaig**, C. Kübel, J. Rinck, T. Bocksrocker, T. Scherer, R. Prang, A. K. Powell, G. A. Geoffrey, U. Lemmer, *"Looking Inside a Working SiLED"*, Nano Lett. 13, 3539 (2013)

- **F. Maier-Flaig**, G. A. Ozin, U. Lemmer, "Multicolor silicon-quantum-dot light-emitting diodes", SPIE Newsroom, online (2013)

- **F. Maier-Flaig**, J. Rinck, M. Stephan, T. Bocksrocker, M. Bruns, C. Kübel, A. K. Powell, G. A. Ozin, U. Lemmer, *"Multicolor Silicon Light-Emitting Diodes (SiLEDs)"*, Nano Lett. 13, 475 (2013)

- **F. Maier-Flaig**, E. J. Henderson, S. Valouch, S. Klinkhammer, C. Kübel, G. A. Ozin, U. Lemmer, *"Photophysics of organically-capped silicon nanocrystals - A closer look into silicon nanocrystal luminescence using low temperature transient spectroscopy"*, Chemical Physics 405, 175 (2012)

- C. Vannahme, **F. Maier-Flaig**, U. Lemmer, A. Kristensen, *"Single-mode biological distributed feedback laser"*, Lab Chip 13, 2675 (2013)

- T. Bocksrocker, J. Hoffmann, C. Eschenbaum, A. Pargner, J. Preinfalk, **F. Maier-Flaig**, U. Lemmer, *"Micro-spherically textured organic light emitting diodes: A simple way towards highly increased light extraction"*, Organic Electronics 14, 396 (2013)

- T. Bocksrocker, **F. Maier-Flaig**, C. Eschenbaum, U. Lemmer, *"Efficient waveguide mode extraction in white organic light emitting diodes using ITO-anodes with integrated* MgF_2*-columns"*, Opt. Express 20, 6170 (2012)

- T. Bocksrocker, J. B. Preinfalk, J. Asche-Tauscher, A. Pargner, C. Eschenbaum, **F. Maier-Flaig**, U. Lemmer, *"White organic light emitting diodes with enhanced internal and external outcoupling for ultra-efficient light extraction and Lambertian emission"*, Optics Express 20, A932 (2012)

- M. L. Mastronardi, **F. Maier-Flaig**, D. Faulkner, E. J. Henderson, C. Kübel, U. Lemmer, G. A. Ozin, *"Size-Dependent Absolute Quantum Yields for Size-Separated Colloidally-Stable Silicon Nanocrystals"*, Nano Lett. 12, 337 (2012)

- M. L. Mastronardi, F. Hennrich, E. J. Henderson, **F. Maier-Flaig**, C. Blum, J. Reichenbach, U. Lemmer, C. Kübel, D. Wang, M. M. Kappes, G. A. Ozin, *"Preparation of Monodisperse Silicon Nanocrystals Using Density Gradient Ultracentrifugation"*, Journal of the American Chemical Society 133, 11928 (2011)

- E. J. Henderson, A. J. Shuhendler, P. Prasad, V. Baumann, **F. Maier-Flaig**, D. O. Faulkner, U. Lemmer, X. Y. Wu, G. A. Ozin, *"Colloidally Stable Silicon Nanocrystals with Near-Infrared Photoluminescence for Biological Fluorescence Imaging"*, Small 7, 2507 (2011)

- J. Conradt, J. Sartor, C. Thiele, **F. Maier-Flaig**, J. Fallert, H. Kalt, R. Schneider, M. Reinhard, M. Fotouhi, P. Pfundstein, V. Zibat, D. Gerthsen, *"Catalyst-Free Growth of Zinc Oxide Nanorod Arrays on Sputtered Aluminum-Doped Zinc Oxide for Photovoltaic Applications"*, The Journal of Physical Chemistry C 115, 3539 (2011)

- J. Sartor, **F. Maier-Flaig**, J. Conradt, J. Fallert, H. Kalt, D. Weissenberger D. Gerthsen, *"Modifying growth conditions of ZnO nanorods for solar cell applications"*, Phys. Status Solidi (c) 7, 1583 (2010)

210

- C. Klingshirn, J. Fallert, H. Zhou, J. Sartor, C. Thiele, **F. Maier-Flaig**, D. Schneider, H. Kalt, *"65 years of ZnO research - old and very recent results"*, Physica Status Solidi B-Basic Solid State Physics 247, 1424 (2010)

Konferenzbeiträge

- **F. Maier-Flaig**, J. Rinck, M. Stephan, T. Bocksrocker, A. K. Powell, G. A. Ozin, U. Lemmer, "Hybrid Silicon Quantum Dot Light Emitting Diodes ", *EOS Annual Meeting 2012 (Aberdeen)* (2012)

- **F. Maier-Flaig**, "Silicon Nanocrystals: From Fundamental Physics towards Devices", *Karlsruhe Days of Optics and Photonics (Karlsruhe)* (2011)

Betreute Arbeiten

- Fabian Herberger, *"Ramanspektroskopie an Siliziumnanokristallen"*, Diplomarbeit (ETIT), 2012

- Pascal Casper, *"Monopolare Bauelemente zur elektrischen Charakterisierung von Siliziumnanokristallen"*, Bachelorarbeit (Physik), 2012

- Moritz Stephan, *"Siliziumnanokristalle als durchstimmbare Emitter in organischen Hybrid-Leuchtdioden"*, Bachelorarbeit (ETIT), 2012

- Alexander Laumans, *"Silizium-Nanokristalle als Emittermaterial in organischen Hybridleuchtdioden"*, Bachelorarbeit (ETIT), 2011

- Philipp Brenner, *"State of the Art of Semiconductor Quantum-Dot Light-Emitting Diodes (QD-LEDs)"*, KSOP Seminar Course, 2012

- Dong Zhao, *"A Brief Review on Quantum-Dot Light-Emitting Diodes (QD-LEDs)"*, KSOP Seminar Course, 2012

Danksagung

Dieses letzte Kapitel widme ich all denen, die mich bei meiner Arbeit unterstützt und zu deren Gelingen beigetragen haben.

- An erster Stelle gilt mein besonderer Dank Prof. Dr. Uli Lemmer für die Betreuung dieser Arbeit und die Möglichkeit diese am Lichttechnischen Institut und als Doktorand in der Karlsruhe School of Optics & Photonics (KSOP) durchzuführen. Darüber hinaus möchte ich mich für seine fachliche Betreuung sowie die kompetenten Ratschläge und das Vertrauen in meine Arbeit bedanken. Zudem bin ich ihm dankbar für das Initiieren eines solch spannenden, interdisziplinären und internationalen Forschungsprojekts.

- A special thank you goes to Prof. Dr. Geoffrey Ozin my Canadian supervisor at University of Toronto (UofT). The results presented here could not have been achieved without his continuous advice and enthusiasm for my research. Thank you very much for all the fructuous scientific discussions and the great opportunity to work together with you and your group at UofT.

- Prof. Dr. Heinz Kalt vom Institut für Angewandte Physik möchte ich für die Übernahme des Korreferats und der damit verbundenen Arbeit danken. Darüber hinaus möchte ich mich für seine Betreuung im Rahmen der KSOP und für die Möglichkeit, in den Laboren seiner Arbeitsgruppe Experimente durchführen zu können, bedanken.

- Dr. Julia Rinck möchte ich für die gute Zusammenarbeit und die Synthese der hier untersuchten Silizium-Nanokristalle danken. Diese Arbeit wäre in dieser Form ohne sie und ihr Engagement nicht möglich gewesen.

- Mein spezieller Dank gilt darüber hinaus Dr. Christian Kübel vom Institut für Nanotechnologie (INT) für die spannende Zusammenarbeit auf dem Bereich der Elektronenmikroskopie und die zahlreichen gemeinsam durchgeführten Versuche.

- Tobias Bocksrocker, Carsten Eschenbaum und Xin Liu möchte ich ganz herzlich für die schöne Zeit im Büro 219 danken. Im Speziellen Tobias Bocksrocker für seine kontinuierliche Unterstützung und die fruchtbaren Diskussionen nicht nur im Bereich der SiLEDs. Carsten Eschenbaum für die zahlreichen Diskussionen und die diversen außerinstitutionellen Aktivitäten vor allem im österreichischen Schnee. Xin Liu für den chinesischen Geist im Büro.

- I would also like to thank Melanie Mastronardi and Eric Henderson for our interdisciplinary cooperation during my PhD time and the multitude of intriguing insides into the photophysics of silicon nanocrystals.

- Dr. habil. Hans-Jürgen Eisler möchte ich für die gute Zusammenarbeit auf dem Gebiet der Ramanspektroskopie und die gemeinsame Diplomarbeitsbetreuung danken.

- Mein weiterer Dank geht an: Dr. Michael Bruns vom Institut für Angewandte Materialien für die Zusammenarbeit auf dem Gebiet der Photoelektronenspektroskopie. Dr. Frank Hennrich vom INT für die spannende und unkomplizierte Zusammenarbeit bei AFM- und DGU-Experimenten. Robby Prang und Dr. Torsten Scherer vom INT für die zahlreichen TEM-Aufnahmen und die Probenpräparation. Daniel Volz und der cynora GmbH für die durchgeführten Quanteneffizienzmessungen. Thomas Wolf für die pump-probe-Experimente am Institut für Physikalische Chemie. Jonas Conradt für die gemeinsam durchgeführten Messungen am Institut für Angewandte Physik. Dr. Ljiljana Fruk vom Center for Functional Nanostructures für die Möglichkeit in ihren Laboren zu messen. Fabian Paulus vom Organisch-Chemischen Institut der Universität Heidelberg für die FET-Experimente. Dirk Schray,

Katharina Fanselau und Lena Friedrich für die Synthese der Silizium-Nanokristalle.

- Bedanken möchte ich mich besonders bei allen Kollegen des LTI für die schöne Zeit am Institut sowie die gute Arbeitsatmosphäre und den LTI-Spirit. Im Speziellen bei André Gall, Boris Riedel, Birgit Rudat, Carola Moosmann, Carsten Eschenbaum, Jan Mescher, Julian Hauß, Katja Dopf, Klaus Huska, Matthias Wissert, Nico Christ, Patrick Schwab, Sebastian Valouch, Siegfried Kettlitz, Sönke Klinkhammer, Tobias Bocksrocker und Xin Liu. Darüber hinaus bei den Kollegen der Solarzellengruppe und der neuen Generation an Mitarbeitern für den neuen Wind am Institut. André Gall sei an dieser Stelle nachträglich für den Fotografie-Support zur SiLED-Veröffentlichung gedankt.

- Mein Dank geht an meine Diplomanden, KSOP-Masterstudenten, Bachelorstudenten und Hiwis Alexander Laumans, Dong Zhao, Fabian Herberger, Moritz Stephan, Neele Hülsmann, Nico Bolse, Pascal Casper, Philipp Brenner und Sarah Kurmulis für die gute Zusammenarbeit und den Teamgeist.

- Christian Kayser und Thorsten Feldmann vielen Dank für die angenehme Zusammenarbeit, die durchgeführten Aufdampf- und Lithographieprozesse sowie den reibungslosen Betrieb der Reinraumlabors.

- Felix Geislhöringer danke ich für die stets kompetente Unterstützung bei elektronischen Fragstellungen sowie generell für das engagierte Aufrechterhalten der LTI-Infrastruktur.

- Astrid Henne und Claudia Holeisen danke ich für die stets freundliche Unterstützung bei den unterschiedlichsten bürokratischen Belangen.

- Ich danke Mario Sütsch, Klaus Ochs und Hans Vögele für die kompetente und zuverlässige Anfertigung von diversen Probenhaltern und Aufdampfmasken.

- Der Karlsruhe School of Optics & Photonics (KSOP) danke ich für die
  finanzielle Unterstützung meines Promotionsprojektes, der Vernetzung
  der KSOP-Doktoranden untereinander und den zahlreichen exzellenten
  Workshops und Seminaren im Rahmen des PhD-Programms.

- Meiner Freundin Christina tausend Dank dafür, dass sie mir während
  meiner Promotion stets Rückhalt gegeben hat, jederzeit für mich da ist
  und ein ganz besonders wichtiger Teil meines Lebens geworden ist.

- In ganz besonderer Weise möchte ich mich bei meinen Brüdern und
  meinen Eltern für die stets bedingungslose, von Herzen kommende
  Unterstützung während der gesamten Promotionsphase und darüber
  hinaus bedanken.